CakePHP2
実践入門

安藤祐介、岸田健一郎、新原雅司
市川快、渡辺一宏、鈴木則夫
[著]

技術評論社

本書で利用しているソフトウェアのバージョンは次のとおりです。

- CentOS release 6.2 (Final)
- Apache httpd 2.2.15
- PHP 5.3.3
- MySQL 5.1.61
- CakePHP 2.2.0

本書発行後に想定されるバージョンアップ、およびクライアントの動作環境などにより、手順・画面・動作結果などが異なる可能性があります。

本書の内容に基づく運用結果について、著者、ソフトウェアの開発元および提供元、株式会社技術評論社は一切の責任を負いかねますので、あらかじめご了承ください。

本書に記載されている会社名・製品名は、一般に各社の登録商標または商標です。本書中では、™、©、® マークなどは表示しておりません。

The cake icon is a trademark of the Cake Software Foundation and licensed for use by Gijutsu-Hyohron Co., Ltd.

本書に寄せて

　私は12年間、PHP開発者として働いてきて、開発者として、スピーカーとして、そしてカンファレンスやコミュニティ活動に関わる一個人として成長したと思います。過去4年間はCakePHPやその他いろいろなオープンソースプロジェクトに深く関わってきました。CakePHPは目覚ましく進歩し、特に最近リリースされた2.0と2.1では大きな飛躍を遂げました。PHP5への移行により、フレームワークの使い方をシンプルにしたり、PHP5が提供する新しい言語機能を活用しながら、大きな改善を達成できました。

　私たちが実現した進歩や新機能も、CakePHPを応援してくれたり、アプリケーション開発のプラットフォームとして選択してくれている開発者がいなければ何の意味もありません。

　CakePHPフレームワークを代表する立場として世界中のカンファレンスに参加したことを通して、日本の開発者を取り巻く環境やコミュニティは特にユニークだと気付きました。これはCakePHP以外のオープンソースプロジェクトでも同じです。日本のコミュニティは、創造性やインプットを妨げてしまう言葉の壁を乗り越え、ドキュメンテーションの努力やコードの投稿、プラグインの開発、教育、カンファレンスやイベントに熱心に打ち込んでいます。

　私と同じくらいプロジェクトに熱心なCakePHPデベロッパに会って話ができるので、日本を訪れる機会があるたびにとてもわくわくしています。日本のコミュニティから多くを学んだ今、コミュニティのサポートと献身はCakePHPの成功には欠かせないものだと心から信じています。

　この書籍は、彼らの献身と日本にある最高のコミュニティによるアウトプットの証です。私たちがこの本に協力しているということは、このような形での出版が世界的なコミュニティでも大きな意味を持つことを示しています。コミュニティのために、この書籍に尽力した執筆陣に感謝します。

Graham Weldon

はじめに

　CakePHPを主に取り上げた書籍が日本で最初に出版されたのは、2007年10月のことでした。当時はまだ限られた人だけが使っていたCakePHPも年々採用事例が増え、関連書籍が出版され、ブログなどの情報も豊富になっていきました。これらの情報は、CakePHPを学びたい人や実際の開発現場などで大いに活用されました。情報の豊富さがCakePHPの普及を推し進めたのは明らかと言ってよいでしょう。

　2011年末にリリースされたCakePHP2は、内部の構造や基本的なルールが見直され、従来の情報がそのままの形では活用しにくい場合が出てきました。「CakePHP2向けの情報が欲しい」という多くの方からの声に応えられるように作られたのが本書です。これまでCakePHPを使っていた方はもちろん、初めての方にもCakePHP2の使い方を無理なく理解できるよう、入門的な解説から丁寧に行っています。さらに、実際の開発現場で必要になる応用的な技術も、ページ数の許す限り詰め込みました。

　執筆陣はCakePHPを使った実際の開発にさまざまな形で携わり、アドバイスを求められますが、その際に「こういったノウハウが情報としてまとまっていればよいのに」と感じることが多くありました。本書には、そのようなノウハウを集約しています。みなさんのCakePHPを使った開発の助けになればと願っています。

　最後になりましたが、本書の執筆に際してさまざまな助言や協力をいただいたPHP、CakePHPコミュニティの方々と関係各位に感謝の意を伝えます。特に、日本語フォーラムの運営を粘り強く続けられている堂園俊郎氏、セキュリティの観点でレビューをしてくださった徳丸浩氏には大変お世話になりました。ありがとうございました。

著者を代表して　安藤祐介

本書の構成

本書は、次の4つのパートで構成されています。

● 1～3章：概要

CakePHPなどのWebアプリケーションフレームワークが発展してきた歴史と、CakePHPの基本的な部分を解説します。また、CakePHPが動作する環境のセットアップと、bakeと呼ばれるコードの自動生成についても紹介します。

● 4～8章：CakePHPの基本機能

CakePHPを構成する基本的な機能であるコントローラー、モデル、ビューの概要と機能を、実際の開発例を交えて紹介します。フレームワークの機能を拡張するためのコンポーネント、ビヘイビア、ヘルパーの利用方法と自作方法、MVCには該当しないフレームワークの機能であるコアライブラリについても解説します。

● 9～18章：応用的な機能

CakePHPをより実践的に活用する際に必要になるさまざまな話題を解説します。実際の開発業務にCakePHPを利用する際に役立つさまざまなノウハウを、CakePHP界の第一人者たちがそれぞれの得意分野を解説します。Webサービスの開発には欠かせないメール送信を行うCakeEmailクラス、Webからのリクエストではなくコンソールからの処理を扱う方法、ユニットテストといった機能を解説します。また実際にWebサービスを公開する際に欠かせないセキュリティやパフォーマンス、公開環境の設定方法、外部サービスとの連携も解説します。

● Appendix：CakePHPチートシート

開発を行っている際、CakePHPにどのような機能があるのかを知りたい場合に役立つ情報をコンパクトにチートシートとしてまとめました。空いた時間に眺めたり、ドキュメントを検索する前の下調べなどに役立ててく

ださい。

　またフレームワークが動作する際にどのようにそれぞれのクラスが呼び出し合っているかを図示したシーケンスを収録しました。フレームワークの挙動を深く理解して開発を行う際に参考にしてください。

本書に登場するコード

　本書に掲載しているコードは、見やすさを重視するために次のような調整を行っています。

- インデントの調整
- コード中のコメントの削除／追加

サンプルコードのダウンロード

本書に登場するサンプルコードをダウンロードできます。詳しくは本書サポートサイトを参照してください。

http://gihyo.jp/book/2012/978-4-7741-5324-7/support

執筆担当一覧

章		執筆担当
第1章	Webアプリケーションフレームワークの誕生	安藤 祐介
第2章	CakePHPの概要	安藤 祐介
第3章	CakePHPを試してみよう	安藤 祐介
第4章	コントローラーを使う	安藤 祐介
第5章	モデルを使う	安藤 祐介
第6章	ビューを使う	安藤 祐介
第7章	CakePHPのMVCをさらに使いこなす	安藤 祐介
第8章	コアライブラリを使ってフレームワークを使いこなす	安藤 祐介
第9章	CakeEmailクラスを使ったメール送信	鈴木 則夫
第10章	プラグインを使ったフレームワークの拡張	岸田 健一郎
第11章	コンソール／シェルの利用	岸田 健一郎
第12章	ユニットテスト	岸田 健一郎
第13章	セキュリティ	新原 雅司
第14章	公開環境の設定とデプロイ	渡辺 一宏
第15章	キャッシュによるパフォーマンス改善	新原 雅司
第16章	ソーシャル連携	渡辺 一宏
第17章	CakePHP1系からの移行	市川 快
第18章	より優れたプログラムをCakePHPで書くために	安藤 祐介
Appendix	CakePHPチートシート	市川 快、新原 雅司

※各章内部のコラムの執筆者はコラム末尾に表記しています。

CakePHP2実践入門──目次

本書に寄せて iii
はじめに iv
本書の構成 v
   本書に登場するコード vi
   サンプルコードのダウンロード vi
執筆担当一覧 vii

第1章 Webアプリケーションフレームワークの誕生 1

1.1 従来型のPHP開発スタイル 2
1.2 PEAR、Smartyなどのライブラリの普及 4
   ライブラリを使わない開発の限界 4
      重複するコードが増える 5
      ロジックとデザインが混在する 5
      コードのスタイルが不統一になる 5
   ライブラリの登場 6
1.3 MVCフレームワークの登場 8
   MVCを構成する要素 8
      Model（モデル） 9
      View（ビュー） 9
      Controller（コントローラー） 9
   初期に誕生したフレームワーク 9
      Mojavi 10
      Ethna 10
   Ruby on Railsの影響 10
      同じことを繰り返さない（DRY） 11
      設定より規約（CoC） 11
   現在のフレームワーク事情 12
      CakePHP 12
      symfony 12
      CodeIgniter 12
      Zend Framework 12
      Lithium 12
      Symfony2 13

フレームワークを活用しよう 13
　　Column CakePHPコミュニティ 14

第2章
CakePHPの概要 15

2.1　CakePHPの特徴 16
初心者にも学びやすいMVCフレームワーク 16
柔軟なオープンソースライセンス 17
設定作業がほとんど必要ない 17
データベースへのアクセスが簡単 17
国内外で幅広いユーザに利用されている 17

2.2　開発体制と歴史 18
CakePHPの誕生 18
CakePHP 1.2 19
CakePHP 1.3 19
CakePHP 2.0 20
CakePHP 2.1 20
CakePHP 2.2 20
CakePHP 3.0 20

2.3　Webサイトなどでの採用実績 21
nanapi 21
Livlis 22
tipshare.info 22
Croogo 23
baserCMS 24
CandyCane 25

2.4　情報の集め方 26
ドキュメントを読む 26
　公式ドキュメント 26
質問する 26
　日本語フォーラム 26
　CakePHP Questions 27
　IRCチャンネル 27
バグを報告する、修正する 27
イベントやコミュニティへ参加する 27

第3章

CakePHPを試してみよう　29

3.1 CakePHPのインストール　30
- PHP、Apache、PDOのセットアップ　30
- CakePHPのダウンロード　31
- 動作確認　32
- mod_rewriteを有効にする場合　33
- App.baseUrlを利用する場合　34
- セキュリティ設定の変更　34
- app/tmpディレクトリの権限変更　35
- データベースの接続設定　36
- Windowsの場合の注意点　37
- Mac OS Xの場合の注意点　37

3.2 CakePHPのディレクトリ構成　38
- 特に頻繁に利用するディレクトリ　38
- 応用的な使い方に関連するディレクトリ　38
  - Component——コントローラーを拡張する　39
  - Behavior——モデルを拡張する　40
  - Helper——ビューの処理を拡張する　40
- 編集してはいけないディレクトリ　40
  - **Column** CakePHPの命名規約　41

3.3 bakeによるソースコードの自動生成　42
- データベースの作成　42
- bakeコマンドの実行　43
- 動作確認　46
  - **Column** bakeの発展的な利用方法　49
  - **Column** さくらインターネットでCakePHPが動かない？　50

第4章

コントローラーを使う　51

4.1 コントローラーとは　52
- 記述方法　52
- アクション　52
- ディスパッチャ　53

　　　　AppController クラス 55
4.2　コントローラーに設定できるプロパティ 56
　　　　$scaffold プロパティ──ひな型の有効化 56
　　　　$uses プロパティ──利用するモデルの指定 56
　　　　$helpers プロパティ──利用するヘルパーの指定 58
　　　　$components プロパティ──利用するコンポーネントの指定 59
4.3　コントローラーの機能 59
　　　　render メソッド──ビューを表示 60
　　　　set メソッド──ビューへのデータの引き渡し 61
　　　　redirect メソッド──別画面への転送 62
　　　　flash メソッド──別画面へのメッセージ付き転送 62
　　　　$request プロパティ──ユーザ入力値などの取得 63
　　　　そのほかの便利なメソッド 66
4.4　コントローラーを使ってみよう 66
　　　　タスク管理アプリケーションの作成 66
　　　　データベーステーブルの作成 67
　　　　コントローラーの作成 67
　　　　アクションの作成──タスク完了から一覧への遷移 68
　　　　ビューテンプレートの表示──タスク一覧を表示する 71
　　　　モデルの呼び出し──未完了タスクのみの表示とタスクの更新 72
　　　　フォームの利用──タスクの新規登録 75
4.5　まとめ 78

第5章

モデルを使う　　79

5.1　モデルとは 80
　　　　ファイルの作成 80
　　　　AppModel クラス 81
5.2　モデルに設定できるプロパティ 82
　　　　$useTable プロパティ──利用するモデルの指定 82
　　　　$primaryKey プロパティ──主キーの指定 83
　　　　$useDbConfig プロパティ──利用する接続の指定 84
　　　　$virtualFields プロパティ──仮想カラムの指定 84
　　　　$displayField プロパティ──ドロップダウンリストなどへの表示項目の指定 86
　　　　$actsAs プロパティ──有効にするビヘイビアの指定 86

　　　　$validateプロパティ──入力検査の設定 86
　　　　アソシエーションの設定 87
　　　　その他のプロパティ 87
　5.3　モデルの機能 87
　　　　findメソッド──データの取得 88
　　　　find('all')──まとめてデータを取得 89
　　　　　　全件のデータを取得する 89
　　　　　　絞り込み条件や取得件数、ソート順などを指定する 90
　　　　find('count')──データの件数を取得 92
　　　　find('first')──データを1件だけ取得 92
　　　　find('list')──データを単純なリストで取得 94
　　　　find('threaded')──データをツリー形式で取得 94
　　　　find('neighbors')──隣接するデータの取得 94
　　　　マジックfind──条件をメソッド名から指定 94
　　　　queryメソッド──SQLの直接実行 95
　　　　saveメソッド──データの保存 96
　　　　　　INSERTを実行する場合 96
　　　　　　UPDATEを実行する場合 96
　　　　　　連続してINSERTを行う場合 98
　　　　saveFieldメソッド──単一カラムの更新 98
　　　　deleteメソッド──データの削除 99
　　　　saveManyメソッド──複数件のデータの保存 100
　　　　updateAllメソッド──条件に当てはまるデータの同時更新 100
　　　　deleteAllメソッド──条件に当てはまるデータの一括削除 102
　5.4　バリデーションでデータが正しいかをチェック 103
　　　　単一のバリデーションルールを適用 103
　　　　複数のバリデーションルールを適用 107
　　　　独自のバリデーションルールを適用 107
　5.5　アソシエーションで複数のモデルを操作 109
　　　　アソシエーションの種類 109
　　　　　　belongsTo 109
　　　　　　hasMany 113
　　　　　　hasOne 113
　　　　　　hasAndBelongsToMany 114
　　　　取得するデータの範囲指定 116
　　　　アソシエーションを実行時に設定 117
　5.6　モデルを使ってみよう 117
　　　　バリデーションの設定──入力項目の正しさをチェックする 118

　　　　モデルクラスを作成する 118
　　　　コントローラーに処理を追加する 118
　　　　ビューに処理を追加する 120
　　アソシエーション設定の追加──タスクにメモを複数付加できるようにする...... 121
　　　　テーブルを作成する 121
　　　　Noteモデルへアソシエーションを設定する 121
　　　　Notesコントローラーを作成する 121
　　　　Taskモデルへアソシエーションを設定する 122
　　　　Tasksコントローラーは変更なし 122
　　　　ビューファイルへメモの表示処理を追加する 122
5.7　まとめ 124

第6章
ビューを使う　125

6.1　ビューとは 126
　　　　ビューファイルの作成 126
6.2　ビューの使い方 127
　　　　レイアウトでヘッダ、フッタを変更する 127
　　　　エレメントでページの要素を共有する 130
　　　　JSONやXMLを利用する 131
　　　　ZIPファイルなどをダウンロードさせる 132
　　　　テーマを使って見た目を切り替える 133
6.3　ヘルパーを使ったモデル、コントローラーの連携 134
　　　　HTMLヘルパー 134
　　　　Formヘルパー 136
　　　　そのほかのコアヘルパー 138
6.4　ビューを使ってみよう 140
　　　　タスク表示のエレメント化 140
　　　　コントローラーに編集機能を追加 141
　　　　ビューファイルの作成 145
6.5　まとめ 146

第7章
CakePHPのMVCをさらに使いこなす　147

7.1　コンポーネント、ビヘイビア、ヘルパーの活用 148

7.2　コンポーネントでコントローラーを強化 148
コンポーネントとは 148
CakePHPが用意するコアコンポーネント 148
Authコンポーネントで認証機能を実現 148
認証の設定 150
ログイン処理の実装 150
Authコンポーネントの設定をカスタマイズ 152
Paginationコンポーネントでページ分けを実現 152
コントローラー側の記述 152
ビュー側の記述 153
コンポーネントの自作 156

7.3　ビヘイビアでモデルを強化 158
ビヘイビアとは 158
CakePHPが用意するコアビヘイビア 158
Containableビヘイビアで取得する関連データの範囲を設定する 158
ビヘイビアの自作 160

7.4　ヘルパーでビューを強化 162
ヘルパーとは 162
CakePHPが用意するコアヘルパー 162
ヘルパーの自作 162

7.5　まとめ 164

第8章 コアライブラリを使ってフレームワークを使いこなす 165

8.1　コアライブラリとは 166
主なコアライブラリ 166

8.2　コアライブラリの使い方 166
Appクラスでライブラリを読み込む 166
App::usesを使ってフレームワークの動作に介入する 166
App::usesを使って外部のライブラリを読み込む 168
App::importを使って外部のライブラリを読み込む 169
Setクラスを使って複雑な連想配列を扱う 169
Set::extractで配列から特定のデータを抽出する 170
Set::combineでキーと値のリストを生成する 170
Set::diffで配列同士を比較する 171
Set::sortで特定のキーを基準に配列をソートする 171

8.3　まとめ 172

第9章
CakeEmailクラスを使ったメール送信 ... 173

- 9.1 **CakeEmailクラスとは** ... 174
  - 事前準備 ... 174
  - 簡単なメール送信のサンプル ... 175
- 9.2 **CakeEmailクラスの設定メソッド** ... 178
  - メールアドレスに関わるメソッド ... 178
  - メールヘッダに関わるメソッド ... 179
    - メールヘッダインジェクション対策 ... 180
- 9.3 **CakeEmailクラスの活用** ... 181
  - ファイルを添付したメールの送信 ... 181
    - 単純にファイルを添付する ... 181
    - ファイル名を変えて添付する ... 182
    - 複数のファイルを添付する ... 183
  - テンプレートを使ったメール送信 ... 183
    - レイアウトとビューを作成する ... 184
    - メールを送信する ... 185
    - **Column** メソッドチェイン ... 185
    - 動作確認する ... 187
  - CakeEmailクラスの動作に関するメソッドのまとめ ... 189
  - 設定ファイルの利用 ... 189
- 9.4 **まとめ** ... 190

第10章
プラグインを使ったフレームワークの拡張 ... 191

- 10.1 **著名なプラグイン** ... 192
  - **DebugKit** ... 193
    - インストールする ... 193
    - 利用する ... 193
  - **Search plugin** ... 194
  - **MigrationsPlugin** ... 195
    - インストールする ... 195
    - 利用する ... 195
- 10.2 **プラグインを自作する** ... 196
  - bakeコマンドでスケルトンを作成 ... 197

　　　　コードの記述方法 197
10.3　まとめ 198

第11章
コンソール／シェルの利用　199

11.1　コンソールとは 200
　　　　コンソールから動かしてみる 200
　　　　CakePHPが用意しているシェル 201
11.2　シェルを自作する──掲示板アプリケーションの操作 ... 202
　　　　カテゴリを一覧表示する処理を作成 203
　　　　カテゴリの追加処理を作成 204
　　　　　Column　エラーを処理するには 205
　　　　カテゴリの削除処理を作成 206
　　　　ヘルプを表示する処理を作成 207
　　　　　Column　タスクを使って共通処理を整理する 207
　　　　作成するヘルプの実行結果 208
　　　　getOptionParserメソッドをオーバーライドする 208
　　　　addSubcommandメソッドの引数 210
　　　　確認メッセージなしで削除できるオプションを追加 ... 211
11.3　まとめ 213
　　　　　Column　シェルでもタスクでもない場合 214

第12章
ユニットテスト　215

12.1　ユニットテストの効率化 216
12.2　CakePHPでのユニットテスト 216
　　　　PHPUnitのインストール 217
　　　　環境整備 217
　　　　　デバッグレベルを確認する 217
　　　　　テスト用データベースを準備する 218
　　　　ブラウザからのテスト 218
　　　　コンソールからのテスト 220
　　　　カバレッジの確認 221
　　　　　ブラウザから確認する 222

　　　　　コンソールから確認する 223
12.3 テストケースの作成 223
　　　PHPUnitを使ったユニットテストとは 224
　　　モデルのテスト 226
　　　　　自動生成されたテストケースのひな型を確認する 226
　　　　　フィクスチャを利用する 227
　　　　　入力チェックをテストする 229
　　　　　独自に作成した検索処理をテストする 230
　　　　　テストを実行する 232
　　　　　テストがエラーになったら 232
　　　コントローラーのテスト 233
　　　　　ビューに渡された値を評価する 235
　　　　　HTMLを評価する 236
　　　　　例外を評価する 237
　　　　　リダイレクトを評価する 238
　　　　　フォームのPOSTを評価する 239
　　　　　テストを実行する 239
　　　コンポーネントのテスト 240
　　　ヘルパーのテスト 242
　　　　　ヘルパーがほかのヘルパーを利用している場合 242

12.4 継続的インテグレーションとの統合 244
　　　Jenkins 245
　　　　　テストジョブを追加する 245
　　　　　全テスト実行クラスを作成する 246
　　　　　ビルドを実行する 247

12.5 まとめ 248
　　　テストコードはプログラマにとって安心を得る道具 248
　　　　　Column　テストシェルのオプション 250

第13章
セキュリティ　　　　　　　　　　　　　　　　　　　　　251

13.1 なぜセキュリティに気を配る必要があるのか 252
13.2 代表的な攻撃を防ぐ 252
　　　データベーステーブルとサンプルデータの作成 252
　　　SQLインジェクション 253
　　　　　対策1：モデルのメソッドを使う 255
　　　　　対策2：DataSourceクラスのfetchAllメソッドを使う 257
　　　クロスサイトスクリプティング（XSS） 258

ケース1:変数の値をビューファイルで出力する 258
　　　ケース1の対策:h()関数を使う 259
　　　ケース2:フォームに変数の値を出力する 260
　　　ケース2の対策:Formヘルパーを使う 261
　クロスサイトリクエストフォージェリ（CSRF） 262
　　　CSRFが発生する例 263
　　　対策:Securityコンポーネントを使う 265
　　　注意点1:フォームを作成する場合 266
　　　注意点2:JavaScriptでフォーム要素を動的に変更する場合 266
　　　注意点3:Ajaxで画面遷移を伴わずPOSTリクエストを送る場合 266
　セッションハイジャック 267
　　　対策1:セッションIDを自動で変更する 268
　　　対策2:セッションIDを任意のタイミングで変更する 268

13.3　CakePHP特有の問題を防ぐ 269
　意図しないコントローラーメソッドの実行 269
　　　対策1:メソッドのアクセス制御子をprotectedかprivateにする 270
　　　対策2:メソッド名をアンダースコアから始める 270
　細工をしたフォームによる意図しないデータ更新 271
　　　対策1:Securityコンポーネントを使う 273
　　　対策2:登録するパラメータだけを抽出する 274
　　　不十分な対策:モデルのsaveメソッドで更新パラメータを指定する 275
　認証をかけているつもりでも処理が動作してしまう 276
　　　要注意個所1:コントローラーのbeforeFilterメソッド 276
　　　要注意個所2:$componentsプロパティで指定しているコンポーネント 277

13.4　まとめ 277
　　　Column アクションごとにモデルを作る 278

第14章
公開環境の設定とデプロイ 279

14.1　動作環境切り替えの必要性 280
14.2　動作環境の切り替え 280
　ホスト名による切り替え 280
　環境変数による切り替え 281
14.3　データベースの切り替え 282
　AppModelによる切り替え 282
　database.phpによる切り替え 284
14.4　公開環境構築時の注意点 286

　　　　デバッグレベルの設定 286
　　　　test.phpの無効化 287
　　　　アプリケーションログの運用 288
　　　　バージョンアップ時のキャッシュ削除 288
　　　　faviconのカスタマイズ 289
14.5　デプロイ 290
　　　　シェル＋rsyncを使用したデプロイ 290
　　　　Capistranoを使用したデプロイ 292
　　　　　　Capistranoをインストールする 292
　　　　　　capifyでデプロイに必要なファイルを生成する 292
　　　　　　capcake用の処理を追加する 294
　　　　　　deploy.rbをカスタマイズする 294
　　　　　　デプロイを準備する 297
　　　　　　デプロイを実行する 297
　　　　　　便利な機能 298

第15章 キャッシュによるパフォーマンス改善　299

15.1　パフォーマンスが悪い 300
15.2　ボトルネックの調査 300
　　　　計測する方法を考える 300
　　　　計測用アプリケーションを作る 303
　　　　パフォーマンスを計測する 304
15.3　Cacheクラスを使ったパフォーマンスの改善 306
　　　　キャッシュとは 306
　　　　キャッシュの設定 306
　　　　Cacheクラスの操作 308
　　　　　　キャッシュを書き込む 308
　　　　　　キャッシュを読み込む 308
　　　　　　キャッシュを削除する 308
　　　　Cacheクラスを実際に使ってみる 309
　　　　　　設定を行う 309
　　　　　　動作確認する 310
15.4　ビューキャッシュを使ったパフォーマンスの改善 310
　　　　ビューキャッシュを有効に 311
　　　　ビューキャッシュの設定 311
　　　　一部分をビューキャッシュの対象から除外 312

ビューキャッシュの削除 ... 312
    ビューキャッシュの有効期間を経過した場合 ... 312
    モデルのsaveメソッドもしくはdeleteメソッドを実行した場合 ... 313
    clearCache関数を実行した場合 ... 313
  ビューキャッシュを実際に使ってみる ... 314
    設定を行う ... 314
    動作確認する ... 314
15.5 まとめ ... 315
    Column エラー時の処理とカスタマイズ ... 316

第16章
ソーシャル連携 ... 317

16.1 WebサービスとSNSを連携させる重要性 ... 318
16.2 OAuthの概要 ... 318
    アプリケーションの登録 ... 318
    OAuth 1.0のアプリケーション承認の流れ ... 320
    OAuth 2.0のアプリケーション承認の流れ ... 322
16.3 著名なプラグインの紹介 ... 323
    TwitterKit ... 323
    CakePHP Facebook Plugin ... 323
16.4 TwitterKitを使ってみよう ... 324
    設定手順 ... 324
        導入する ... 324
        Twitterデータソースを設定する ... 324
        Twitterユーザ用のテーブルを作成する ... 325
        AppController.phpに設定を追加する ... 325
        jQueryを読み込む設定 ... 326
    動作確認 ... 326
        ログインする ... 326
        ホームタイムラインを取得する ... 328

第17章
CakePHP1系からの移行 ... 331

17.1 現在メンテナンスされているバージョン ... 332
17.2 CakePHP 1.xと2.xとの違い ... 332

         ディレクトリ構造、ファイル命名ルールの変更 ... 332
            ファイル名、ディレクトリ名の表記方法 ... 333
            ヘルパーファイル名やコンポーネントファイル名の表記方法 ... 333
         リクエスト、レスポンスデータの管理 ... 333
         クラスの遅延読み込み ... 334
         パフォーマンスの向上 ... 336
   17.3 **移行時の注意点** ... 336
         プラグインファイルの読み込み指定 ... 337
         controller/modelの階層ディレクトリの探索 ... 337
         Appクラスファイルが自動読み込みされなくなった ... 338
         初期ファイルの修正が必要な個所 ... 339
         APCキャッシュが利用されるケース ... 340
   17.4 **Upgrade shellを使った移行** ... 340
         Upgrade shellとは ... 340
         Upgrade shellの実行 ... 341
         CakePHP 1.3のコードにUpgrade shellを適用 ... 342
            database.phpを修正する ... 343
            キャッシュファイルを削除する ... 343
            Column CakePHPを作っているのは誰か？ ... 344

第18章 より優れたプログラムをCakePHPで書くために ... 345

   18.1 **モンブランコードを避ける**──より簡潔でわかりやすいコードに ... 346
         モンブランコードとは ... 346
         コントローラーを小さくする ... 346
         テストコードを意識する ... 347
         メソッドの役割を小さくする ... 347
   18.2 **スポンジの再発明を避ける**──公開されているコードを活用する ... 348
         スポンジの再発明とは ... 348
         Bakeryで探す ... 348
         GitHubで探す ... 349
         CakePackagesで探す ... 350
   18.3 **ユニットテストを導入する**──テストを書く意義と重要性を知る ... 351
   18.4 **Think outside the box**──良いアイデアを幅広く取り入れる ... 352

Appendix
CakePHPチートシート ... 353

- A.1 チートシートの見方 ... 354
- A.2 定数 ... 355
- A.3 core.phpの設定 ... 356
- A.4 コントローラー ... 357
  - プロパティ ... 357
  - メソッド ... 358
- A.5 コンポーネント ... 361
  - プロパティ ... 361
  - メソッド ... 361
- A.6 モデル ... 362
  - プロパティ ... 362
  - メソッド ... 364
- A.7 ビュー ... 371
  - プロパティ ... 371
  - メソッド ... 372
- A.8 CakeRequestクラス ... 373
  - プロパティ ... 373
  - メソッド ... 373
- A.9 CakeResponseクラス ... 375
  - メソッド ... 375
- A.10 グローバル関数 ... 377
- A.11 規約 ... 379
  - データベース ... 379
  - コントローラー ... 379
  - モデル ... 379
  - ビュー ... 379
- A.12 CakePHPアプリケーションの実行シーケンス ... 379

あとがき ... 384
索引 ... 386

第1章
Webアプリケーション フレームワークの誕生

1.1 従来型のPHP開発スタイル 2
1.2 PEAR、Smartyなどのライブラリの普及 4
1.3 MVCフレームワークの登場 8

第1章 Webアプリケーションフレームワークの誕生

1.1 従来型のPHP開発スタイル

　PHPは、HTMLに直接埋め込む形で記述できることから初心者にも学びやすいプログラミング言語として知られています。PHPの基本的な機能だけでもさまざまなWebアプリケーションを開発できますが、ある程度の規模のアプリケーションを開発する場合にフレームワークを使うのが一般的になりました。

　Webアプリケーションフレームワークを使った開発の利点を考える前に、従来型のPHP開発スタイルの特徴を考えてみましょう。PHPで実装されるWebアプリケーションにはさまざまなものがありますが、ここでは典型的な例として次のような処理を行うとします。

- フォームから入力されたキーワードを取得する
- データベースへ接続する
- 入力されたキーワードをもとにクエリを実行する
- クエリの結果をHTMLとして表示する

　できるだけPHPの標準機能を使って実装したのが**リスト1.1**のソースコードです。

　リスト1.1❶では、フォームから入力されたキーワードをスーパーグローバル変数から取得しています。直接アクセスされた場合は値がセットされておらず、$keywordは空白のままになります。直接$_POSTを使用するとフォームが送信されていない場合に警告が発生するので、issetを使ってフォームが送信されたと思われる場合のみこの処理を行っています。

リスト1.1 従来型のPHPのスタイルで書いたソースコード（list1.php）

```php
<?php
// ❶フォームから入力されたキーワードを取得する
$keyword = '';
if (isset($_POST['keyword'])) {
    $keyword = $_POST['keyword'];
}
```

（次ページへ続く）

```php
// ❷データベースへ接続する
mysql_connect('localhost','user','password');
mysql_select_db('cakephp_sample');
mysql_query('set names utf8');

// ❸入力されたキーワードをもとにクエリを実行する
$sql = sprintf(
  "SELECT id,name,description FROM friends WHERE name LIKE '%s'",
  mysql_real_escape_string('%'.$keyword.'%')
);
$result = mysql_query($sql);
$data = array();
while ($row = mysql_fetch_assoc($result)) {
  $data[] = $row;
}

// ❹クエリの結果をHTMLページとして表示する
?>
<html>
<head>
<title>テストページ</title>
</head>
<body>
<form action="list1.php" method="POST">
<input name="keyword">
<input type="submit">
</form>
<ul>
<?php
foreach ($data as $friend) {
    echo '<li>';
    echo htmlspecialchars($friend['name'],ENT_QUOTES);
    echo '<br/><i>';
    echo htmlspecialchars($friend['description'],ENT_QUOTES);
    echo '</i>';
    echo '</li>';
}
?>
</ul>
</body>
</html>
```

次にリスト 1.1 ❷では、引数にしたホスト、ユーザ名、パスワードで MySQL に接続を行っています。

リスト 1.1 ❸ではリスト 1.1 ❶で取得したキーワードを使った SQL 文を組み立てて実行しています。この際に悪意のある文字列でクエリが崩れないように mysql_real_escape_string を使ってエスケープしたうえでクエリを作成しています。作成したクエリの実行結果は while ループ内で配列に格納しています。

最後にリスト 1.1 ❹では、ここまでの処理で取得した内容をもとに箇条書きでデータを表示しています。

このように、PHP の標準機能を使ったスクリプトは HTML ページに PHP を埋め込むような形で書き始められるので習得しやすいのが特徴です。使っている関数や文法も多くないので、PHP のマニュアルを参照すればこのソースコードの挙動を理解できるはずです。あとは必要に応じてさまざまな関数を使ったり、新しいページが必要な際はソースコードをコピーして改変することでアプリケーションを拡張できます。1 ページで完結するような簡単な問い合わせフォームや、ごく小規模なアプリケーションであれば、このスタイルでの開発は現在でもときおり行われています。

1.2 PEAR、Smarty などのライブラリの普及

ライブラリを使わない開発の限界

従来型の PHP 開発スタイルは習得のしやすさから幅広く親しまれ、利用されてきました。小規模なアプリケーションの開発であれば問題は少ないのですが、規模が大きく複雑なアプリケーションを開発する場合にはいくつか問題点が出てきます。

- 重複するコードが増える
- ロジックとデザインが混在する
- コードのスタイルが不統一になる

● 重複するコードが増える

　大規模なアプリケーションの場合、ほとんどのページでデータベースに接続する処理が発生します。リスト1.1のようなスタイルで書いた場合、すべてのページでほぼ同じような処理が重複して含まれることになります。

　コピー＆ペーストすれば書くのは簡単です。しかし一度重複したコードを書いてしまうと、そのあとのメンテナンスが難しくなります。たとえばテスト用に接続するデータベースを変更する場合や、ユーザ名やパスワードが変更になった場合はすべてのページに同じ変更を加えなければいけません。これは難しい作業ではないですが、量が増えることでミスが発生する可能性が高くなります。また、変更すべき場所を探して回るのも手間がかかるようになります。

● ロジックとデザインが混在する

　HTMLに埋め込むような形で記述するスタイルも処理が複雑になり、PHPで書かれた部分の分量が増えるに従ってメンテナンスが難しくなります。埋め込む形で書かれているとはいえ、HTMLではない部分が多いファイルは、デザインを変えるだけの作業でも該当のHTMLを探すために何ページかエディタ上でのスクロールが必要になってきます。またデザインを変更しただけのつもりが意図しない形でプログラム部分を壊してしまうような事故も起こりやすくなります。

● コードのスタイルが不統一になる

　必要な処理を順次記述することでアプリケーションを開発できます。しかしその実装の方法はさまざまです。似たような機能であっても、開発者によってコードの構造にばらつきが出てしまい、コードをメンテナンスする際にお互いのコードを理解するのが難しくなってしまいます。コーディングスタンダードの適用によって統一できる部分もありますが、処理を記述する順番のような複合的な部分についてはコーディングスタンダードではカバーできません。

第1章 Webアプリケーションフレームワークの誕生

ライブラリの登場

このような問題を解決するために、PEAR[注1]などのサービスが使われるようになりました。

注1 PEAR（*PHP Extension and Application Repository*）はPHPで利用できるライブラリ（パッケージ）を提供しているサービスです。

リスト1.2 PEARとSmartyを使ったソースコード（list2.php）

```php
<?php
error_reporting(0); // PEARのエラーを抑制
require_once 'MDB2.php';
require_once 'Smarty/Smarty.class.php';

// フォームから入力されたキーワードを取得する
$keyword = '';
if (isset($_POST['keyword'])) {
    $keyword = $_POST['keyword'];
}

// データベースへ接続する
$dsn = 'mysql://user:password@localhost/cakephp_sample?charset=utf8';
$con = MDB2::connect($dsn);

// 入力されたキーワードをもとにクエリを実行する
$sql = sprintf(
  "SELECT id,name,description FROM friends WHERE name LIKE %s",
  $con->quote('%'.$keyword.'%')
);
$result = $con->query($sql);
$data = array();
while ($row = $result->fetchRow(MDB2_FETCHMODE_ASSOC)) {
  $data[] = $row;
}

// クエリの結果をHTMLページとして表示する
$smarty = new Smarty();
$smarty->assign('data',$data);
$smarty->display('list2.tpl');
?>
```

また、Smartyというテンプレートエンジンを使い、デザイン部分をテンプレートと呼ばれる別ファイルに分ける方法も広く使われるようになりました。

実際にPEARとSmartyを使ってリスト1.1のプログラムを書きなおしたのが**リスト1.2**です。

このソースコードを実際に実行するにはMDB2のPEARライブラリとSmartyが必要です。MDB2を使うように設定を変更することで、さまざまな種類のデータベースに接続できるようになりました。またSmartyを使うことでHTML部分はテンプレートと呼ばれる別ファイルになっています（**リスト1.3**）。

このようなライブラリを活用した開発手法は、コードの重複をある程度減らし、デザインとロジックの分離を実現できるので、PHPでの開発スタイルの一大トレンドとなりました。現在でもこのようなスタイルで開発されたアプリケーションが稼働している例はかなり残っています。

しかし、ライブラリの組込み方はアプリケーションにより千差万別で、ソースコードのスタイルを統一するような効果はあまりないこともあり、複数の人が共同でアプリケーションを開発する際には混乱が起きてしまうと

リスト1.3 テンプレートファイル（templates/list2.tpl）

```
<html>
<head>
<title>テストページ</title>
</head>
<body>
<form action="list2.php" method="POST">
<input name="keyword">
<input type="submit">
</form>
<ul>
{foreach from=$data item=row}
    <li>{$row.name|escape}<br/>
    <i>{$row.description|escape}</i></li>
{/foreach}
</ul>
</body>
</html>
```

いう問題が起こります。この問題を解決する方法が期待されるようになりました。

1.3 MVCフレームワークの登場

　ライブラリの活用によって少しずつ秩序が生まれてきたPHPの開発スタイルに次にやってきたトレンドが、MVC（*Model-View-Controller*）モデルと呼ばれる設計手法とフレームワークです。MVCモデルは1979年にTrygve Reenskaug氏によって提唱された、グラフィカルなインタフェースを持ったアプリケーションをどのように設計するかという手法です。そのシンプルで効果的な構成がWebアプリケーションの分野にも波及してきました。

MVCを構成する要素

　MVCモデルとは、プログラムを次の3つの要素に分けて実装するポリシーです（**図1.1**）。それぞれの要素の頭文字を取って「MVC」と名付けられました。

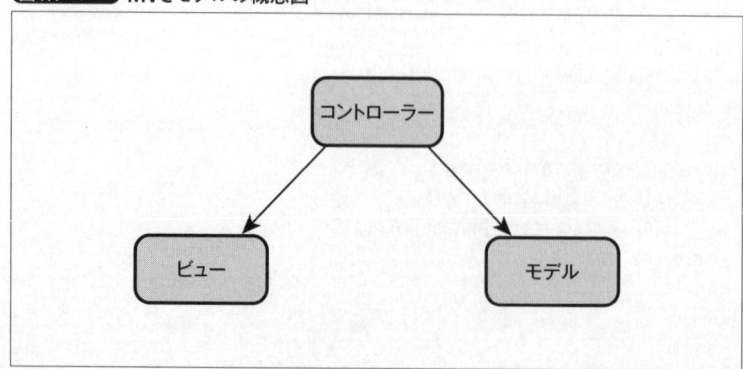

図1.1　MVCモデルの概念図

● **Model**（モデル）

モデルはそのアプリケーションが扱うデータやビジネスロジックを担当します。ほとんどのWebアプリケーションが行うデータベースへの問い合わせやデータの保存が、まずこのモデルに該当します。データベースに対する処理以外にも、複雑な計算や手続きといった処理をモデルの中に実装し、コントローラーやビューにその結果を提供します。

● **View**（ビュー）

ビューはユーザに対しての見た目を担当します。Webアプリケーションの場合はHTMLやJavaScriptといったブラウザなどに対するユーザインタフェースを提供する部分が該当します。HTMLやJavaScriptに関する処理は極力ビューで行うべきです。ビューがそれ以外の処理を行うのは望ましい形ではありません。

● **Controller**（コントローラー）

コントローラーはユーザからの入力を受け取り、処理を行う部分です。Webアプリケーションにおいてはユーザからの入力に応じてモデルを呼び出し、その結果をビューを呼び出してユーザに表示するという司令塔の役割を担当します。コントローラーは従来のPHPスクリプトからデータベース処理とHTMLを取り除いたようなスタイルになります。

初期に誕生したフレームワーク

MVCモデルのシンプルでわかりやすいポリシーは、PHP開発の現場でも幅広く受け入れられ実践されるようになりました。Smartyを使った実装でもビューの分離は達成されていたことから、これを発展させるような形で独自にモデルやコントローラーに対応する処理が実装されるようになります。実装で使われたライブラリや独自に開発された機能をまとめてフレームワークと呼ぶようになり、公開されたものの中から幅広く利用されるものが出てくるようになりました。PHP用のフレームワークとして最初に広まり、特に知られているものに次のようなものがあります。

● Mojavi

Javaで作られたStrutsというMVCフレームワークの構造をPHPに持ち込んだフレームワークです。非常にシンプルな機能ながら、PHP4の時代においては圧倒的な支持を得て事実上の標準に近い存在になりました。またPEARとSmartyを組み合わせて利用することでSmartyだけを使っていたスタイルから移行しやすかったのも特徴です。実際にはMojaviをさらに改造して社内などで独自のフレームワークにするような使い方が多く、高機能なフレームワークが登場する中で話題になることが少なくなりました。

● Ethna

藤本真樹氏[注2]が開発した国産のPHPフレームワークです。グリーで利用されているという実績で日本国内では幅広く利用されていました。PEARやSmartyを利用する形になっています。

||||||||||||||

そのほかにも、さまざまなMVCフレームワークが公開され発展していきました。その中で、数多くのフレームワークに大きな影響を与えるWebアプリケーションフレームワークが現れます。それがRuby on Railsです。

Ruby on Railsの影響

Ruby on Rails(通称RoRまたはRails)は、デンマークのプログラマ、David Heinemeier Hansson氏が開発したRuby用のWebアプリケーションフレームワークです。先進的なWebサービスがRuby on Railsで実装された事例が多いことやそれまでのWebアプリケーションになかった画期的な理念を取り入れたことで、その後のWebアプリケーションのほとんどがRuby on Railsの影響を受けています。

Ruby on Railsが採用した理念が、DRY(*Don't Repeat Yourself*)原則とCoC(*Convention Over Configuration*)原則です。

注2　PHPで日本語を扱えるようにした貢献者です。グリー㈱のCTOとしても知られています。

● 同じことを繰り返さない（DRY）

　コードのメンテナンス性を高くするためには、コードの重複を避けるのが有効であることは以前から知られていました。しかしコード以外の部分、たとえばデータベースのテーブルにカラムが追加する場合は、データベースとソースコードの双方に変更を加える必要があります。

　Ruby on Railsが採用したActiveRecord[注3]というO/Rマッパはデータベースの定義情報を自動的に読み取って動作する機構になっています。これによりデータベースのテーブルに設けられている項目などをソースコード中に列挙するようなことが不要になり、重複も発生しないので多くの支持を得ました。

　ほかにもさまざまな部分でコードの重複を防ぐための機構がフレームワークに組み込まれるようになりました。

● 設定より規約（CoC）

　高機能なフレームワークには、細かな内容を記述する設定ファイルを用意する必要があるものが多くありました。特にJavaなどではあたかもプログラムのような長大なXMLファイルを用意するケースも多く、問題視されていました。

　Ruby on Railsでは、一定のルールに従ってファイルやクラスの名前を決めていれば設定不要で動作する機構を取り入れました。これにより開発に伴って作成する設定ファイルの量が大幅に減り、開発効率を高めることができるようになりました。

|||||||||||||||

　Ruby on Railsの成功により、PHPでもDRY原則やCoC原則を実現するような機能を持ったフレームワークが数多く開発されるようになりました。直接Ruby on Railsを使わない人でも、影響を受けたフレームワークを使うことで間接的にRuby on Railsに関わっていると言えます。

注3　データベース上のテーブルと一対一に対応するクラスを作成し、レコードのオブジェクトを通して扱うというデザインパターンを実装したライブラリ。

現在のフレームワーク事情

PHPで作られたフレームワークは古今東西数多くありますが、現在でも幅広く利用され認知されているものを次に示します。

● CakePHP

全体の構成や機能など、PHPのフレームワークとしてはRuby on Railsに最も強く影響を受けています。公開当時にはPHP5が登場し、ほかのフレームワークがPHP4への対応を打ち切る中、まだまだ主力環境であったPHP4でも動作したこともあり幅広い支持を集めました。

設定ファイルも少なく、従来型のPHPの開発スタイルから移行しやすいため、国内外で活発なコミュニティが形成されています。

● symfony

Mojavi 3からフォーク(枝分かれ)して開発されたフレームワークです。Mojaviに近い構造を維持しつつ、コード生成機能やデータベース処理を行うPropleというソフトウェアと組み合わせる形で、特に大規模なアプリケーションの開発に適しています。

● CodeIgniter

EllisLabが開発した軽量なフレームワークです。全体の構成がシンプルなことで人気があります。データベースに対する処理はRuby on RailsのActiveRecordのような機能になっています。

● Zend Framework

PHPの開発元であるZendが中心になって開発したフレームワークです。フレームワークと名乗っていますが、各機能がライブラリのようにフレームワーク外からも利用できることから、ほかのフレームワークに機能の一部を組み込むような形での活用例も多く見られます。

● Lithium

CakePHPの開発者であったNate Abele氏(nateabele)と Garrett J

Woodworth氏（gwoo）が中心になって開発したPHP 5.3以上専用のフレームワークです。当初はCakePHPのバージョン3として開発されていたものでしたが、公開のあとにLithiumと名前を変えました。大まかな構成はCakePHPによく似ていますが、さらに軽量で拡張性が高い構成を目指して開発が行われています。

● Symfony2

その名の通りsymfony[注4]のバージョン2として開発されていたフレームワークです。すべてのコードを書きなおしてPHP 5.3以上専用に生まれ変わっていることから、名前は同じでも実質的には別のフレームワークです。各機能がコンポーネントとして独立しており柔軟性の高いフレームワークです。

フレームワークを活用しよう

主要なものだけでも多くの種類があるフレームワークですが、どのフレームワークも開発効率を高めるためのさまざまな工夫が取り入れられています。またフレームワーク作者間でのディスカッションなども行われているので、フレームワーク同士を組み合わせるような活用事例も見られるようになりました。

フレームワークが一般的になる以前は、開発の現場ごとに独自のフレームワークを構築していました。しかし現在では多くのフレームワークが登場し、情報交換が行われるようになったため、公開されているフレームワークを採用するメリットが大きくなってきています。

フレームワークを使って開発をすることで、歴史の中で積み重ねられてきたノウハウを利用してコードの重複を減らし、コードのスタイルを統一し開発効率とメンテナンス性を高められます。フレームワークを使わない従来型のスタイルのシンプルさも魅力的ですが、フレームワークの利用方法を学ぶことでさらに次のステップへレベルアップしていきましょう。

注4 新しいバージョンから頭文字が大文字の「S」に変更されました。また便宜上「Symfony2」と呼んでいますが、公式には「Symfony」でSymfony2のことを指します。

CakePHPコミュニティ

　CakePHPの国内コミュニティが行っている活動として、日本語フォーラム[注a]でのやりとりのほかに、各地で行われている勉強会などがあります。関東の勉強会は年に数回行われ、参加者も100人ほどいて盛り上がっています。そのほかに、大阪、北海道、九州、沖縄などでも不定期に行われています。最近では勉強会をインターネットで動画配信しているので、遠くにいても視聴できます。

　勉強会のあとには懇親会が行われ、そこではお酒を飲みながら勉強会では話せない内容が聞けたり、仕事の受注につながることもあります。CakePHPコミュニティは非常に親切でフレンドリーなため、まずは勉強会などに参加して知り合いを増やしていくのがお勧めです。

　次のステップとしてライトニングトーク（5分間の短い発表）で発表者デビューするのがよいと思います。発表者になると顔を覚えてもらえるので、懇親会などで話しかけられやすくなります。また、発表資料を作るためにあいまいな知識を整理できます。

　筆者がCakePHPと出会う前は、仕事以外の開発者とのつながりがあまりない状態で、孤独を感じることが多々ありました。2009年のCakePHP勉強会で発表者デビューしたあとは、何度も発表を行って知り合いを増やし、今では勉強会やイベントの主催をすることが多くなりました。コミュニティの知り合いから仕事をいただくこともあります。何より良かったことは、エンジニア仲間が増えて、孤独な開発者から脱出できたことです。本書を執筆しているのも、コミュニティに参加したおかげです。コミュニティに深く関わるようになり、多くの仲間とともに楽しいエンジニア生活が送れるようになりました。

　読者の中で興味を持った方は、ぜひCakePHPコミュニティに参加して一緒に盛り上げていきましょう。そして、おいしいビールを飲みに行きましょう！
（市川 @cakephper）

注a　http://cakephp.jp/modules/newbb/

第2章

CakePHPの概要

- 2.1 CakePHPの特徴 16
- 2.2 開発体制と歴史 18
- 2.3 Webサイトなどでの採用実績 21
- 2.4 情報の集め方 26

第2章 CakePHPの概要

2.1 CakePHPの特徴

　本書で解説するCakePHPには、いったいどのような特徴があるのでしょうか？　具体的な利用方法を解説する前に、CakePHPの特徴を確認します。

　CakePHPの英語公式サイト[注1]には、「CakePHPはWebアプリケーション開発を少ないコードでシンプルかつ高速にします。」[注2]というフレーズが書かれています。このキャッチフレーズの内容を、具体的にどのような特徴によって実現しているのでしょうか。

初心者にも学びやすいMVCフレームワーク

　CakePHPはMVCモデルを採用したシンプルなフレームワークです。ソースコードを書く際には、モデル、ビュー、コントローラーのいずれかに当てはめます。

　CakePHPではMVCの構造がシンプルになっているので、MVCに当てはまらないコードを書く必要は通常ありません。このルールのシンプルさは、初めてMVCフレームワークを使う人にとっても、馴染みやすいものと言えます。また「Cake」という名前にも、英語の「a piece of cake」(朝飯前、すごく簡単)という意味が込められています[注3]。

　日本語で書かれたCakePHPに関するブログの記事もCakePHP1系のころから豊富で、日本での利用者が多いことが窺えます。また動画でさまざまな技術を学べるWebサイト「ドットインストール」にもCakePHPのレッスンが追加されており、Webプログラマを目指す人にとっても、身近な選択肢の一つになってきています[注4]。

注1　http://cakephp.org/
注2　公式サイト上部に書かれているキャッチフレーズ。"CakePHP makes building web applications simpler, faster and require less code."
注3　公式マニュアルの概要ページ内(http://book.cakephp.org/2.0/en/cakephp-overview.html)の記述より。"CakePHP web application framework that makes developing a piece of cake!"
注4　http://dotinstall.com/lessons/basic_cakephp

柔軟なオープンソースライセンス

CakePHPはMITライセンスで公開されているオープンソースソフトウェアです。誰でも無償で目的を問わず利用できます。これはそのほかのオープンソースのライセンスと比べても緩やかなライセンスになっています。

設定作業がほとんど必要ない

フレームワークにありがちなインストール作業や設定作業がほとんど必要ありません。データベースに接続するための設定さえ行えば、フレームワークの機能を活用した開発をすぐに始められます。初めて学習する際やすばやく開発を始めたいときにうれしい特徴です。

データベースへのアクセスが簡単

CakePHPはMVCのモデルに該当する部分が使いやすいことで知られています。通常データベースの処理を行う際に必要になるSQL文を書かずにデータベースのデータを取り出したり保存したりできます。もちろん必要な場合はSQL文を直接実行する機能もサポートしています。

またモデルが返却するデータが連想配列になっているので、オブジェクト中心のデータ構造ではなく通常のPHPスクリプトのように連想配列を中心としたデータ構造で扱うことができます。

国内外で幅広いユーザに利用されている

CakePHPは導入が簡単なことからフレームワーク初心者に人気があり、日本だけでなく欧米やアジアなど世界中で幅広く利用されています。CakePHPの公式イベントCakeFest[注5]でも、日本やアメリカだけでなく、ヨーロッパの各国やアフリカ、南米からも参加者が訪れ、全世界でCakePHPが利用されていることがわかります。

注5　http://cakefest.org/

2.2 開発体制と歴史

CakePHPはコアチームと呼ばれる開発者集団によって開発が進められています。中心になっているLarry E. Masters氏(PhpNut)は、CakePHPの公式サイトや関連サービス、イベントの開催などをするCakeDC[注6]という企業とCake Software Foundation[注7]という法人も立ち上げており、コアチームのうちの何人かはここで働いています。しかしCakePHPそのものは企業の製品ではなく、普及などの部分をCakeDCとCake Software Foundationが担っています。これにより、所属を問わず世界的にも有力なPHPの開発者がコアチームに参加してきました。時期によって中心になっている開発者は代替わりしていますが、このコミュニティの広がりのおかげで開発者の離脱により開発が停滞するようなこともなく、開発は常に活発な状態です。

またCakePHPは、あるバージョンがリリースされると、機能の追加はすべて次のバージョンに持ち越され、公開済みのバージョンには不具合の修正のみを行うというスタイルで開発が進められています。これはマイナーバージョンが上がった結果、使い方が変わってしまうことを避けるためです。またメジャーバージョン間でも後方互換性にかなり注意を払っており、CakePHPはフレームワークをアップデートしても使い勝手が大きく変わらないフレームワークになっています。開発者にとっては一度覚えた知識が無駄になりにくいと言えます。

CakePHPの誕生

CakePHPは、最初はポーランドのMichal Tatarynowicz氏が開発していたフレームワークです。これをアメリカのLarry E. Masters氏がすばらしいと思ったことから、共同のプロジェクトとして2005年4月に始まりました。当初は「Cake」という名前だったものが「CakePHP」に改名され発展していきま

注6 http://cakedc.com/
注7 http://cakefoundation.org/

す[注8]。Michal氏は、バージョン0.9までの間チームに参加していました。

2006年5月に1.0としてリリースされ、リリース後のバグ修正バージョンは1.1として開発されていました。実質的に最初の安定したバージョンは1.1です。同時期に開発が進んでいたフレームワークはPHP5のみをサポートする一方で[注9]、CakePHPはPHP4でも5でも動作する使いやすいフレームワークとして大きな注目を集めることになりました。

CakePHP 1.2

正式リリース以降の機能追加や、以前のバージョンと互換性のない変更は1.2として開発され、2008年12月にリリースされました。このころはアメリカのGarrett J Woodworth氏がプロジェクトマネージャーを務め、リードデベロッパをアメリカのNate Abele氏が務めています。

フレームワークの品質を高めるためのテストや国際化対応機能、データを複数のページに分けるページング機能、プラグイン機能など、数多くの機能が1.2で追加されました。また標準のCSSファイルの内容が変わり、画面の見た目が現在の形になりました。

CakePHP 1.3

1.2までで追加された機能の拡張性をさらに高めるための改良が1.3として開発され、2010年4月に公開されました。この時点ではPHP4でもCakePHPは動作していましたが、続く2.0がPHP5専用になることを見据えたうえでのコードの改良などが粘り強く行われました。

このバージョンからは、カナダのMark Story氏、オーストラリアのGraham Weldon氏がリードデベロッパを務め、Larry E. Masters氏が再びプロジェクトマネージャーを務めています。

注8 すでに存在していたCakeという別の言語のプロジェクトがあったことや、cakephp.orgというドメインが空いていたことが改名の理由です。
　　https://twitter.com/#!/PhpNut/status/195850370159878146
注9 symfonyやZend Frameworkは当初からPHP5のみをサポートしていました。

CakePHP 2.0

　長らく要望の強かったPHP5専用のCakePHPとして2011年10月に公開されました。PHP4に対応するために犠牲になっていたパフォーマンスや、複雑になっていた内部構造が改善されました。またファイル名が大文字小文字混じりで命名されるようになりました。

　それまでに培われた使い勝手を保ちつつ、内部的には大きな転換点になったバージョンです。PHP5への移行という大きなマイルストーンを達成したことでこのバージョンの開発は終了しました。

CakePHP 2.1

　2012年3月に安定版が公開されたバージョンです。2.0に含まれなかった新機能を盛り込み、さらにパフォーマンス改善やバグ修正が進められています。ビュー機能の拡張やイベントハンドリング機構など、これまでCakePHPに存在していなかった新機能を追加しています。

CakePHP 2.2

　2.1との完全な後方互換性を保ちながら、新機能の追加が行われるバージョンです。2012年7月に正式リリースが行われました。引き続きさまざまな機能の改善や細かい追加が行われています。

CakePHP 3.0

　2012年7月に開発の方針についての発表が行われ、PHP 5.4以上のみをサポートする最新鋭のフレームワークを目指しています。すべてのクラスにPHPの名前空間の文法を使い、動作をさらに高速化するためにフレームワークの処理が見直されます。またモデルは問い合わせの結果としてオブジェクトを返すようになります。今後開発が進むと思われますが、2013年の春以降までリリースはされない見込みです。

2.3 Webサイトなどでの採用実績

　使いやすい機能で人気を得たCakePHPは、国内外のWebサイトやオープンソースプロジェクトの基盤として数多く採用されています。フレームワークの採用実績は見えづらいものではありますが、判明しているものだけでも次のようなものがあります。

nanapi

　nanapi[注10]は暮らしに役立つ情報が集まるコミュニティサイトです（図2.1）。アクセスが集中する部分以外をCakePHPを使って構築していることが知られています。

注10　http://nanapi.jp/

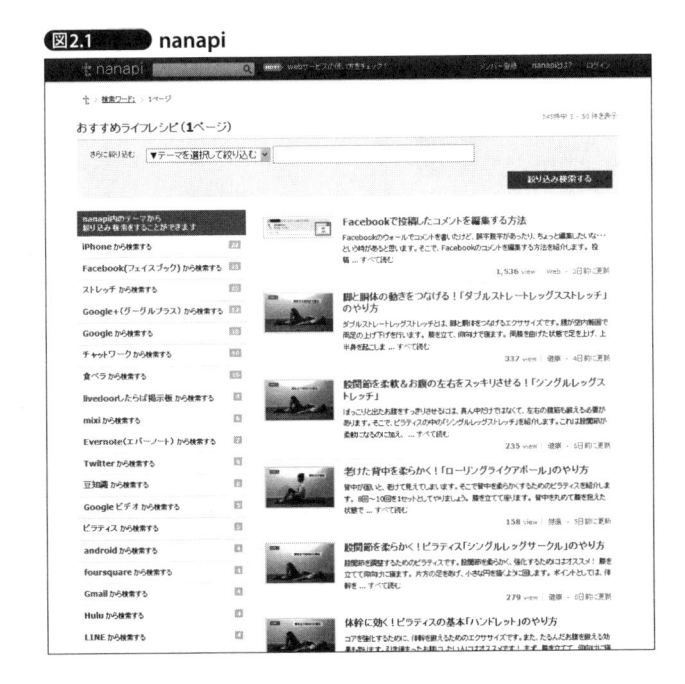

図2.1　nanapi

Livlis

Livlis[注11]は、Twitterと連動した「欲しい」と「あげる」をつなぐコミュニティサービスです（図2.2）。当初からCakePHPを使って構築していることが知られています。

tipshare.info

tipshare.info[注12]は、CakePHPの勉強会などを運営するグループであるモンブランサックスが運営するTIPS共有サイトです（図2.3）。日本のCakePHPユーザやオープンソース関係者の中で、知る人ぞ知るサービスとして発展が期待されています。CakePHP2とMongoDB[注13]を率先して導入し、一般公開している点が特徴です。

注11 http://www.livlis.com/
注12 http://tipshare.info/
注13 http://www.mongodb.org/

図2.2 Livlis

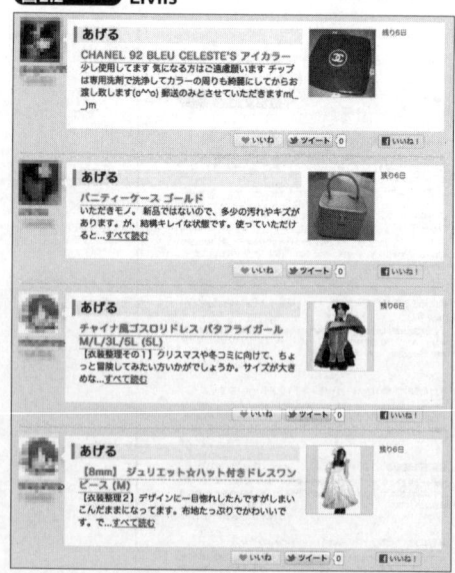

Croogo

Croogo[注14]はCakePHPで構築されたコンテンツ管理システムです（**図2.4**）。バングラデシュ出身のFahad Ibnay Heylaal氏が個人で開発しオープンソー

注14 http://croogo.org/

図2.3 tipshare.info

図2.4 Croogo

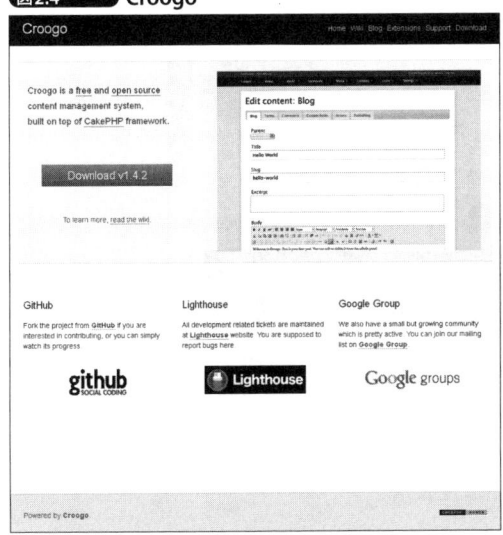

スで公開されています。研究機関や大学、テレビ局など広い分野で採用されています。

baserCMS

baserCMS[注15]は、福岡を中心に活動する江頭竜二氏が中心になり開発しているオープンソースのコンテンツ管理システムです（**図2.5**）。「コーポレートサイトにちょうどいいCMS」をキャッチフレーズに、携帯サイトへの対応や、ドキュメントやコメントがすべて日本語になっているなどの日本人にとって使いやすい機能を備えています。

さまざまなイベントでの講演活動や継続的なバグ修正など、安定的な開発状況で注目が集まっています。九州のさまざまな団体や企業のサイトを中心に導入されています。

注15 http://basercms.net/

図2.5 baserCMS

CandyCane

CandyCane[注16]は筆者が中心になり開発が進められているオープンソースの課題管理システムです(**図2.6**)。世界中で人気がある課題管理システムRedmine[注17]をRubyからCakePHPに移植しています。PHPが動いている環境であればアップロードするだけでインストールできる手軽さで、国内、国外で利用者が増えています。

開発チームも国内のCakePHPユーザや海外のユーザが多く参加し、CakePHPのコアデベロッパであるGraham Weldon氏も開発に加わっています。

当初はCakePHP 1.2で開発されていましたが、CakePHP 2.1への移行とリファクタリングが行われ、現在はCakePHP2を使ったアプリケーションとなっています。

注16 http://yandod.github.com/candycane/
注17 http://www.redmine.org/

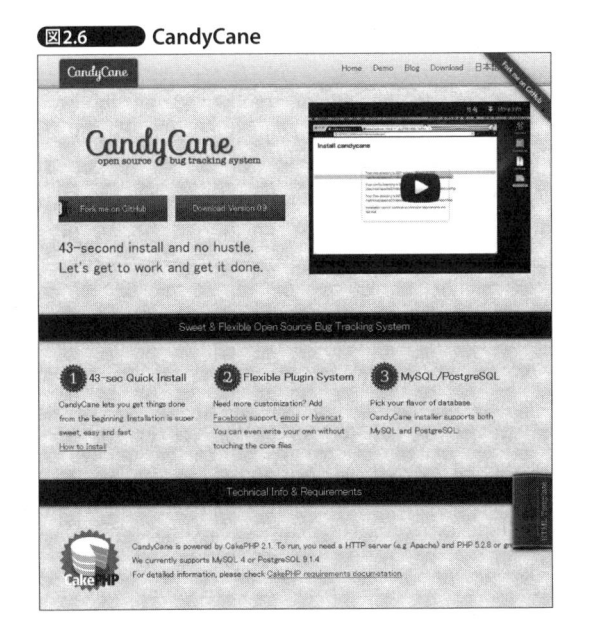

図2.6 CandyCane

2.4 情報の集め方

本書でもページ数の許す限りさまざまな情報を紹介していますが、やはり実際に開発を行う際にはさらに詳しい情報や最新の情報が欲しいと思うことも多いでしょう。CakePHPに関する情報を得るための定番と言ってよい方法をここで紹介しておきます。

ドキュメントを読む

● 公式ドキュメント

CakePHPの公式サイト内にあるドキュメント「Cookbook」[注18]は、CakePHPに関する情報の中でも特に重要度の高い情報です。オリジナルは英語で書かれたドキュメントで、有志による日本語訳も公式サイトで公開されています。翻訳がまだされていない部分についてはページ下から英語版のページに移動することで閲覧できます。

ドキュメントの和訳作業は誰でも参加できるようになっており、和訳に参加してみたい場合はすでに和訳を行っているメンバーなどに連絡を取るかGitHub上でPull Requestを送ってください。

質問する

自分自身が直面している問題に対する解決策がわからない場合、有識者に質問をするのも効果的な手段です。質問ができる場所としては次のような場所があります。

● 日本語フォーラム

日本語フォーラムはCakePHPが日本で注目される前から運営されてきたユーザ登録型のフォーラムです[注19]。公式ではありませんがさまざまな質問

注18 http://book.cakephp.org/2.0/ja/index.html
注19 http://cakephp.jp/modules/newbb/

がやりとりされており、過去の情報も豊富です。

● **CakePHP Questions**

CakePHP公式サイト内の質問サイトで多言語対応がされています[注20]。こちらは日本語の利用者はまだ多くはありませんが、公式ということもあり少しずつ増えてきています。

● **IRCチャンネル**

公式のディスカッションは伝統的にIRCチャット上で行われています。英語でのやりとりになりますが、CakePHP開発チームに直接コンタクトできるという意味で魅力的な手段です。接続先のサーバやチャンネルの情報はドキュメント[注21]を確認してください。

バグを報告する、修正する

CakePHPは現在も開発が続いているソフトウェアであり、バグの修正も継続的に行われています。バグだと思われる挙動を見つけた場合は、そのバグがすでに報告されているバグでないかを確認したうえで、バグとして報告することを検討してみましょう。CakePHPのバグ管理はLighthouseというサービス上で行われています[注22]。バグ報告に必要な手順はドキュメント[注23]に記載されていますのでこちらも確認してください。

報告をする際に修正するコードも書いておくと、あなたのコードがCakePHPの一部になって世界中の人に使われるようになるかもしれません。

イベントやコミュニティへ参加する

本書の執筆陣もTwitterやブログなどで情報を発信したり、東京、大阪、福岡などで勉強会などを開催しています。不定期ではありますが、機会が

注20 http://ask.cakephp.org/jpn
注21 http://book.cakephp.org/2.0/ja/cakephp-overview/where-to-get-help.html
注22 http://cakephp.lighthouseapp.com/dashboard
注23 http://book.cakephp.org/2.0/ja/contributing/tickets.html

あれば実際にCakePHPを使っているユーザと交流することでさまざまな気づきや思わぬ解決策を見つけることができるでしょう。

第3章

CakePHPを試してみよう

- 3.1 CakePHPのインストール 30
- 3.2 CakePHPのディレクトリ構成 38
- 3.3 bakeによるソースコードの自動生成 42

3.1 CakePHPのインストール

それでは実際にCakePHPをインストールしてみましょう。CakePHPのインストールに必要な条件は少ないので、PHPが動作する環境さえあれば基本的には問題ありません。フレームワークには管理者権限でのコマンドライン作業が必要なものもありますが、CakePHPはダウンロードした圧縮ファイルを展開し、PHPが動作するディレクトリに置けば基本的なセットアップは完了です。実際の手順は次のとおりです。

PHP、Apache、PDOのセットアップ

CakePHPが要求するPHPのバージョンなどは次のとおりです。

- PHP 5.2.8以上
- ApacheなどのHTTPサーバ(IIS、nginxなどでも動作実績あり)
- mod_rewriteが使えると理想的。使えなくても問題なし
- データベースを利用する場合はそれぞれのデータベースとPDO(*PHP Data Object*)モジュール

WindowsであればXAMPP、MacであればMAMP、Linuxであればパッケージ管理システムなどからApacheとPHP、MySQLをインストールしてください。mod_rewriteが使えない環境の場合はCakePHPを動作させた場合のURLの見た目が若干変わりますが、動作には問題はありません。

PDOが有効になっているかはphpinfo( )の実行結果にPDOとpdo_mysqlのセクションがあるかで判断できます(**図3.1**)。PDOが有効になっていなかった場合は、php.int内で該当のPHPエクステンションをロードする設定がコメントアウトされていないかを確認してください。

Linux、Mac OSの場合のphp.iniの記述
```
extension=pdo_mysql.so
```

Windowsの場合のphp.iniの記述
```
extension=php_pdo_mysql.dll
```

CakePHPのダウンロード

　CakePHP本体をダウンロードしましょう。CakePHPはGitHub上で配布されており、誰でも登録なしにダウンロードできます。最新版へのリンクは公式サイトの目立つ部分にリンクが用意されています(**図3.2**)。

　ダウンロードしたファイルを展開し、通常のPHPスクリプトを動作させるのと同じようにWebサーバから閲覧可能なディレクトリに置きましょう。展開したディレクトリは、「cakephp2」や任意のアプリケーションの名前にするのがよいでしょう。

　開発中のアプリケーションをインターネット上に公開されている環境に

図3.1　phpinfo( )の実行結果

図3.2　CakePHP公式サイトのダウンロードリンク

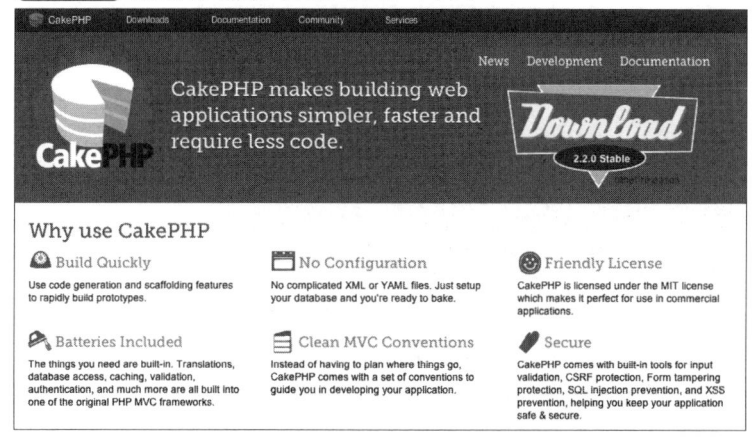

置くのは、セキュリティの観点や変更を加えたファイルを都度アップロードする手間を考えると望ましくありません。開発時の環境はローカル環境を利用してhttp://localhost/から参照するような形での動作をお勧めします。

動作確認

設置したCakePHPにブラウザからアクセスしてみましょう。CakePHPを展開したディレクトリに含まれているindex.phpのURLをブラウザで開いてください。

mod_rewriteが有効な場合
http://CakePHPを設置したURL/

mod_rewriteが有効でない場合
http://CakePHPを設置したURL/index.php

.htaccessによるmod_rewriteが有効な環境の場合は、**図3.3**のような画面が表示されます。設定に変更が必要な部分が赤い背景のメッセージとして

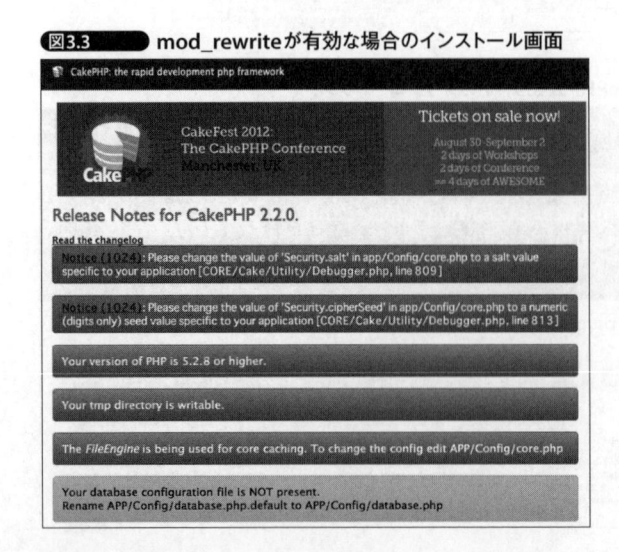

図3.3 mod_rewriteが有効な場合のインストール画面

表示され、注意を促しています[注1]。

mod_rewriteが有効でない環境の場合は図3.4のような画面が表示されます。画像とCSSを正常に取得できずにデザインが崩れています。この場合はApacheなどの設定を変更してmod_rewriteを有効にするか、このあと解説するApp.baseUrlの設定を行ってください。レンタルサーバなどではmod_rewriteは有効になっていることが多いですが、WindowsのXAMPPやMacのMAMPなどではmod_rewriteが有効になっていません。できる限りApacheの設定を変更して.htaccessによるmod_rewriteを有効にするのがよいでしょう。

mod_rewriteを有効にする場合

mod_rewriteを利用するには、次の記述がApacheの設定ファイルに必要です。

```
LoadModule rewrite_module modules/mod_rewrite.so
```

[注1] 画面上部にはCakePHP公式サイトからの告知のバナーが表示されています。インターネット接続の有無によってはバナーが表示されなかったり、動作させた時期によっては異なるバナーが表示されることがあります。

図3.4 mod_rewriteが有効でない場合のインストール画面

さらに.htaccessによる設定の制御にはhttpd.confなどの中で次のような設定が該当のディレクトリに対して必要です。

```
<Directory /www/htdocs/cakephp>
Allowoverride All
</Directory>
```

App.baseUrlを利用する場合

.htaccessによるmod_rewriteが使えない場合は、CakePHPの設定を変更すれば正しく動作します。手早く動作させたい場合に便利な設定なので覚えておいて損はないでしょう。ただしこの設定を.htaccessによるmod_rewriteが有効な環境で行うと正常に動作しません。利用する環境にあわせて必要なときにだけ設定をしてください。

具体的には、app/Configディレクトリにあるcore.phpのApp.baseUrlという設定がコメントアウトされているので解除してください。利用するCakePHPのバージョンによりますが、95行目前後に次の記述があります。

▶ app/Config/core.phpの95行目付近

```
//Configure::write('App.baseUrl', env('SCRIPT_NAME'));
↓
Configure::write('App.baseUrl', env('SCRIPT_NAME'));
```

この設定により、画像やCSSが読み込まれた状態のインストール画面が表示されるはずです。

セキュリティ設定の変更

次に、セキュリティに関する設定を変更するように促しているメッセージに従って設定を変更します（**図3.5**）。

Security.saltとSecurity.cipherSeedは、CakePHPがパスワードやCookieに保存する情報を、ハッシュ化や暗号化する際に利用されます。設定値がデフォルトのままだと、悪意あるユーザにデータを復号されてしまう可能性があります。これを防ぐために任意の値に設定を変更してください。Security.saltには文字列、Security.cipherSeedには数値が設定できます。設定はapp/

Config/Core.phpの187行目付近に記述されています。例として最初から記載されている設定を参考に、同じ程度の長さのランダムな文字列を設定し、この設定内容が外部に知られないように適切に取り扱いましょう（**リスト3.1**）。

設定を任意の値に変更すると、赤い警告メッセージが表示されなくなります。

app/tmpディレクトリの権限変更

CakePHPはログやセッション情報、データベース情報のキャッシュを保存するためにapp/tmpディレクトリを使います。多くのUNIX系OS環境ではApacheの動作権限で書き込みができない場合があります。app/tmpディレクトリに書き込みができない場合は、**図3.6**のような警告メッセージが

図3.5 セキュリティ設定の変更を促すメッセージ

```
Read the changelog
Notice (1024): Please change the value of 'Security.salt' in app/Config/core.php to a salt value
specific to your application [CORE/Cake/Utility/Debugger.php, line 806]

Notice (1024): Please change the value of 'Security.cipherSeed' in app/Config/core.php to a numeric
(digits only) seed value specific to your application [CORE/Cake/Utility/Debugger.php, line 810]
```

リスト3.1 app/Config/core.phpの187行目付近

```
/**
 * A random string used in security hashing methods.
 */
Configure::write('Security.salt', '任意の40文字程度の文字列');

/**
 * A random numeric string (digits only)
 * used to encrypt/decrypt strings.
 */
Configure::write('Security.cipherSeed', '任意の30桁程度の数値');
```

図3.6 app/tmpの権限変更を促すメッセージ

```
Your tmp directory is NOT writable.
```

第3章　CakePHPを試してみよう

表示されます。

警告メッセージが表示されている場合は、chmodコマンドやFTPソフトウェアなどでディレクトリへの書き込み権限を設定してください。app/tmpディレクトリにはさらにディレクトリが含まれているのでapp/tmpディレクトリ以下のすべてのディレクトリとファイルに書き込み権限を設定してください。

設定が行われれば、警告メッセージが緑色のメッセージに変化します(**図3.7**)。

データベースの接続設定

次にデータベースへの接続設定を変更します。データベースの接続情報はapp/Config/database.phpに設定します。このファイルは同じディレクトリにあるdatabase.php.defaultをコピーしたうえで必要な部分を書き換えて設定します。この設定ファイル内で設定できる項目は**表3.1**のとおりです。

CakePHPから接続する前に、ログイン名やパスワード、データベースを作成してphpMyAdminやmysqlクライアントからの接続を確認してくださ

図3.7 app/tmpに書き込めることを知らせるメッセージ

Your tmp directory is writable.

表3.1 database.phpの設定項目

名前	説明	初期値
datasource	接続に使用するドライバ	Database/Mysql
persistent	接続を永続化するかどうか	false
host	接続先のホスト名	localhost
login	接続時のログイン名	user
password	接続に使用するパスワード	password
database	接続先のデータベース名	database_name
prefix	テーブル名に付ける接頭語	なし
encoding	接続時の文字エンコーディング	なし

い(**図3.8**)。また日本語を扱う場合は、各データベースやテーブル[注2]、設定ファイルに「utf8」の設定が必要になります。

適切な設定がdatabase.phpに記述されていれば、初期画面に**図3.9**のようなメッセージが表示されます。

||||||||||||||

これで設定が完了し、CakePHPを使って開発を行う準備ができました。

Windowsの場合の注意点

Windowsで開発をする際に利用されることの多いXAMPPは、mod_rewriteが標準では有効になっていません。Apacheの設定を変更するか、core.phpでApp.baseUrlの設定を行うのを忘れないようにしてください。

また、Windowsはディレクトリパスの区切りにスラッシュではなく円マーク(バックスラッシュ)を使います。実際のコードを書く際には気にする必要はありませんが、コマンドプロンプトからシェルを実行する際などはこの違いを意識しなければいけないときがあります。

Mac OS Xの場合の注意点

Max OS Xの場合は、標準で導入されているPHPを使う方法とMAMPを

注2　MySQLの場合COLLATEを使って設定します。詳しくは後述のリスト3.2(43ページ)を参照してください。

図3.8　phpMyAdminからの接続確認

図3.9　データベースへの設定が完了した場合に表示されるメッセージ

導入する方法があります。インストールの手順によってはpdo_mysqlが正しく設定されないケースがあります。phpinfo( )でPDOの設定状況を確認し、うまく設定されていない場合はMAMPを再インストールすることをお勧めします。

3.2
CakePHPのディレクトリ構成

CakePHPなどのフレームワークを利用するには、修正するファイルを探すときや、新しくファイルを作成するときにフレームワーク固有のディレクトリ構成を意識する必要があります。ある程度CakePHPを触っていれば自然と頭に入ってきますが、理解を早めるために慣れないうちはディレクトリ構成を意識しておくとよいでしょう。CakePHPを展開したディレクトリの内部は**図3.10**のような構成になっています。

特に頻繁に利用するディレクトリ

★印の付いているディレクトリは、CakePHPを利用するうえで頻繁に操作します。新しい機能や画面を作成する場合には、MVCに対応するファイルをapp/Controller、app/Model、app/Viewのそれぞれのディレクトリに作成します。

また画面のデザインをカスタマイズする際には、app/View/Layoutsにヘッダやフッタに該当するビューを作成し、画像やCSSについてはapp/webrootの配下に配置します。

応用的な使い方に関連するディレクトリ

◎印の付いているディレクトリは、MVCを応用的に利用する際に利用します。コントローラーでよく使われる処理を共通化するコンポーネントはapp/Controller/Componentに配置します。同様にモデルでよく使われる処理を共通化するビヘイビアはapp/Model/Behaviorに、ビューでよく使われ

る処理を共通化するヘルパーはapp/View/Helperに配置します。

CakePHPを使いこなすにつれて、これらのディレクトリに置かれるファイルが増えてきます。すでに開発されたアプリケーションのソースコードがどの程度整理されているかを把握する際にもこれらのディレクトリの中身を確認するとよいでしょう。

● **Component**──コントローラーを拡張する

Component（コンポーネント）は、コントローラー内の処理を再利用できるように切り出すためのしくみです。コントローラーの処理が複雑化し肥大化した場合に、コードを整理するために利用します。

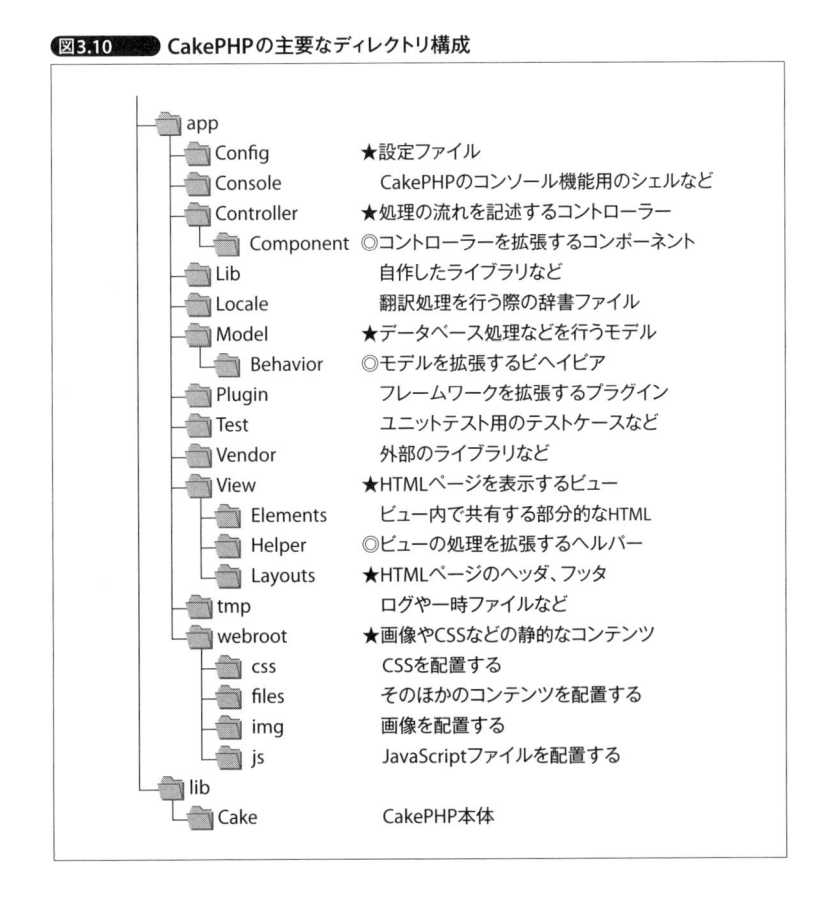

図3.10　CakePHPの主要なディレクトリ構成

```
app
├── Config          ★設定ファイル
├── Console         CakePHPのコンソール機能用のシェルなど
├── Controller      ★処理の流れを記述するコントローラー
│   └── Component   ◎コントローラーを拡張するコンポーネント
├── Lib             自作したライブラリなど
├── Locale          翻訳処理を行う際の辞書ファイル
├── Model           ★データベース処理などを行うモデル
│   └── Behavior    ◎モデルを拡張するビヘイビア
├── Plugin          フレームワークを拡張するプラグイン
├── Test            ユニットテスト用のテストケースなど
├── Vendor          外部のライブラリなど
├── View            ★HTMLページを表示するビュー
│   ├── Elements    ビュー内で共有する部分的なHTML
│   ├── Helper      ◎ビューの処理を拡張するヘルパー
│   └── Layouts     ★HTMLページのヘッダ、フッタ
├── tmp             ログや一時ファイルなど
└── webroot         ★画像やCSSなどの静的なコンテンツ
    ├── css         CSSを配置する
    ├── files       そのほかのコンテンツを配置する
    ├── img         画像を配置する
    └── js          JavaScriptファイルを配置する
lib
└── Cake            CakePHP本体
```

またCakePHPに内蔵されているコンポーネントや、インターネット上で公開されているコンポーネントを利用することで、自分でコードを書かずに強力な処理をアプリケーションに実装することもできます。

● Behavior ──モデルを拡張する

Behavior（ビヘイビア）はモデル内の処理を再利用できるように切り出すためのしくみです。複数のモデルに共通のデータ処理などを組み込む際に使われますが、抽象的な実装が必要になるため使いこなすのが難しい面もあります。

組み込むだけで利用できるビヘイビアも用意されており、CakePHP本体に内蔵されているものや、インターネット上で公開されているものがあります。

● Helper ──ビューの処理を拡張する

Helper（ヘルパー）はビュー内で処理を再利用したり、ビューの処理に割り込みを行うしくみです。複雑なタグを生成するための処理や、ビュー内での条件分岐が複雑になった部分をヘルパーとして切り出すことで、ビューのコードを簡略化できます。

CakePHP本体にもさまざまなタグやフォームなどを出力するためのヘルパーが用意されています。

編集してはいけないディレクトリ

lib/Cake配下にはCakePHPのフレームワークのクラス群が配置されています。これらのファイルに変更を加えてしまうと、フレームワークのバージョンアップ時にそれまで加えた変更を個別に確認する作業が必要になります。自分で作成したファイルをこのディレクトリ配下に配置したり、ファイルに変更を加えないようにしましょう。直接変更を加えずにフレームワークの挙動を修正できる場合もあります[注3]。

注3 App::usesを利用します。詳しくは8章「App::usesを使ってフレームワークの動作に介入する」（166ページ）を参照してください。

CakePHPの命名規約

CakePHPにはCoCの設計が取り入れられており、命名規約に従うことで設定を省略できる機能があります。英語の複数形、単数形が関連する部分があり抵抗を感じる場合もあるかと思いますが、設定を追加すれば任意の名前を使えます。とはいえ、なるべく命名規約を守るほうがスムーズにCakePHPを利用できるのは間違いありません。

適宜設定をすることで、命名規約に従わずにテーブル名やモデル名を自由に命名できますが、正しく設定できていない場合は標準の命名規約で動作しようとします。そのため、明示的に命名をする場合でもトラブル発生時などは標準の命名規約ベースでフレームワークが動作しようとしていることに気を付けてください。

基本的な命名規約は**表3.a**のとおりです。ファイルやクラス、データベースが見つからないというエラーが出る場合は、たいていはファイル名や置く場所が間違っています。そういった際は、大文字小文字の違いや単語の語尾の部分などに間違いがないかを確認するようにしましょう。

単数形や複数形の変換にはInflectorというCakePHPのライブラリが利用されています。どのような変換が行われているか確認したい場合は、CakePHP公式サイト内のデモ[注1]を確認してください（**図3.a**）。（安藤）

注1 http://inflector.cakephp.org/

表3.a　CakePHPの命名規約

分類	名前	配置先	説明
コントローラー	SamplesController MyFriendsController	app/Controller/SamplesController.php app/Controller/MyFriendsController.php	大文字で始まる複数形の単語。キャメルケース
モデル	Sample MyFriend	app/Model/Sample.php app/Model/MyFriend.php	大文字で始まる単数形の単語。キャメルケース
ビュー	index search_result	app/View/Sample/index.ctp app/View/MyFriend/search_result.ctp	アンダースコアで区切った小文字（単数、複数の区別なし）。拡張子は.ctp
データベーステーブル名	samples my_friends	該当なし	アンダースコアで区切った小文字の複数形

図3.a inflector.cakephp.orgのデモ

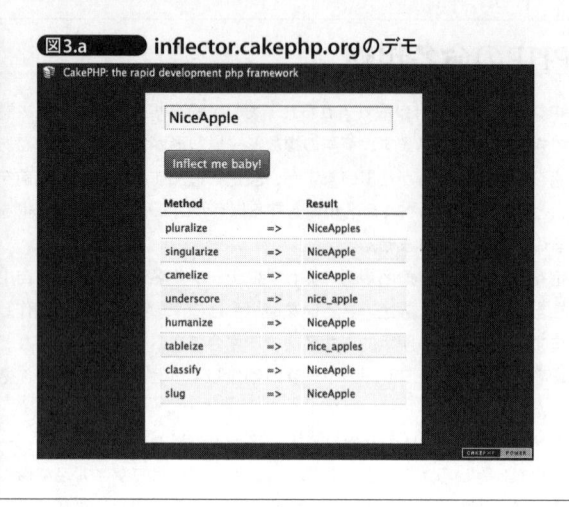

3.3
bakeによるソースコードの自動生成

　CakePHPを使って開発する際は、MVCのそれぞれに該当するファイルを順次作成して開発を進めます。フレームワークの中には適切なファイルのひな型を生成する機能を持っているものがありますが、CakePHPにもソースコードを自動で生成するbakeという機能があります。この機能を利用することで、データベースのテーブルさえ作られていれば、コントローラーやモデル、ビューを自動で生成できます。一般的には自動生成を使って開発することはあまりありませんが、CakePHPの動作の雰囲気を確認するためにコードの生成を試してみましょう。

データベースの作成

　bakeの機能を使ってソースコードを生成するには、データベース内にテーブルが作成されている必要があります。カテゴリに対して投稿を行い、各投稿に対してコメントが付けられるフォーラムのようなアプリケーションを想定して、**リスト3.2**のようなデータ構造のテーブルとサンプルデータを

作成します。phpMyAdminやMySQLクライアントから実行してください。

bakeコマンドの実行

コマンドラインでCakePHPを展開したディレクトリ内のappディレクトリに移動します。CakePHPをXAMPPやMAMPのhtdocsにbake_sampleという名前で設置した場合は、次のようなコマンドになります。

```
$ cd /xampp/htdocs/bake_sample/app
```

リスト3.2 データベースに登録するサンプルデータ

```sql
SET SQL_MODE="NO_AUTO_VALUE_ON_ZERO";

CREATE TABLE `categories` (
  `id` int(11) NOT NULL AUTO_INCREMENT,
  `name` tinytext COLLATE utf8_unicode_ci NOT NULL,
  `created` datetime NOT NULL,
  `modified` datetime NOT NULL,
  PRIMARY KEY (`id`)
) ENGINE=MyISAM  DEFAULT CHARSET=utf8 COLLATE=utf8_unicode_ci;

INSERT INTO `categories`
(`id`, `name`, `created`, `modified`) VALUES
(1, 'コンピューター', '2012-02-02 05:14:16', '2012-02-02 05:14:16'),
(2, '生活', '2012-02-02 05:14:23', '2012-02-02 05:14:23'),
(3, 'グルメ', '2012-02-02 05:14:30', '2012-02-02 05:14:30');

CREATE TABLE `comments` (
  `id` int(11) NOT NULL AUTO_INCREMENT,
  `topic_id` int(11) NOT NULL,
  `title` tinytext COLLATE utf8_unicode_ci NOT NULL,
  `comment` text COLLATE utf8_unicode_ci NOT NULL,
  `created` datetime NOT NULL,
  `modified` datetime NOT NULL,
  PRIMARY KEY (`id`)
) ENGINE=MyISAM  DEFAULT CHARSET=utf8 COLLATE=utf8_unicode_ci;

INSERT INTO `comments`
(`id`, `topic_id`, `title`, `comment`, `created`, `modified`)
```

（次ページへ続く）

```sql
VALUES
(1, 1, 'Mac',
'プログラミングにはやはりMacではないでしょうか。',
'2012-02-02 05:16:24', '2012-02-02 05:16:24'),
(2, 1, 'Linuxなら',
'Windowsのマシンで気に入ったものにLinuxを入れるのが最適。',
'2012-02-02 05:17:06', '2012-02-02 05:17:06'),
(3, 1, '好みのものを買えば。',
'何でも大丈夫だと思いますよ。',
'2012-02-02 05:17:26', '2012-02-02 05:17:26'),
(4, 1, 'ありがとうございました',
'みなさん、ありがとうございます。\r\n参考になりました！',
'2012-02-02 05:17:45', '2012-02-02 05:17:45'),
(5, 2, 'えびですね。', 'エビ。',
'2012-02-02 05:18:37', '2012-02-02 05:18:46'),
(7, 1, '結局', '何を買うことにしたんですか？',
'2012-02-02 05:25:20', '2012-02-02 05:25:20');

CREATE TABLE `topics` (
  `id` int(11) NOT NULL AUTO_INCREMENT,
  `title` tinytext COLLATE utf8_unicode_ci NOT NULL,
  `body` text COLLATE utf8_unicode_ci NOT NULL,
  `category_id` int(11) NOT NULL,
  `created` datetime NOT NULL,
  `modified` datetime NOT NULL,
  PRIMARY KEY (`id`)
) ENGINE=MyISAM  DEFAULT CHARSET=utf8 COLLATE=utf8_unicode_ci;

INSERT INTO `topics`
(`id`, `title`, `body`, `category_id`, `created`, `modified`)
VALUES
(1, '新しいパソコン',
'快適にプログラミングをする新しいパソコンが欲しいです。\r\n
おすすめは何ですか？',
1, '2012-02-02 05:15:13', '2012-02-02 05:28:22'),
(2, '好きなお寿司は？',
'みなさんはどんなお寿司のネタが好きですか？',
3, '2012-02-02 05:18:18', '2012-02-02 05:27:51');
```

まず最初に投稿が所属するカテゴリを保存するCategoryモデルに関連するコードを生成します。

```
$ ./Console/cake bake all Category
Welcome to CakePHP v2.2.0 Console
---------------------------------------------------------------
App : app
Path: /cakephp-install-dir/app/
---------------------------------------------------------------
Bake All
---------------------------------------------------------------

Baking model class for Category...

Creating file /cakephp-install-dir/app/Model/Category.php
Wrote `/cakephp-install-dir/app/Model/Category.php`
```

> 以降同様の表示が続くため部分的に省略

```
Baking controller class for Categories...
Baking test case for Categories Controller ...
Baking `index` view file...
Baking `view` view file...
Baking `add` view file...
Baking `edit` view file...

Bake All complete
```

　メッセージ内に表記されているようにコントローラーやモデル、ビューの各ファイルが自動的に生成されて保存されます。所要時間は1秒にも満たないごく短い時間です。

　次に、投稿を保存するTopicモデルに関連するコードを生成します。

```
$ ./Console/cake bake all Topic
```

　最後に投稿に対してのコメントに関連するコードを生成します。

```
$ ./Console/cake bake all Comment
```

　bakeを実行するとapp/tmp以下に一時ファイルが作成されますが、これらのファイルを削除しないとブラウザからアクセスした場合に書き込み権

限のエラーになる場合があります。エラーが出る場合はapp/tmp/cache/persistent以下のファイルを削除するか書き込みできるようにファイルの権限を変更してください。

```
$ chmod 777 ./tmp/cache/persistent/*
```

動作確認

3回のbakeの実行により、データベースの情報に従って生成されたアプリケーションが動作する状態になっています。ブラウザでアクセスすると図3.11のようにカテゴリの一覧が表示されています。詳細表示や編集、削除といったボタンが表示されていて、テーブルの見出しをクリックすることでソート条件を指定できます。またデータが多くなった場合にはページ送りのリンクが使えるようになります。

詳細表示画面ではカテゴリに該当する投稿の一覧も表示されています。また投稿を新規登録、編集するためのボタンも表示されています(図3.12)。

投稿の詳細表示画面では、その投稿に対して登録されているコメントの一覧も表示されています。同様にコメントを新規登録、編集するためのボタンも表示されています(図3.13)。

新規登録画面からはデータを追加できます。またタイトルが空欄だった場合にはエラーメッセージが表示されデータを登録できないという制御も

図3.11 http://CakePHPを設置したURL/categoriesにアクセスした画面

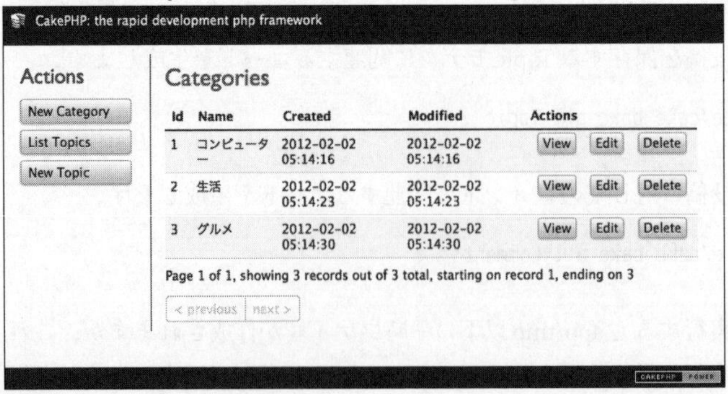

3.3 bakeによるソースコードの自動生成

図3.12 http://CakePHPを設置したURL/categories/view/1にアクセスした画面

図3.13 http://CakePHPを設置したURL/topics/view/1にアクセスした画面

自動的に行われています（**図3.14**）。

コードを書いていないのにもかかわらずこのような動作をするのは、データベースのテーブルが規約に沿って作成されているからです。呼び出されたURLに応じてモデルやコントローラーやビューが呼び出されることで自動的にデータの取得・更新が行われ、結果を画面に表示します。今回は自動で生成していますが、CakePHPのMVCモデルを理解することで必要なファイルを自分自身で作成し開発を進めていくことができるようになります。

|||||||||||||||

CakePHPでアプリケーションを開発する準備はこれで整いました。

図3.14 http://CakePHPを設置したURL/topics/addにアクセスした画面

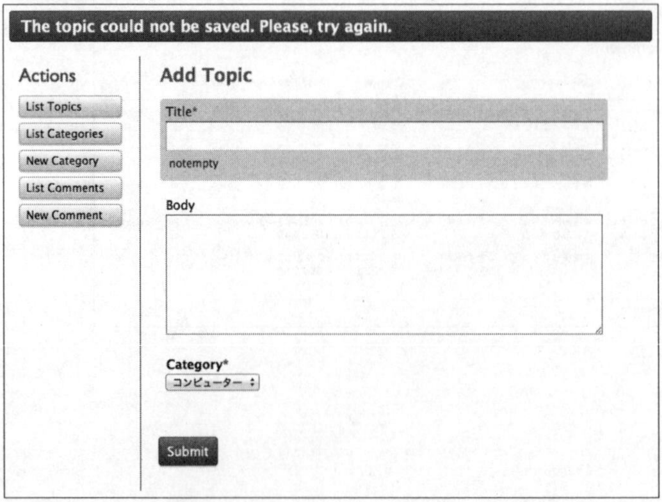

bakeの発展的な利用方法

　本章では動作のデモとしてbakeを利用しましたが、カスタマイズを加えることでbakeを実際の開発に活用することもできます。初期設定のままではCakePHPのデフォルトのレイアウトになっていますが、実際の画面はbakeで生成された次のパスに保存されているビューを書き換えて自由に変更できます。

- app/View/Categories/index.ctp
- app/View/Categories/view.ctp
- app/View/Categories/add.ctp
- app/View/Categories/edit.ctp

　またbakeの際に生成されるコードのひな型を次のパスに配置することで、生成されるコードのひな型自体を変更することもできます。

- app/Console/Templates/your_theme_name/views/

　大規模なアプリケーションを複数の人数で開発する場合には、開発を始める共通のスタート地点としてカスタマイズしたbakeを使うのも一つの方法です。（安藤）

Column: さくらインターネットでCakePHPが動かない？

　日本のCakePHPユーザの中で定番とも言えるくらいよく話題にのぼるのが、「さくらインターネット[注a]のレンタルサーバでCakePHPが動かない」というものです。これはApacheの設定でエイリアスを使って公開ディレクトリ指している場合に発生する問題で、さくらインターネットの場合はサブドメイン設定にエイリアスが使われています。この問題が発生した場合は.htaccessに設定を追加することでCakePHPを動作させることができます。

　例として`myapp.example.com`というドメインにアクセスがあった場合に「/home/アカウント名/www/myapp」というディレクトリを公開するようにエイリアスが設定されているとします。この状態でmyappディレクトリ以下にCakePHPのアプリケーションを配置すると、Internal Sever Errorが発生します。これはmod_rewriteが正しくディレクトリを解決できていないのが原因です。RewriteBaseを設定することで正しく動作するようになります。設置場所に応じて次の設定を.htaccessに追記します。

エイリアスで指定されたディレクトリの直下の場合
`RewriteBase /`

エイリアス配下のサブディレクトリを作った場合
`RewriteBase /サブディレクトリ名/`

　上記の設定はapp/.htaccessやapp/webroot/.htaccessなどにも反映する必要がある点に注意してください。CakePHPのトップディレクトリ内の.htaccessの修正だけでも初期画面が表示されますが、その他のファイルの修正を忘れてしまうとリンクの遷移などが正しく行えません。（安藤）

注a　http://www.sakura.ad.jp/

第4章

コントローラーを使う

4.1 コントローラーとは 52
4.2 コントローラーに設定できるプロパティ 56
4.3 コントローラーの機能 59
4.4 コントローラーを使ってみよう 66
4.5 まとめ 78

4.1 コントローラーとは

コントローラーはMVCの中でも処理の起点となる部分です。モデルやビューに分割されたプログラムコードを状況に応じて呼び出しながら、アプリケーションに必要な機能を実装します。CakePHPを使って何らかのアプリケーションを開発する場合や、開発済みのアプリケーションに新しい処理や画面を追加する場合は、ほぼ最初にコントローラーを作成することになります。

まずはコントローラーの基本的なルールや機能を紹介しますが、実際の開発の流れを先に見たい方は、先に「コントローラーを使ってみよう」(66ページ)から目を通すのもよいでしょう。

記述方法

コントローラーを作成する場合は、app/Controllerディレクトリにファイルを作成します。クラス名はAppControllerクラスを継承したSampleControllerやProductSearchController、PostsControllerのように、末尾に「Controller」が付いた名前にします。クラス名の最初に登場する単語に英語の複数形を用いる場合も多いですが、特に制限はなく自由な名前を付けられます(41ページコラム「CakePHPの命名規約」参照)。

ファイルの名前は、クラス名と同じくSampleController.phpやProductSearchController.phpというようになります。実際のコントローラーとして作成するファイルは**リスト4.1**のようになります。

アクション

コントローラーの中に実際の処理を実装する際は、コントローラークラスのメソッドとして実装します。これをアクションと呼びます。アクションの名前は自由に付けられますが、実際の機能名を簡潔に表した名前を付けるのが一般的です。アクションは、名前が重複していなければコントローラーにいくつでも作れます。

アクションメソッドはpublicで作成します。作成したメソッドをアクションにしない場合はprivateかprotectedで作成します。

ディスパッチャ

作成したコントローラーのファイルは、ディスパッチャと呼ばれるCakePHPの機能によって読み込まれます。ディスパッチャは指定されたURLに応じて自動的に読み込むコントローラーのファイルを決定し、アクションを実行します。リスト4.1のコードの場合、ProductSearchコントローラーのyourActionアクションを呼び出すURLは、http://CakePHPを設置したURL/ProductSearch/yourActionとなります。アクション名がURLから指定されなかった場合はindexという名前のアクションを呼び出します（**表4.1**）。そのため、作成したコントローラーにindexアクションが存在しな

リスト4.1 コントローラーの例

```php
<?php
// app/Controller/ProductSearchController.php
class ProductSearchController extends AppController {

    public $uses = array('Product');

    public function yourAction() {
        // Productモデルを利用（モデルの呼び出し）
        $products = $this->Product->find('all');
        $this->set('products',$products);
        // app/View/ProductSearch/index.ctp
        // を表示（ビューの呼び出し）
        $this->render('index');
    }
}
```

表4.1 ディスパッチャの呼び出し例

URL	呼び出されるコントローラー	実行されるアクション
/Posts/show	PostsController	show
/ProductSearch/result	ProductSearchController	result
/Sample	SampleController	index

いとエラーになる場合もあります。

　mod_rewriteが利用できない環境の場合はCakePHPを設置したURLにindex.phpを付けたURLとなり、http://CakePHPを設置したURL/index.php/ProductSearch/yourActionのようになります。

　このルールに当てはまらないURLから任意のコントローラーとアクションを呼ぶ場合は、app/Config/routes.phpに設定を追記することで任意のマッピングを追加できます。たとえばトップページにアクセスした場合に表示されているCakePHPのデフォルトのページは「/」というURLへのマッピングとして記述されています（**リスト4.2**）。

　サイトの公開前にトップページとして適切な機能を「/」に割り振ったり、実際のコントローラーの名前とは異なるURLで機能を公開する場合にはroutes.phpに設定を追加します（**リスト4.3**）。特に設定をしていない部分については、通常どおりURLから指定したとおりのコントローラーとアクションを実行します。

　ディスパッチャのルールとroutes.phpの設定を組み合わせれば、自由にコントローラーの名前とURLを設定できます。標準のディスパッチャで決

リスト4.2　routes.phpの例

```
// /へのアクセス時はPagesコントローラーへ（CakePHPの初期ページ）
Router::connect('/', array(
    'controller' => 'pages',
    'action' => 'display', 'home')
);
```

リスト4.3　routes.phpの変更例

```
// /へのアクセス時にProductSearchコントローラーを呼び出す
Router::connect('/', array(
    'controller' => 'ProductSearch',
    'action' => 'index')
);

// Search/以下へのアクセス時もProductSearchコントローラーを呼び出す
Router::connect('/Search/*', array(
    'controller' => 'ProductSearch')
);
```

められているルールに従った形で開発をすれば追加の設定を少なくできるので、可能な範囲で標準のルールに従うのがよいでしょう。

AppControllerクラス

それぞれのコントローラーはAppControllerというクラスを継承して作成します。開発するアプリケーションのコントローラー内で共通に反映したい設定や共有したいメソッドがある場合は、AppControllerに任意のコードを追加できます。この際に、publicに指定したメソッドはディスパッチャから呼び出すことができます。ディスパッチャから呼ばせないメソッドはprotectedかprivateで作成します。

AppControllerに変更を加える場合は通常のコントローラーと同じく、app/ControllerディレクトリのにあるAppController.phpというファイルを編集して利用します。CakePHP 2.0のみファイルが存在しないので、ファイルを作成するかlib/Cake/Controllerからコピーして利用します。

リスト4.4のコードの場合、すべてのコントローラーの中から$this->myfunc()というメソッドや$this->myfieldというプロパティ[1]を利用できるようになります。

---

[1] クラスに宣言されている変数。フィールドやメンバ変数といった呼び方をする場合もありますが、CakePHPのドキュメントではプロパティと記述されています。

リスト4.4 AppController.phpの例

```php
<?php
// app/Controller/AppController.php
class AppController extends Controller {
    public $myfield = 'hoge';
    protected function myfunc() {
    }
}
```

4.2 コントローラーに設定できるプロパティ

それぞれのコントローラーのクラスには、設定したい内容を上書きすることでコントローラーの挙動をカスタマイズできるプロパティが用意されています。どのプロパティも設定をしない場合はCakePHP標準の挙動で動作しますが、実際に開発をする場合には必要に応じて設定を変更することがほとんどですので、それぞれのプロパティの意味と挙動を把握する必要があります。

$scaffoldプロパティ——ひな型の有効化

scaffoldは「足場」という意味で、アプリケーションのひな型になるような基本機能のことです。bakeで生成されるのと同様の基本アプリケーションの動作を、プロパティを設定するだけで利用できます。bakeは一度コードを生成するとデータベースのスキーマ変更などは自動で反映されませんが、scaffoldを使った場合はデータベースの変更やモデルクラスの設定変更が自動的に反映されるのが特徴です。

scaffoldを使うには、$scaffoldというpublicなプロパティをクラスに宣言します。この際に実際の値などは必要ありません。

リスト4.5の場合は、postsというデータベースのテーブルが作成されていればAppModelがモデルクラスの代わりに動作するため、まさにこのコードのみでbakeしたアプリケーションと同じ挙動が提供されます。

$usesプロパティ——利用するモデルの指定

コントローラークラスがどのモデルクラスを使うのかを設定する項目です。設定は使うモデルクラスの名前を配列で記述します。設定を省略した場合はコントローラーのクラス名の「Controller」よりも前の部分を単数形にしたものが使われます。またAppControllerにも設定が記述されている場合は、双方の設定を統合して動作します。

コントローラー名からモデル名を推定する処理は、英語に馴染みが薄い

人にとっては予期しない法則が適用される場合があるため、設定を省略せずに記述することを強くお勧めします。

　設定されたモデルは、コントローラーの処理中では$thisを通じてアクセスできるようになります。コントローラーはモデルクラスの初期化などを自動的に行います。したがって、コントローラーのロジックを書く際には$thisからモデルにアクセスするだけでさまざまな機能を呼び出せます。モデルクラスがPostモデルだった場合は、コントローラーのアクション内では$this->Post->find('all')のような記述になります（**リスト4.6**）。

リスト4.5　scaffoldを設定した例

```
<?php
// app/Controller/PostsController.php
/**
次のようなテーブルがあればモデルクラスも実行時に生成される
CREATE TABLE `posts` (
`id` INT NOT NULL AUTO_INCREMENT ,
`name` TINYTEXT NOT NULL ,
`body` TEXT NOT NULL ,
PRIMARY KEY ( `id` )
) ENGINE = MYISAM ;
**/
class PostsController extends AppController {

    public $scaffold;
}
```

リスト4.6　$usesを設定した例

```
<?php
// app/Controller/RankingController.php
class RankingController extends AppController {

    // PostモデルとUserモデルを使う
    public $uses = array('Post','User');

    public function index() {
        // Postモデルのメソッドを呼ぶ
        $posts = $this->Post->find('all');
    }
}
```

$helpersプロパティ——利用するヘルパーの指定

コントローラーがビューを呼び出した際、ビューの中で使うヘルパーを設定する項目です。ビュー内の処理を拡張するヘルパーを追加する際は設定項目を配列で記述します。特に設定をしていない場合でも、HTMLヘルパー、Form ヘルパー、Session ヘルパーの3つは設定されており、AppControllerに同じ設定がされている場合は双方の設定を統合して動作します。

設定されたヘルパーは、ビューの処理中では $this を通じて呼び出せます(**リスト4.7**)。

HTMLヘルパーを利用する場合であればビュー内で $this->Html->link() のような記述になります(**リスト4.8**)。

リスト4.7 $helpersを設定した例

```php
<?php
// app/Controller/PostsController.php
class PostsController extends AppController {

    // Numberヘルパーを使う
    public $helpers = array('Number');

    public function index() {
        $this->render('index');
    }
}
```

リスト4.8 ビューからヘルパーを利用する例

```php
<!-- app/View/Posts/index.ctp -->
<?php
echo $this->Html->link(
'CakePHP Official',
'http://www.cakephp.org'
);
?>
```

リスト4.9 $componentsを設定した例

```php
<?php
// app/Controller/HelpController.php
class HelpController extends AppController {

    // Cookieコンポーネントを追加する
    public $components = array('Cookie');

    public function index() {
        // CookieコンポーネントとSessionコンポーネントのメソッドを使う
        $this->Cookie->write('name','this is test');
        $this->Session->setFlash('This is test message');
        $this->redirect('Posts/index');
    }
}
```

$componentsプロパティ──利用するコンポーネントの指定

　コントローラーの処理を拡張するコンポーネントを設定する項目です。利用したいコンポーネントの名前を配列で設定します。特に指定していない場合でもSessionコンポーネントは設定されており、AppControllerにも設定がある場合は双方の設定を統合して動作します。

　設定されたコンポーネントはコントローラーの処理中で$thisを通じて呼び出せます。Sessionコンポーネントを利用する場合であればコントローラー内で$this->Session->setFlash();のような記述になります（**リスト4.9**）。

4.3
コントローラーの機能

　それぞれのコントローラーでは、通常のPHPスクリプトと同様に実際に行いたい処理を自由にアクションとして記述できます。コントローラーには、MVCフレームワークとしてモデルやビューと連携するための機能や、Webアプリケーションとして頻繁に必要になるさまざまな機能がメソッドとして実装されています。これらの処理を組み合わせることで手早くアプ

リケーションを開発できます。まずは必ず利用されるような処理を把握したうえで、それぞれの機能を順次活用しましょう。

renderメソッド——ビューを表示

指定されたビューを読み込んで画面の表示を行います。パラメータを指定しなかった場合やアクションの中でrenderを実行しなかった場合は、自動的にアクション名と同名のビューを表示します。ビューのファイルはapp/Viewsの下にコントローラー名の接頭語と同名のフォルダに拡張子を.ctpとして保存します。

たとえば、ProductSearchコントローラーのindexアクション内で$this->render();とした場合はapp/Views/ProductSearch/index.ctpが読み込まれ表示されます。$this->render('detail');とした場合はProductSearchコントローラー内のどのアクションでもapp/View/ProductSearch/detail.ctpが読み込まれ表示されます（**リスト4.10**）。

さらに、ビューの名前を/から始まる形で記述すると、どのコントローラーの中からでも指定したビューが読み込まれ表示されます（**表4.2**）。

リスト4.10 ビューの呼び出し例

```php
<?php
// app/Controller/ProductSearchController.php
class ProductSearchController extends AppController {

    public function index() {
        // app/View/ProductSearch/detail.ctpを読み込んで表示する
        $this->render('detail');
    }
}
```

表4.2 ビューファイルの読み込み例

コードの記述	コードを記述したコントローラー	コードを記述したアクション	読み込まれるビュー
$this->render();	PostsController	show	app/View/Posts/show.ctp
$this->render('index');	ProductSearchController	どこでも	app/View/ProductSearch/index.ctp
$this->render('/Hoge/index');	どこでも	どこでも	app/View/Hoge/index.ctp

setメソッド——ビューへのデータの引き渡し

コントローラーからビューにデータを渡すときに使います。コントローラーの各アクション内とビューの処理は異なるスコープで動作しているので、setメソッドで渡していない変数はビューの中で使えません。通常はモデルから取得したデータやコンポーネントの処理結果など、画面の表示に必要なデータをsetメソッドでビューに渡してからrenderメソッドを呼び出し、画面を表示するという流れになります。

メソッドの最初のパラメータがビュー内での変数名になり、2番目のパラメータが実際のデータになります（**リスト4.11 ❶**）。また連想配列を最初のパラメータに指定した場合は、連想配列のキーと値を展開してビューに渡したことになります（リスト4.11 ❷）。

リスト4.11では、renderメソッドでshow.ctpを読み込みます。対応する

リスト4.11 setの利用例

```php
<?php
// app/Controller/HelpController.php
class HelpController extends AppController {

    public function index() {
        // app/View/Help/show.ctpを読み込んで表示する
        $color = 'pink';
        $this->set('color',$color);      // ❶
        $data = array(
            'city' => 'Shibuya',
            'train' => array(            // ❷
                'JR',
                'Tokyu',
                'Tokyo Metro',
                'Keio'
            )
        );
        $this->set($data);
        $this->render('show');
    }
}
```

ビューはapp/View/Help/show.ctpとして作成します(**リスト4.12**)。

redirectメソッド——別画面への転送

　リダイレクトと呼ばれるページの転送を行います。一般的にはログイン処理が終わったあとにプロフィールページに転送するような場合や、問題が発生した場合にエラーページやトップページに転送するといった形で利用されています。転送先はURLで外部のサイトを設定することも、配列でコントローラーとアクションを設定することもできます。作成したアプリケーション内のページに転送する際は、配列を使って設定することでアプリケーションが設置された場所などを考慮して自動的にURLが生成されます(**リスト4.13**)。

　またCakePHPはredirectの処理でexitを実行するので、redirectメソッド以降の処理が実行されることはありません。

flashメソッド——別画面へのメッセージ付き転送

　redirectメソッドとよく似た動作をします。違いは転送先のURLに移動する前に指定したメッセージが表示されることです。リダイレクトのみの動きだとユーザにとっては何が起きたかわからない場合もあり、こちらのほうが親切です。メッセージが表示されると指定した秒数後に転送を行い

リスト4.12 渡された変数の利用例

```
<?php
// app/View/Help/show.ctp
echo $color; // 'pink'と表示
?><br/>
<?php
echo $city; // 'Shibuya'と表示
?><br/>
<?php
echo $train[2]; // 'Tokyo Metro'と表示
?>
```

ますが、デバッグが有効になっている場合[注2]は自動で転送せずメッセージをクリックすることで転送されるようになります。転送前に行われる処理の結果を確認できるので開発時に便利です。

またSessionコンポーネントのsetFlashメソッドを使うと、メッセージを転送先のページで表示できます（**リスト4.14**）。最近のアプリケーションではメッセージを転送先の画面で表示することも多いので、flashメソッドを使う際にはsetFlashメソッドの利用も検討するとよいでしょう。

$requestプロパティ──ユーザ入力値などの取得

ユーザがフォームに入力したデータや、URLを通じて指定されたパラメ

[注2] app/Config/core.php内でdebugが1以上に設定されている場合です。

リスト4.13 redirectの利用例

```php
<?php
// app/Controller/HelpController.php
class HelpController extends AppController {

    public function index() {
        // 絶対URLを使ったリダイレクト
        $this->redirect('http://cakephp.org/');
    }

    public function login() {
        $this->Session->setFlash('ログインしました');
        // コントローラーとアクションを指定したリダイレクト
        // http://localhost/ 以下に設置している場合は
        // http://localhost/products/indexにリダイレクト
        $this->redirect(array(
          'controller' => 'products',
          'action' => 'index'
        ));
    }
}
```

ータを扱う機能を提供します。処理の流れを判定したり、データベースへ登録するデータやパラメータをフォームから受け取る場合には必ずこの機能を使います。

　$this->requestはCakeRequestクラスの機能へアクセスするための入口になっており、実際のリクエスト関連の処理はCakeRequestクラスのデータを読み取る形になります。keywordというname要素のテキストボックスから送信された内容を、コントローラー内では$this->request-

リスト4.14　flashの利用例

```php
<?php
// app/Controller/HelpController.php
class HelpController extends AppController {

    public function index() {
        // 絶対URLを使ったリダイレクト
        $this->flash(
            'CakePHPのサイトへ移動します',
            'http://cakephp.org/'
        );
    }

    public function login() {
        // コントローラーとアクションを指定したリダイレクト
        $this->flash(
            '商品一覧へ10秒後に移動します。',
            array(
                'controller' => 'products',
                'action' => 'index'
            ),
            10
        );
    }

    public function logout() {
        // setFlashでメッセージをセットしてからリダイレクト
        $this->Session->setFlash('ログアウトしました。');
        $this->redirect('/');
    }
}
```

>data['keyword']の形で取得できます[注3]（**リスト4.15**）。

　フォームからPOSTで送信されたデータ、GETで送信されたデータ、URLの一部から指定されたデータなど、データの渡し方に応じて読み取る項目が変わります（**表4.3**）。

注3　これらのデータ取得処理はPHPのマジックメソッド機能を使っており、CakeRequestクラスプロパティとしては存在していないデータを動的に取得しています。

リスト4.15 requestの利用例

```php
<?php
// app/Controller/HelpController.php
class HelpController extends AppController {

    public function find() {
        // フォームの内容を取得してモデルの処理に使う
        $posts = array();
        if ($this->request->is('post')) {
            $keyword = $this->request->data['keyword'];
            $posts = $this->Post->findByKeyword($keyword);
        }
        $this->set('posts',$posts);
    }
}
```

表4.3 CakeRequestのデータ参照方法

取得するデータ	データの送り元	読み取るためのコード
フォームからPOSTされたデータ	`<input type="text" name="keyword">`	`$this->reuqest->data['keyword']`
フォームからGETされたデータ（クエリストリング）	http://localhost/cakeapp/posts/index?type=new	`$this->request->query['type']`
URLから渡されたデータ	http://localhost/cakeapp/posts/edit/100	`$this->request->pass[0]`
URLから渡された名前付き引数	http://localhost/cakeapp/posts/show/category:life	`$this->request->named['category']`
フォームのメソッドの種別	`<form method="POST">`	`$this->request->is('post')`
RESTで送信されたJSONデータのBODY部分	HTTPリクエストのBODY部分	`$this->request->input('json_decode')`

表4.4 コントローラーのそのほかのメソッド

メソッド名	説明	利用例
referer()	直前に参照していたページのURLを返す	$this->referer();
postConditions()	フォームから送信された内容を検索条件用に整形	$this->postConditions($this->request->data);
paginate()	データをページごとに分けて取得	$this->paginate();
requestAction()	指定されたアクションの処理を実行する	$this->requestAction('/posts/show');

そのほかの便利なメソッド

　そのほかにも、コントローラーにはさまざまなメソッドが準備されています。利用頻度が高くないものもありますが、モデルやビューとの連携を効率化する際には必要になるメソッドですので、まずは概要だけ知っておきましょう(**表4.4**)。

4.4 コントローラーを使ってみよう

　それでは実際にサンプルアプリケーションの開発を通じてコントローラーの機能を使ってみましょう。まずはコントローラーの機能を活用することに注力します。モデルやビューの機能については最小限の利用にとどめておき、後述のモデルやビューの章で改良を加えていきます。

タスク管理アプリケーションの作成

　今回はサンプルとして簡単なタスク管理アプリケーションを実装します。あとで済ませたい用事や日付の決まった用事などを登録しておき、完了したものを更新したり、忘れていたタスクを見返すことができるような機能を順次実装していきます。

　CakePHPをセットアップしデータベースへの接続設定まで完了して、http://localhost/sample/以下で動作している状態から開発をはじめます。

データベーステーブルの作成

タスクの情報を格納する**リスト4.16**のテーブルをデータベースに作成します。

コントローラーの作成

機能を実装するコントローラーのファイルを作成します。コントローラーの名前は自由に決められますが、設定を少なくするためにオーソドックスなTasksControllerとします。app/Controller/TasksController.phpに**リスト4.17**のようなファイルを作成します。

Taskモデルを利用する形で、scaffoldのアプリケーションがこれだけで動作します。「$usesプロパティ」(56ページ)で解説したようにモデル名が設定されていないため、Taskモデルを利用してコントローラーは動作します。Taskモデルは作成していませんが、データベースのテーブルが規約に沿っ

リスト4.16 テーブルのCREATE文

```
CREATE TABLE `tasks` (
  `id` int(11) NOT NULL AUTO_INCREMENT,
  `name` tinytext COLLATE utf8_unicode_ci NOT NULL,
  `body` text COLLATE utf8_unicode_ci NOT NULL,
  `created` datetime NOT NULL,
  `modified` datetime NOT NULL,
  PRIMARY KEY (`id`)
) ENGINE=MyISAM  DEFAULT CHARSET=utf8 COLLATE=utf8_unicode_ci;
```

リスト4.17 TasksControllerの作成

```
<?php
// app/Controller/TasksController.php
class TasksController extends AppController {

    // 動作確認のためにscaffoldを使う
    public $scaffold;

}
```

た名前になっているので、モデルクラスが実行時に自動的に生成されて動作します（**図4.1**）。

数件のサンプルデータを登録や編集して動作を確認します。画面左側のリンクからデータの登録ができます（**図4.2**）。

挙動の確認をするためにも複数件のデータを登録してみましょう（**図4.3**）。20件程度のデータを登録すればページ送りの挙動も確認できます。

タスク管理をする際には、タスクの完了・未完了の状態や期限日の項目も必要です。scaffoldはデータベースの項目が追加されてもそれに応じた動作をします。**リスト4.18**のSQLを実行してデータベースに項目を追加しましょう。

状態と期限日を格納する項目を追加しました。scaffoldの動作が変わっていることを確認しましょう。状態を表す項目は初期値が0になっているのでいくつかのデータは1に変更するなどしてみましょう（**図4.4**）。

アクションの作成——タスク完了から一覧への遷移

scaffoldの動きでは常に全データが表示されてしまうので、完了した要件を非表示にするなどの処理が必要なタスク管理のアプリケーションは、scaffoldを使って実装することはできません。必要な処理を実装するために、アクションをコントローラーに実装します。タスク一覧を表示するindexアクションと、タスクを完了した状態に更新するdoneアクションを、モデルの操作は除いた形で実装します。

図4.1 http://localhost/sample/Tasks/indexにアクセスした画面

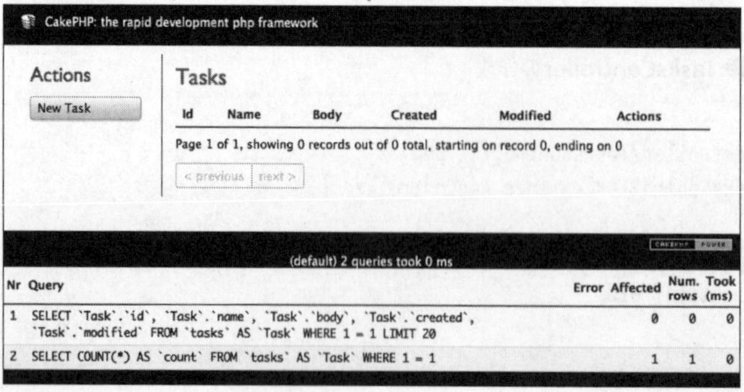

4.4　コントローラーを使ってみよう

図4.2　http://localhost/sample/Tasks/createにアクセスした画面

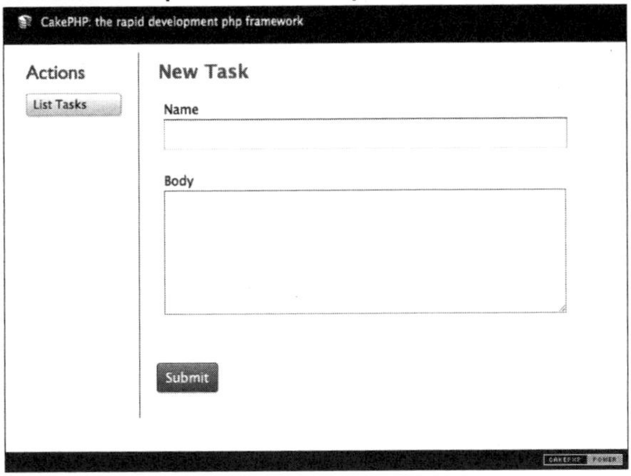

図4.3　データを何件か登録した状態

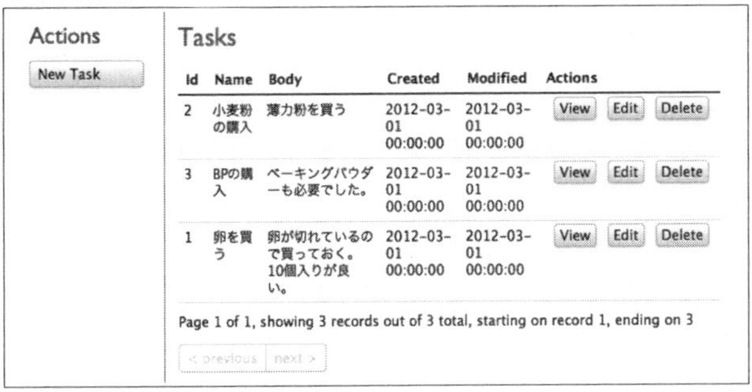

リスト4.18　項目を追加するDDL

```
ALTER TABLE `tasks` ADD
`status` INT NOT NULL DEFAULT '0' AFTER `body` ,
ADD `due_date` DATE NULL DEFAULT NULL AFTER `status`;
```

図4.4　項目の追加をscaffoldが反映した状態

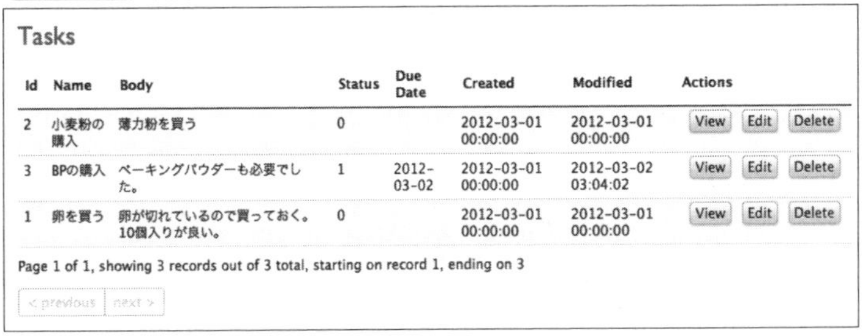

69

第4章 コントローラーを使う

　indexアクションはindex.ctpビューを表示し、doneアクションはメッセージを表示しながらindexアクションへリダイレクトします（**リスト4.19**）。

　この状態で/Tasks/か/Tasks/indexにアクセスした場合は、ビューが見つからないというエラーが表示されます（**図4.5**）。新しくアクションを作成し、ビューを作っていない場合やビューの名前の指定を間違った場合はこのエラーメッセージが表示されます。今回に限らずこのエラーを見た場合はビューを作成したか、名前が間違っていないかを確認しましょう。

　/Tasks/done/1などにアクセスした場合はメッセージが表示されますが（図

リスト4.19 アクションを追加したコントローラー

```php
<?php
// app/Controller/TasksController.php
class TasksController extends AppController {

    // 動作確認のためにscaffoldを使う
    public $scaffold;

    public function index() {

        // 空のデータをビューへ渡す
        $tasks_data = array();
        $this->set('tasks_data',$tasks_data);

        // app/View/Tasks/index.ctpを表示
        $this->render('index');
    }

    public function done() {
        // URLの末尾からタスクのIDを取得してメッセージを作成
        $msg = sprintf(
            'タスク %s を完了しました。',
            $this->request->pass[0]
        );

        // メッセージを表示してリダイレクト
        $this->flash($msg,'/Tasks/index');
    }
}
```

4.6)、転送先のindexアクションでは同じくビューが見つからないというエラーになります。flashメソッドやredirectメソッドを使う場合はビューをrenderしないため、そういったアクションではビューを作る必要はありません。一方、アクション内に分岐があり、flashメソッドやredirectメソッドが実行されないパターンがある場合はビューが必要になります。

ビューテンプレートの表示 ── タスク一覧を表示する

次にタスクの一覧を表示するためのビューを作成します。ビューファイルはコントローラーに対応する名前のディレクトリに作成します。TasksControllerに対応するビューであれば、app/View/Tasks/index.ctpのように作成します（**リスト4.20**）。ビューの中ではコントローラーから渡したデータを表示に利用できます。

またscaffoldで動作している新規作成画面へのリンクを画面上部に設けておきます。フレームワーク内のページにリンクを張る場合はHTMLヘルパ

図4.5 http://localhost/sample/Tasks/indexにアクセスした結果

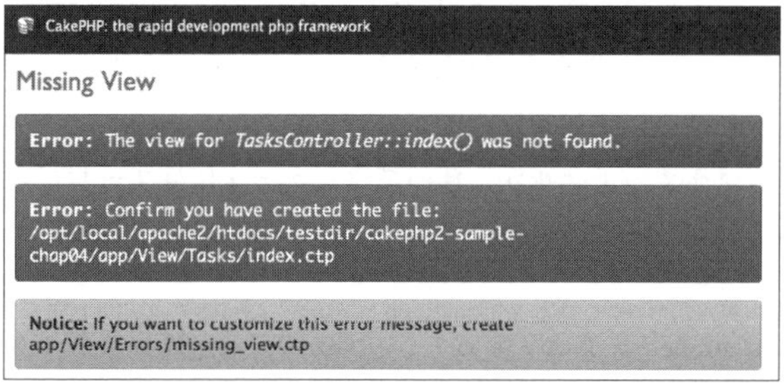

> CakePHP: the rapid development php framework
>
> **Missing View**
>
> **Error:** The view for TasksController::index() was not found.
>
> **Error:** Confirm you have created the file:
> /opt/local/apache2/htdocs/testdir/cakephp2-sample-chap04/app/View/Tasks/index.ctp
>
> **Notice:** If you want to customize this error message, create
> app/View/Errors/missing_view.ctp

図4.6 http://localhost/sample/Tasks/done/1にアクセスした結果

> タスク 1 を完了しました。

リスト4.20 一覧画面のビュー

```
<!-- app/View/Tasks/index.ctp -->
<?php echo $this->Html->link('新規タスク','/Tasks/create');?>
<h3><?php echo count($tasks_data);?>件のタスクが未完了です</h3>
```

—のlinkメソッドを使うのが一般的です。ヘルパーの詳細については、7章「ヘルパーでビューを強化」(162ページ)で解説します。

この状態で/Tasks/indexにアクセスすると、データはまだ空ですが画面が表示されるようになります(**図4.7**)。

モデルの呼び出し——未完了タスクのみの表示とタスクの更新

では実際にモデルからデータを取得するための処理を追加します(**リスト4.21**)。モデルの詳細な機能については5章で解説しますが、ここでは条件を指定したデータを取得するfindメソッドを使っています。その際に、conditionsオプションを指定して状態が0の未完了にマークされているデータだけを取得するようになっている点がポイントです。取得したデータは$this->set()を使ってビューに引き渡します。

この変更で、モデルからデータを取得できるようになりました。画面のデバッグ情報にSQLが実行されている様子や、データの件数が表示できるようになっています(**図4.8**)。

モデルからデータが取得できるようになったので、表形式でデータを表示するようにビューにも変更を加えます(**リスト4.22**)。

タスクのIDをクリックした場合はscaffoldのデータ表示画面にリンクするようにしています。さらにタスクを完了にするアクションへのリンクを一番右側のセルに設けます。モデルから渡ってきたデータにはユーザが入力したHTMLタグがあるケースがあるため、エスケープを行うh()関数を利用して出力しています。

この状態で/Tasks/indexにアクセスすると、状態が0になっているデータ

図4.7 http://localhost/sample/Tasks/indexにアクセスした結果

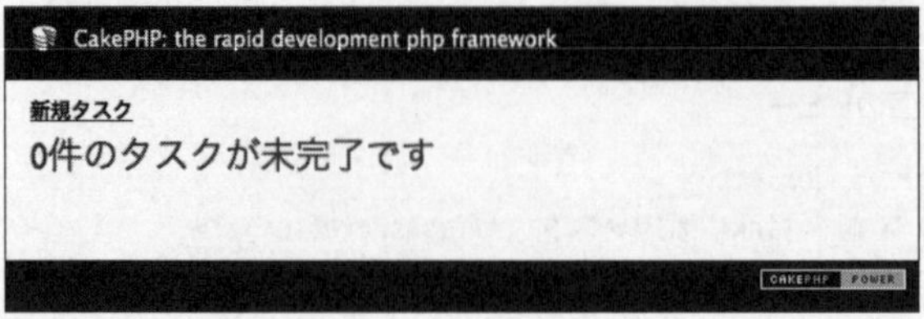

リスト4.21 モデルの呼び出しを追加したコントローラー（抜粋）

```php
<?php
// app/Controller/TasksController.php
class TasksController extends AppController {

    // 動作確認のためにscaffoldを使う
    public $scaffold;

    public function index() {

        // データをモデルから取得してビューへ渡す
        $options = array(
            'conditions' => array(
                'Task.status' => 0
            )
        );
        $tasks_data = $this->Task->find('all',$options);
        $this->set('tasks_data',$tasks_data);

        // app/View/Tasks/index.ctpを表示
        $this->render('index');
    }
    // 省略

}
```

図4.8 http://localhost/sample/Tasks/indexにアクセスした結果

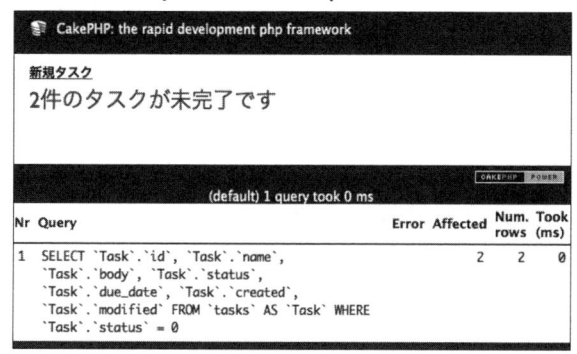

```
CakePHP: the rapid development php framework

新規タスク
2件のタスクが未完了です

                        (default) 1 query took 0 ms
                                                            Num.  Took
Nr  Query                              Error  Affected      rows  (ms)
1   SELECT `Task`.`id`, `Task`.`name`,          2            2     0
    `Task`.`body`, `Task`.`status`,
    `Task`.`due_date`, `Task`.`created`,
    `Task`.`modified` FROM `tasks` AS `Task` WHERE
    `Task`.`status` = 0
```

だけが一覧で表示されます（**図4.9**）。doneアクションで実際にデータの更新を行っていないので、完了リンクをクリックしても実際のデータ更新は

リスト4.22 データ表示を追加したビュー

```
<!-- app/View/Tasks/index.ctp -->
<?php echo $this->Html->link('新規タスク','/Tasks/create');?>
<h3><?php echo count($tasks_data);?>件のタスクが未完了です</h3>
<table>
    <tr>
        <th>ID</th>
        <th>名前</th>
        <th>期限日</th>
        <th>作成日</th>
        <th>操作</th>
    </tr>
<?php foreach ($tasks_data as $row): ?>
    <tr>
        <td><?php echo $this->Html->link(
            $row['Task']['id'],
            '/Tasks/view/' . $row['Task']['id']
        );?></td>
        <td><?php echo h($row['Task']['name']);?></td>
        <td><?php echo h($row['Task']['due_date']);?></td>
        <td><?php echo h($row['Task']['created']);?></td>
        <td><?php echo $this->Html->link(
            'このタスクを完了する',
            '/Tasks/done/' . $row['Task']['id']
        );?></td>
    </tr>
<?php endforeach; ?>
</table>
```

図4.9 http://localhost/sample/Tasks/indexにアクセスした結果

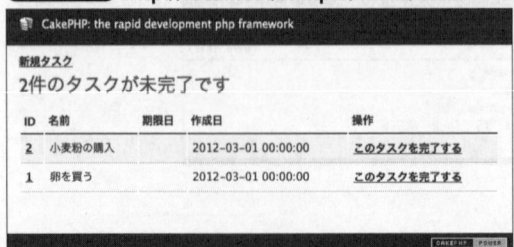

まだ行われていません。

実際にデータの更新を行うように、さらにアクションに処理を追加します(**リスト4.23**)。これでタスクを完了させるリンクをクリックした際にデータが更新され、一覧画面に表示されなくなります。

フォームの利用——タスクの新規登録

次にタスクの新規作成画面を再作成します。scaffoldの作成画面では新規作成時にすべての項目を指定するようになっていますが、不要な項目を絞ってタスクを登録できるように新たにビューファイルをapp/View/Task/create.ctpとして作成します(**リスト4.24**)。

リスト4.23 データの更新処理を追加したコントローラー(抜粋)

```php
<?php
// app/Controller/TasksController.php
class TasksController extends AppController {
// 省略
    public function done() {

        // URLの末尾からタスクのIDを取得してデータを更新
        $id = $this->request->pass[0];
        $this->Task->id = $id;
        $this->Task->saveField('status',1);
        $msg = sprintf('タスク %s を完了しました。',$id);

        // メッセージを表示してリダイレクト
        $this->flash($msg,'/Tasks/index');
    }
}
```

リスト4.24 データの新規作成用のフォーム

```
<!-- app/View/Tasks/create.ctp -->
<form action="<?php
    echo $this->Html->url('/Tasks/create');
?>" method="POST">
タスク名<input type="text" name="name" size="40">
<input type="submit" value="タスクを作成">
</form>
```

第4章 コントローラーを使う

追加されたビューファイルから送信されたデータを登録できるように、createアクションをコントローラーに追加します(**リスト4.25**)。createアクションでは、データを登録するためにモデルのsaveメソッドにデータを渡しています。これでタスクの新規作成処理がscaffoldではなく、自分自身で作成したフォームとアクションで動作するようになります。

タスクの登録画面が**図4.10**のようになり、登録結果の画面が表示されます(**図4.11**)。

登録結果の画面をなくしメッセージを一覧画面に表示するのであれば、$this->Session->setFlash()を使った形にリダイレクト部分を書き換えます(**リスト4.26**、**図4.12**)。同様の変更をタスク完了処理のdoneアクションに加えてみるのもよいでしょう。

リスト4.25 データの新規作成処理を追加したコントローラー(抜粋)

```php
<?php
// app/Controller/TasksController.php
class TasksController extends AppController {
// 省略
    public function create() {

        // POSTされた場合だけ処理を行う
        if ($this->request->is('post')) {
            $data = array(
                'name' => $this->request->data['name']
            );
            // データを登録
            $id = $this->Task->save($data);
            $msg = sprintf(
                'タスク %s を登録しました。',
                $this->Task->id
            );

            // メッセージを表示してリダイレクト
            $this->flash($msg,'/Tasks/index');
            return;
        }
        $this->render('create');
    }
}
```

図4.10 http://localhost/sample/Tasks/createからのタスク登録

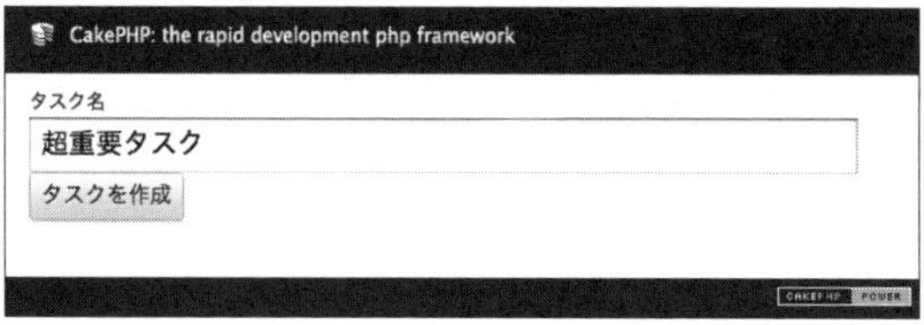

図4.11 http://localhost/sample/Tasks/createからのタスク登録結果

> タスク 7 を登録しました。

リスト4.26 リダイレクトをsetFlashに変更（抜粋）

```php
<?php
// app/Controller/TasksController.php
class TasksController extends AppController {
// 省略
    public function create() {

        // POSTされた場合だけ処理を行う
        if ($this->request->is('post')) {
            $data = array(
                'name' => $this->request->data['name']
            );
            // データを登録
            $id = $this->Task->save($data);
            $msg = sprintf(
                'タスク %s を登録しました。',
                $this->Task->id
            );

            // メッセージを表示してリダイレクト
            $this->Session->setFlash($msg);
            $this->redirect('/Tasks/index');
            return;
        }
        $this->render('create');
    }
}
```

図4.12 タスク登録結果を一覧画面側に表示した例

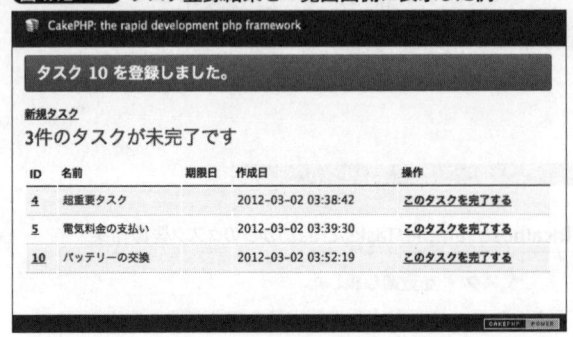

4.5 まとめ

　コントローラーはすべての処理の起点になり、作成や変更を行うことが特に多い部分です。スムーズにモデルやビューと連携するために必要な設定などは、開発を繰り返しながら少しずつ覚えていきましょう。またフォームやURLに関する情報を取得できるのもコントローラーの重要な役割ですので、その点についても留意しておくようにしましょう。

第5章

モデルを使う

- 5.1 モデルとは 80
- 5.2 モデルに設定できるプロパティ 82
- 5.3 モデルの機能 87
- 5.4 バリデーションでデータが正しいかをチェック ... 103
- 5.5 アソシエーションで複数のモデルを操作 109
- 5.6 モデルを使ってみよう 117
- 5.7 まとめ 124

第5章 モデルを使う

5.1 モデルとは

　モデルは、MVCの中で処理に必要なデータの取得や操作などを担当します。多くのWebアプリケーションがデータベースからデータを取得し、データベースへ保存することから、多くの場合モデルはデータベースへの処理を担当します。

　モデルは各種メソッドをコールすることでデータベースへのクエリを自動的に実行しますが、データソースと呼ばれる機能を拡張することで、CSVファイルやWeb APIなどのデータベース以外の操作を行わせることができます。

　また、モデルにはフォームから入力されたデータが想定したルールに適合するかをチェックするバリデーションや、複数のモデルを関連させて一度の操作で複数のモデルを操作するアソシエーションという機能が備わっています。

　モデルはCakePHPの中でも特に機能が多く、CakePHPを使ううえで避けては通れない機能ですので順番に確認していきましょう。

ファイルの作成

　モデルを作成する場合はapp/Modelディレクトリにファイルを作成します。クラスはAppModelクラスを継承した「Post」や「Task」という風に接尾語はない名前になります。ファイルの名前もクラス名と同様にPost.phpやTask.phpとなります。CakePHPの規約を守る場合は英語の単数形の名前を付けますが、コントローラーやモデルで適切な設定を行えば自由に名前を付けられます。

　実際に作成するファイルはリスト5.1のようになります。この例ではbakeの際に使ったtopicsテーブルのデータを扱うTopicモデルを定義しています。

　この例ではいくつかの設定は省略しています。それぞれの設定の意味についてはのちほど解説します。

　またモデルが作成されていない場合、CakePHPはAppModelクラスを使って処理を行います。モデルのファイル名を間違えている場合は作成した

モデルに記述した処理が無視されたかのような動きをしますので、作ったばかりのモデルの記述が反映されない場合はファイル名を間違えていないかを確認してください。

AppModelクラス

それぞれのコントローラーはAppModelというクラスを継承して作成します。開発するアプリケーションのモデル内で共通して反映したい設定や共有したいメソッドがある場合は、AppModelに任意のコードを追加できます。AppModelはapp/Modelディレクトリの下にAppModel.phpというファイルを編集して利用します。CakePHP 2.0の場合のみ、lib/Cake/Model以

リスト5.1 モデルの例

```php
<?php
// app/Model/Topic.php
class Topic extends AppModel {

    public $belongsTo = array('Category');
    public $hasMany = array('Comment');

    public $validate = array(
        'title' => array(
            'rule'     => array('minLength', 8),
            'required' => true
        )
    );

    public function getLatest() {
        $option = array(
            'conditions' => array('Topic.category_id' => 1),
            'order' => array('Topic.created desc'),
            'limit' => 5
        );
        return $this->find('all',$option);
    }

}
```

リスト5.2 AppModel.phpの例

```php
<?php
// app/Model/AppModel.php
class AppModel extends Model {
    public $myfield = 'hoge';
    public function myfunc() {
    }
}
```

下からコピーしたファイルを編集して利用します[注1]。

リスト5.2のコードでは、すべてのモデルの中から $this->myfunc() というメソッドや $this->myfield というプロパティを利用できるようになります。

5.2 モデルに設定できるプロパティ

モデルは機能が多く、それに応じて設定できるプロパティも数多くあります。多くのプロパティは設定の変更がscaffoldなどに反映されますので、scaffoldの振る舞いなどを確認しながらそれぞれの設定の挙動を確かめていきましょう。

$useTableプロパティ——利用するモデルの指定

モデルがどのテーブルを対象に処理をするかを設定するプロパティです。設定されていない場合は、規約に沿ったテーブルが存在するとみなします（**表5.1**）。規約ベースのテーブル名を使う場合はモデル名を複数形にし、モデル名がアッパーキャメルケース（大文字で始まる大文字小文字混じり）だった場合はアンダースコアで区切った名称のテーブルが存在するとみなします。

データベースのテーブル名にCakePHPの規約を適用しない場合や、すで

注1 CakePHPはapp以下に存在しないファイルはlib/Cake以下を探すので、変更が必要ない場合はコピーしなくても動作します。

に存在しているデータベースに処理を行うモデルを作成する場合は、任意のテーブル名を設定します。またdatabase.php内にprefixが設定されている場合は実際のテーブル名はprefixが付いた形になります。prefixをモデルごとに変更する場合は$tablePrefixを設定することでdatabase.phpに設定されている設定を上書きできます。

規約に沿ったテーブル名を使う場合でも明示的に指定すると、特に不規則変化を伴うようなテーブル名の場合には理解しやすいでしょう。

$primaryKeyプロパティ——主キーの指定

モデルが処理を行うテーブルの主キーになるカラムを設定します。設定されていない場合はidというカラムがテーブルに存在するとみなします。CakePHPは複合キーによる主キーをサポートしていません。複合キーによる主キーを持つテーブルを利用する場合は、カラムを追加するか、後述の「queryメソッド」(95ページ参照)を使ってデータ操作を行います。

すでに存在するデータベーステーブルの主キーがid以外の名前の場合は必ず設定が必要です。リスト5.3の例では、自由なテーブル名と主キーを指定したモデルクラスを定義しています。

画面の下部に表示される[注2]生成されたSQLを見ると、モデル名と無関係のテーブルに対してクエリが実行されています(図5.1)。

注2 CakePHPは、app/Config/core.phpでdebugが2以上に設定されると、実行されたSQLや所要時間が画面下部に表示されます。複数のクエリが連続的に実行されている様子や所要時間、エラーの有無が確認できるとても便利な機能です。

表5.1　$useTableを設定しない場合のモデルとテーブルの対応例

モデル名	テーブル名
Post	posts
Images	images
UserCommentHistory	user_comment_histories

$useDbConfigプロパティ――利用する接続の指定

モデルが処理を行う際に使うデータベース接続設定を選ぶプロパティです。設定されていない場合はdefaultが設定されているとみなします。この設定はdatabase.phpに記述した設定と対応しています。モデルによって異なるデータベースに接続するような場合はdatabase.phpに設定を追加したうえで、追加した設定の名前を個別のモデルに設定します(**リスト5.4**)。

$virtualFieldsプロパティ――仮想カラムの指定

関数の実行結果をSQLのテーブルに存在するカラムのように見せる設定です(**リスト5.5**)。複数のカラムを結合したり、関数の結果をカラムとし

リスト5.3 **$useTableと$primaryKeyを設定した例**

```
<?php
// app/Model/Hoge.php
/* 下記のようなテーブルに対して処理を行う
CREATE TABLE `bbs_thread` (
`tid` INT NOT NULL AUTO_INCREMENT ,
`subject` TINYTEXT NOT NULL ,
`body` TEXT NOT NULL ,
PRIMARY KEY ( `tid` )
) ENGINE = MYISAM ;
*/
class Hoge extends AppModel {
    public $useTable = 'bbs_thread';
    public $primaryKey = 'tid';
}
```

図5.1 **自由にテーブル名と主キーを設定した例**

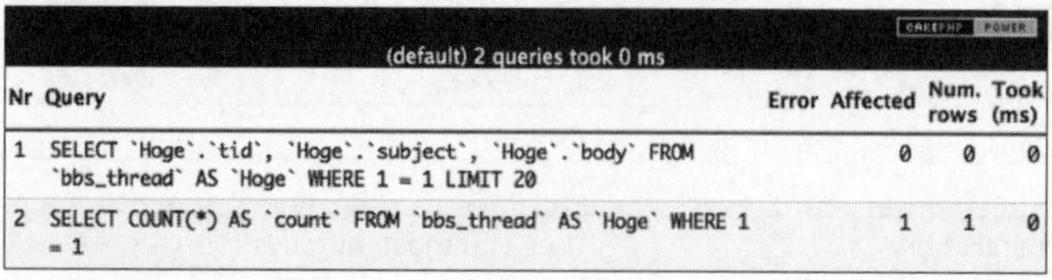
(default) 2 queries took 0 ms

Nr	Query	Error	Affected	Num. rows	Took (ms)
1	SELECT `Hoge`.`tid`, `Hoge`.`subject`, `Hoge`.`body` FROM `bbs_thread` AS `Hoge` WHERE 1 = 1 LIMIT 20		0	0	0
2	SELECT COUNT(*) AS `count` FROM `bbs_thread` AS `Hoge` WHERE 1 = 1		1	1	0

5.2 モデルに設定できるプロパティ

て設定します。$virtualFieldで設定したカラムは読み取りの際のみ利用でき、データの保存はできません。

　カラムの連結に使う関数はデータベースによって異なる場合があります。使用するデータベースに合わせた形で設定します。記述した関数は、SQL上に埋め込まれてデータベース上で実行されます。findメソッドを実行した際のSQLのデバッグ情報を見ると、設定した関数「CONCAT」がlast_name

リスト5.4　useDbConfigを設定した例

```
<?php
// app/Model/Hoge.php
class Hoge extends AppModel {

    // database.php内の$anotherの設定を使う
    public $useDbConfig = 'another';

}
```

リスト5.5　virtualFieldsを設定した例

```
<?php
// app/Model/Friend.php
/*
-- 下記のようなテーブルに対するモデル
CREATE TABLE `friends` (
`id` int(11) NOT NULL AUTO_INCREMENT,
`first_name` tinytext COLLATE utf8_unicode_ci NOT NULL,
`last_name` tinytext COLLATE utf8_unicode_ci NOT NULL,
PRIMARY KEY (`id`)
) ENGINE=MyISAM;
*/
class Friend extends AppModel {

    public $virtualFields = array(
        'full_name' =>
        'CONCAT(Friend.first_name," ",Friend.last_name)'
    );

}
```

カラムのあとに埋め込まれているのが確認できます（**図5.2**）。

$displayFieldプロパティ——ドロップダウンリストなどへの表示項目の指定

scaffoldで生成されるドロップダウンリストや、後述するfind('list')でどのカラムを表示用に使うかを設定するプロパティです。設定しなかった場合、モデルはnameまたはtitleというカラムを表示に使います。新しいテーブルを作った際に、表示に使われるカラムにはnameまたはtitleという名前を付けるか、$displayFieldの設定をするとよいでしょう（**リスト5.6**）。

$actsAsプロパティ——有効にするビヘイビアの指定

モデルの機能を拡張するビヘイビアという機能を設定するプロパティです。詳細は7章「ビヘイビアでモデルを強化」（158ページ参照）で解説します。

$validateプロパティ——入力検査の設定

入力されたデータをチェックするバリデーションの設定を行うプロパティです。詳細は「バリデーションでデータが正しいかをチェック」（103ペー

図5.2 virtualFieldを設定した例

Nr	Query	Error	Affected	Num. rows	Took (ms)
	(default) 2 queries took 1 ms				
1	SELECT `Friend`.`id`, `Friend`.`first_name`, `Friend`.`last_name`, (CONCAT(`Friend`.`first_name`, " ", `Friend`.`last_name`)) AS `Friend__full_name` FROM `friends` AS `Friend` WHERE 1 = 1 LIMIT 20	0	0		1
2	SELECT COUNT(*) AS `count` FROM `friends` AS `Friend` WHERE 1 = 1		1	1	0

リスト5.6 displayFieldを設定した例

```
<?php
// app/Model/Friend.php
class Friend extends AppModel {

    public $displayField = 'last_name';

}
```

表5.2 モデルに利用できるその他のプロパティ

プロパティ名	説明
$data	モデルによって取得されたデータが保持される
$order	データ取得時のソート順のデフォルト
$_schema	モデルが対応するテーブルのカラム情報が格納される
$recursive	データ取得時に関連データをどこまで取得するかのデフォルト。未設定時は1
$cacheQueries	trueに設定すると同一リクエスト中はクエリの結果をキャッシュする

ジ参照)で解説します。

アソシエーションの設定

$belongsTo、$hasMany、$hasOne、$hasAndBelongsToManyは、モデル同士を関連付けるアソシエーションを設定するプロパティです。詳細は「アソシエーションで複数のモデルを操作」(109ページ参照)で解説します。

その他のプロパティ

上記のプロパティ以外にも、いくつかのプロパティがモデルに存在します。利用頻度は高くはないですが、応用的な利用やフレームワークの動作に介入するような処理を行う際に利用します(**表5.2**)。

5.3 モデルの機能

モデルの最も重要な機能が、データベースからデータを取得する機能とデータベースのデータを変更する機能です。これらの処理をデータベースの種類を問わず簡単に行うための機能がモデルには豊富に備わっています。

種類が多いことに驚くかもしれませんが、まずはfindメソッドとsaveメソッドの使い方を理解し、残りの機能については必要に応じて利用するという流れが一般的です。

findメソッド——データの取得

データベースからデータを取得する機能です。データの取得方法やさまざまな条件をオプションとして渡します。最初のパラメータによって、データをどのような形で取得するかが大きく変化します。一方で検索条件などを指定するオプションは同一の形式になっています。

オプションはキーの種類が豊富な連想配列になっていますが、必要がない限りは省略できます。オプションで指定できるキーは**表5.3**のとおりです。

また、処理の前後には各モデルのbeforeFind、afterFindというメソッドがコールバック関数[注3]として実行されます。データ操作の前後に特別な処理を行う場合はこれらのメソッドを定義します。

オプションによってどのようにクエリが変化しているかは、ページ下部に表示されるデバッグ情報を確認してください。

注3 特定のタイミングで自動的に呼び出される関数をコールバック関数と呼びます。CakePHPではbeforeFindやafterFindのようにbeforeやafterで始まるメソッドがコールバック関数になる場合が多いです。

表5.3 findメソッドのオプションに指定できるキー

キー名	説明	記述例
conditions	データ取得の検索条件。WHERE句に使われる	array('Model.field' => $thisValue)
recursive	関連データをどこまで取得するか	1
fields	どのカラムを取得するか。SELECT FROMに使われる。省略時は全カラム	array('Model.field1', 'DISTINCT Model.field2')
order	データのソート順。ORDER BYに使われる	array('Model.created', 'Model.field3 DESC')
group	データのグルーピング。GROUP BYに使われる	array('Model.field')
limit	取得するデータ件数の上限。LIMITに使われる	10
page	データの何ページ目を取得するか。LIMITに使われる	1
offset	データを何件目から取得するか。pageを指定した場合はlimitとpageから自動で設定される	20
callbacks	処理の前後にコールバック関数を実行するか	true、false、'before'、'after'のいずれか

find('all') ――まとめてデータを取得

　find('all')は条件に合致するデータを全件リスト形式で取得する最も基本的なデータ取得処理を行います。オプションをすべて省略した場合は、対象のテーブルから全件のデータを全カラム取得します。データの件数が多くなると全件を取得することは現実的ではないので、conditionsを指定して対象データを絞り、なおかつlimitを指定して最大件数を必ず指定するようにしてください。

　取得したデータは入れ子構造になった連想配列として返却されます。モデルの名前やカラム名をキーに指定する独特のスタイルですが、CakePHPの多くの機能がこのデータ構造を基準にデザインされていますので、利用するにつれて慣れるでしょう。

● 全件のデータを取得する

　リスト5.7はオプションを省略して全件のデータを取得している例です。取得したデータを確認のため表示するのにdebug関数を使っています。debug関数は変数の中身を見やすく表示するCakePHPの機能です。debug関数を実行した場所の情報と内容を表示します。core.phpのdebugを0に設定すると表示されなくなるため、開発用にデータを表示する際に利用すると便利です。

リスト5.7　find('all')の例

```php
<?php
// app/Controller/FriendsController.php
class FriendsController extends AppController {
    public function index() {
        $data = $this->Friend->find('all');
        debug($data);
    }
}
```

取得するデータは**図5.3**のような連想配列形式です。モデル名やカラム名が連想配列のキーとして利用されています。モデルから取得したデータの構造がわからないときは、debug関数で中身を確認するのが手軽な方法です[注4]。

上記の処理から、実行されるSQLのクエリは**リスト5.8**のようになります。クエリ情報はページ下部にデバッグ情報として表示されます[注5]。

● 絞り込み条件や取得件数、ソート順などを指定する

もう少し実践的に絞り込み条件や取得件数、ソート順などを指定してみると**リスト5.9**のようになります。

この例の場合は、**リスト5.10**のようなクエリが実行されます。conditionsやorderの設定に沿ってクエリが生成されています。conditionsは、標準で

注4 debug関数の結果はビューの表示前であれば画面上部、ビューの内部で記述したままの場所に表示されます。今回の場合はコントローラー内で使っているので画面の上部に表示されます。

注5 core.phpでdebugが2に設定されている場合です。本書ではページ数の節約のため、シンプルな単体のクエリについてはテキストで掲載しますが、実際にはデバッグ情報としてこれまでと同様に表示されます。

図5.3 find('all')の例

```
Array                                          app/Controller/FriendsController.php (line 10)
(
  [0] => Array
    (
      [Friend] => Array
        (
          [id] => 1
          [first_name] => Andy
          [last_name] => 荒川
        )

    )

  [1] => Array
    (
      [Friend] => Array
        (
          [id] => 2
          [first_name] => Bob
          [last_name] => 坊坂
        )

    )
```

リスト5.8 出力されたクエリの例

```
SELECT `Friend`.`id`, `Friend`.`first_name`, `Friend`.`last_name`
FROM `friends` AS `Friend` WHERE 1 = 1
```

は値に指定された内容を「=」で比較するWHEREを生成します。これを別の比較演算子で検索する場合は、キー名のあとにスペースを空けて演算子を記述します。この例ではidというカラムに対しては小なり(<)の比較演算子を使っています。

conditionsに複数の条件を指定した場合、通常はそれぞれの条件はANDで結ばれます。条件をORで結ぶ場合や括弧を付ける場合は、条件を入れ子構造にして渡します。値部分を配列にした場合はINを使った条件に展開されます(**リスト5.11**)。

リスト5.9 条件付きfind('all')の例

```php
<?php
// app/Controller/FriendsController.php
class FriendsController extends AppController {
    public function index() {
        $options = array(
            'conditions' => array(
                'Friend.first_name' => 'Andy',
                'Friend.id <' => 2000 // = 以外の比較を使う
            ),
            'order' => array('Friend.first_name ASC'),
            'limit' => 10
        );
        $data = $this->Friend->find('all',$options);
    }
}
```

リスト5.10 出力されたクエリの例

```
SELECT `Friend`.`id`, `Friend`.`first_name`, `Friend`.`last_name`
FROM `friends` AS `Friend`
WHERE `Friend`.`first_name` = 'Andy'
AND `Friend`.`id` < 2000
ORDER BY `Friend`.`first_name` ASC
LIMIT 10
```

ORやINが展開された部分は括弧が付いています（**リスト5.12**）。

find('count')──データの件数を取得

　指定した条件に該当するデータの件数のみを返します。件数が多い場合に大量の表形式のデータを取得するのは非効率ですが、クエリ上でカウントを行うためデータ件数が多い場合でもパフォーマンスの低下が抑えられます。オプションはfind('all')と同様ですので、同じ条件を使えばfind('all')で取得するリストとfind('count')で取得する件数は一致します（**リスト5.13**）。
　find('count')によってフィールドのカラムの代わりにcount( )関数がクエリに埋め込まれています（**リスト5.14**）。

find('first')──データを1件だけ取得

　条件に該当するデータのうち、最初の1件だけを取得します（**リスト5.15**）。複数のデータがある場合でもソート順に沿った1件目を取得します。このメソッドを使う場合は、条件で確実にデータを1件に絞り込むように注意が必要です。データが1件になるので、返却されるデータ構造がfind('all')よりも浅い形になるのも特徴です。データを1件取得して表示するような

リスト5.11　OR条件付きfind('all')の例

```php
<?php
// app/Controller/FriendsController.php
class FriendsController extends AppController {
    public function index() {
        $options = array(
            'conditions' => array(
                'OR' => array(
                    'Friend.first_name' => 'Andy',
                    'Friend.id' => array(2000,2,30) // INを使う
                )
            )
        );
        $data = $this->Friend->find('all',$options);
    }
}
```

リスト5.12 出力されたクエリの例

```
SELECT `Friend`.`id`, `Friend`.`first_name`, `Friend`.`last_name`
FROM `friends` AS `Friend` WHERE
((`Friend`.`first_name` = 'Andy') OR
(`Friend`.`id` IN (2000, 2, 30)))
```

リスト5.13 find('count')の例

```php
<?php
// app/Controller/FriendsController.php
class FriendsController extends AppController {
    public function index() {
        $options = array(
            'conditions' => array(
                'Friend.first_name LIKE' => '%Andy%'
            )
        );
        $data = $this->Friend->find('count',$options);
        debug($data); // 件数が数値で取得される
    }
}
```

リスト5.14 出力されたクエリの例

```
SELECT COUNT(*) AS `count` FROM `friends` AS `Friend`
WHERE `Friend`.`first_name` LIKE '%Andy%'
```

リスト5.15 find('first')の例

```php
<?php
// app/Controller/FriendsController.php
class FriendsController extends AppController {
    public function index() {
        $options = array(
            'conditions' => array(
                'Friend.id' => 10
            )
        );
        $data = $this->Friend->find('first',$options);
        debug($data['Friend']['first_name']); // Friendのfirst_name
        debug($data['Friend']['last_name']); // Friendのlast_name
    }
}
```

処理を行う場合に扱いやすい方法です。

find('list')――データを単純なリストで取得

条件に該当するデータをシンプルなIDとラベルが対になったリストとして取得します。ラベルとして利用するカラムは、モデルのdisplayFieldの設定が反映され、未設定時はnameまたはtitleというカラムの内容を利用します。**リスト5.16**のように記述すると、**図5.4**のクエリが実行されます。

メッセージの生成やドロップダウンリストの生成など、データベースのデータを簡単なリストにする際に便利な処理です。

find('threaded')――データをツリー形式で取得

データをツリー構造のデータとみなして取得します。標準ではparent_idというカラムが親になるデータとして解釈されます。

現在ではTreeビヘイビア[注6]という機能のほうが優れているため、利用する機会はほぼありません。

find('neighbors')――隣接するデータの取得

条件に合致するデータの前後のデータを1件ずつ取得します。find('first')を2回実行するような処理をしますが、利用する機会はほぼありません。

マジックfind――条件をメソッド名から指定

マジックfindは、定義されていないメソッドを呼ぶと自動的にfind('all')またはfind('first')を呼び出して実行する機能です。メソッドの名前は、findByまたはfindAllByのあとにキャメルケースでカラム名を記述します(**表5.4**)。

複雑な条件は指定できないため、あまり利用する機会はありません。ただし、モデルにByという単語を含むメソッドを作った場合に誤って呼び出

注6 Treeビヘイビアの利用例については公式ドキュメントを参照してください。http://book.cakephp.org/2.0/en/core-libraries/behaviors/tree.html

queryメソッド——SQLの直接実行

　SQLを直接記述して実行する機能です（**リスト5.17**）。findメソッドなどを経由してクエリを実行するのがあまりにも複雑な場合や、直接関数を実行する場合に利用します。ただしデータの返却結果はモデル名などを考慮しない形になるので、ほかのメソッドとの整合性がやや取りづらい面があります。クエリ内でテーブル名のエイリアス名としてモデル名を指定すると、通常のfindと同じ形式でデータを返却します。

　やむを得ず使用する場合はテーブル名のエイリアスにモデル名を指定す

リスト5.16 find('list')の例

```php
<?php
// app/Controller/FriendsController.php
class FriendsController extends AppController {
    public function index() {
        $options = array(
            'limit' => 3
        );
        $data = $this->Friend->find('list',$options);
        debug($data);
    }
}
```

図5.4 find('list')の例（取得したデータをdebug()関数で確認している）

```
Array                    app/Controller/FriendsController.php (line 9)
(
    [1] => 荒川
    [2] => 坊坂
    [3] => 粟原
)
```

表5.4 マジックfindの例

メソッド名	対応する動作
findById(10)	find('first',array('conditions' => array('Friend.id' => 10))
findAllById(10)	find('all',array('conditions' => array('Friend.id' => 10))
findAllByFirstNameOrLastName('Aran')	find('all')にOR条件を指定した形

95

saveメソッド──データの保存

データベースへデータを保存します。その際、主キーがパラメータに含まれているかどうかに応じて、INSERTを実行するかUPDATEを実行するかを自動的に判断します。データの構造はfindで取得したデータと同様にモデル名とカラム名をキーにした連想配列になっています。

またテーブルにcreated、modifiedというカラムがあれば、新規にデータを作成したときと更新を行ったときに現在の日時が自動的に設定されます。まったく意識せずにデータを更新できるので、使う際には可能な限りすべてのテーブルにこれら2つのカラムを設けるべきでしょう。

バリデーションやアソシエーションが設定されている場合は、データの書式チェックや関連データの保存も同時に行います。メソッドへの引数を増やすことでバリデーションの実行をしないようにしたり、保存する対象のカラムを絞り込むこともできます。

● INSERTを実行する場合

リスト5.18の例では主キーになるカラムを設定していないため、INSERTとしてクエリが実行されます(リスト5.19)。

● UPDATEを実行する場合

更新するデータに主キーのカラムが含まれている場合か、モデルの$id

リスト5.17 queryの例

```
<?php
// app/Controller/FriendsController.php
class FriendsController extends AppController {
    public function index() {
        $sql = 'SELECT * FROM friends as Friend WHERE id IN (1,2)';
        $data = $this->Friend->query($sql);
        debug($data);
    }
}
```

プロパティにIDが指定されている場合はUPDATEが実行されます。

リスト5.20の場合はIDが設定されているので、保存前にSELECTでデ

リスト5.18 saveの例

```
<?php
// app/Controller/FriendsController.php
class FriendsController extends AppController {
    public function index() {
        $data = array(
            'Friend' => array(
                'first_name' => 'Duke',
                'last_name' =>'滝下'
            )
        );
        $this->Friend->save($data);
        debug($this->Friend->id); // 登録したデータのIDが取得できる
        debug($this->Friend->getLastInsertID()); // 上記と同じ
    }
}
```

リスト5.19 出力されたクエリの例

```
INSERT INTO `friends` (`first_name`, `last_name`)
VALUES ('Duke', '滝下')
```

リスト5.20 updateを行うsaveの例

```
<?php
// app/Controller/FriendsController.php
class FriendsController extends AppController {
    public function index() {
        $data = array(
            'Friend' => array(
                'id' => 50,
                'first_name' => 'Duke',
                'last_name' =>'滝下'
            )
        );
        $this->Friend->save($data);
    }
}
```

ータの存在を確認したうえで、UPDATEかINSERTが行われます（**リスト5.21**）。

● 連続してINSERTを行う場合

　連続してINSERTを複数回行う場合は、saveメソッドの前にcreateメソッドを実行し、IDの情報をクリアします（**リスト5.22**）。createメソッドを使わずに2回目以降の呼び出しがUPDATEになってしまうのは複数件のデータを登録する際によくある失敗です。

saveFieldメソッド——単一カラムの更新

　単一のカラムに対して更新を行います（**リスト5.23**）。利用するにはモデルクラスに先立って主キーをセットしてからカラムと共にデータを渡します。呼び出しごとにUPDATEが実行されるため、複数のカラムを更新する

リスト5.21 出力されたクエリの例

```
UPDATE `friends`
SET `id` = 50, `first_name` = 'Duke', `last_name` = '滝下'
WHERE `friends`.`id` = 50
```

リスト5.22 連続してINSERTするsaveの例

```
<?php
// app/Controller/FriendsController.php
class FriendsController extends AppController {
    public function index() {
        $data = array(
            'Friend' => array(
                'first_name' => 'Duke',
                'last_name' =>'滝下'
            )
        );
        $this->Friend->save($data);
        $this->Friend->create(); // これがないと2回目はUPDATEになる
        $this->Friend->save($data);
    }
}
```

場合はsaveメソッドを使うべきです。

　コードの一貫性を保つ意味では、可能な限りsaveメソッドを使うほうがよいでしょう。

deleteメソッド──データの削除

　その名のとおりデータの削除を行います。削除したデータは元に戻すことはできません。対象となるデータの主キーを指定して1件ずつデータを削除します（**リスト5.24**、**リスト5.25**）。

　deleteメソッドはデータが存在していることを自動的に確認してからDELETE文を実行します。

リスト5.23 saveFieldの例

```
<?php
// app/Controller/FriendsController.php
class FriendsController extends AppController {
    public function index() {
        $this->Friend->id = 10;
        $this->Friend->saveField('first_name', "Single");
    }
}
```

リスト5.24 deleteの例

```
<?php
// app/Controller/FriendsController.php
class FriendsController extends AppController {
    public function index() {
        $this->Friend->delete(10); // id = 10のレコードを削除
        $this->Friend->delete(11,true); // 関連データも削除

    }
}
```

リスト5.25 出力されたクエリの例

```
DELETE `Friend` FROM `friends` AS `Friend` WHERE `Friend`.`id` = 10
```

saveManyメソッド──複数件のデータの保存

データを複数件渡すことで一度の操作でまとめて挿入または更新処理を行います。オプションを指定することでトランザクションを1件ごとにするかや関連データを更新するかなどを設定できます。主キーのカラムにデータが指定されていないか、該当するデータが存在しない場合は、INSERTが実行されます。**リスト5.26**のように記述すると、**図5.5**のクエリが実行されます。

updateAllメソッド──条件に当てはまるデータの同時更新

条件に当てはまるすべてのデータを一度に更新します。ほかの更新処理

リスト5.26 saveManyの例

```php
<?php
// app/Controller/FriendsController.php
class FriendsController extends AppController {
    public function index() {
        $data = array(
            array(
                'first_name' => 'Eric',
                'last_name' =>'遠藤'
            ),
            array(
                'first_name' => 'Elena',
                'last_name' =>'遠藤'
            )
        );
        $options = array(
            'validate' => true, // バリデーションを実行
            'atomic' => true, // 同一トランザクションで処理
            'fieldList' => array('first_name','last_name'),
            'deep' => true // 関連データも保存
        );
        $this->Friend->saveMany($data,$options);
    }
}
```

のメソッドと異なり、主キーを指定しないクエリを実行するため、予期しない件数のデータが更新される可能性があります。確認画面などを設けても、実際に更新処理を行うまでにデータの状態が変わった場合、確認画面に表示された内容と更新された内容に差異が出る可能性もあり、使う場合はデータの状態に気を配る必要があります。

更新対象のデータを指定する条件のオプションはfindと同じ形式になります(88ページの表5.3参照)。

リスト5.27のように記述すると、**リスト5.28**のクエリが実行されます。クエリは対象レコードの有無にかかわらず実行されます。

図5.5 出力されたクエリの例

(default) 4 queries took 0 ms

Nr	Query	Error	Affected	Num. rows	Took (ms)
1	BEGIN				
2	INSERT INTO \`cakephp2_sample\`.\`friends\` (\`first_name\`, \`last_name\`) VALUES ('Eric', '遠藤')		1	1	0
3	INSERT INTO \`cakephp2_sample\`.\`friends\` (\`first_name\`, \`last_name\`) VALUES ('Elena', '遠藤')		1	1	0
4	COMMIT		1	1	0

リスト5.27 updateAllの例

```
<?php
// app/Controller/FriendsController.php
class FriendsController extends AppController {
    public function index() {
        $data = array(
            'Friend.first_name' => "'Happy'" // クオートに注意
        );
        $conditions = array(
            'Friend.id >' => 100
        );
        $this->Friend->updateAll($data,$conditions);
    }
}
```

リスト5.28 出力されたクエリの例

```
UPDATE `friends` AS `Friend` SET `Friend`.`first_name` = 'Happy'
WHERE `Friend`.`id` > 100
```

deleteAllメソッド——条件に当てはまるデータの一括削除

条件に該当するデータをすべて削除します(**リスト5.29**)。検索条件の指定を誤ると全データを削除してしまうため、取り扱いには特に注意する必要があります。内部的にはまずSELECTしたあとに取得したIDをもとに削除を行います(**図5.6**)。

オプションの指定をすることで、関連データの削除やコールバック関数の実行を制御できます。

リスト5.29 deleteAllの例

```
<?php
// app/Controller/FriendsController.php
class FriendsController extends AppController {
    public function index() {
        $conditions = array(
            'Friend.last_name' => 'cccc'
        );
        $this->Friend->deleteAll(
            $conditions,
            true // 関連データも削除する
        );
    }
}
```

図5.6 出力されたクエリの例

(default) 2 queries took 0 ms

Nr	Query	Error	Affected	Num. rows	Took (ms)
1	SELECT \`Friend\`.\`id\` FROM \`cakephp2_sample\`.\`friends\` AS \`Friend\` WHERE \`Friend\`.\`last_name\` = 'cccc'		14	14	0
2	DELETE \`Friend\` FROM \`cakephp2_sample\`.\`friends\` AS \`Friend\` WHERE \`Friend\`.\`id\` IN (6, 9, 12, 15, 18, 21, 24, 27, 30, 33, 36, 39, 42, 45)		14	14	0

5.4 バリデーションでデータが正しいかをチェック

バリデーションは、入力されたデータが指定されたフォーマットに沿って正しく入力されているかを検査する機能です。バリデーションは単独の機能ではなく、モデルのsave( )処理時に自動的に実行される形で提供されています。

各カラムに対してさまざまな設定や、自作した処理などを組み合わせたチェックを行うことができ、不要な場合は検査をせずにデータ更新を行うこともできるようになっています。

エラーがあった場合はFormヘルパーを通じて画面に表示されます。scaffoldで動作させている場合や、画面の表示にFormヘルパーを使っている限りは、エラーメッセージの表示までを自動的に行います。

表5.5はCakePHPに標準で搭載されているバリデーションルールの一覧表です。この表にないバリデーションを実行する場合は独自のメソッドを指定できます。

単一のバリデーションルールを適用

単一のルールを適用する場合は、$validateプロパティに対象カラム名のキーごとのルールを記述します。オプションを必要としない場合はキーに対してルール名を記述できますが、エラーメッセージの設定などができないため、通常は連想配列で利用するルールや設定を記述します。オプションに指定できるキーは**表5.6**のとおりです。

first_nameとlast_nameにbetweenを使った長さのチェックを行う場合は**リスト5.30**のようになります。

設定を加えたモデルでscaffoldを動作させると、必須項目に対するアスタリスク表示やエラーメッセージ、強調表示などが確認できます(**図5.7**)。

第5章 モデルを使う

表5.5 コアバリデーションルール一覧

ルール名	説明	指定できるオプション[1]
alphaNumeric	英数字のみ許可	なし
between	入力された文字列の長さ（バイト数）が指定された範囲なら許可	integer $min, integer $max
blank	項目が空欄のままのときのみ許可	なし
boolean	項目がtrue、false、1、0のみを許可	なし
cc	正しい書式のクレジットカード番号を許可	mixed $type = 'fast', boolean $deep = false, string $regex = null
comparison	指定した比較演算子で指定した値と比較して真なら許可	string $operator = null, integer $check2 = null
custom	指定した正規表現にマッチしたときのみ許可	string $regex = null
date	指定したフォーマットの日付形式のときのみ許可	mixed $format = 'ymd', string $regex = null
datetime	指定したフォーマットの日時形式のときのみ許可	mixed $dateFormat = 'ymd', string $regex = null
decimal	小数点以下が指定した桁数以下のときのみ許可	integer $places = null, string $regex = null
email	項目がemailアドレスなら許可、オプションによりホストの実在確認も行う	boolean $deep = false, string $regex = null
equalTo	項目が指定されたオプションと等しいときのみ許可	mixed $compareTo
extension	ファイル名の拡張子が指定されたリストにマッチすれば許可	array $extensions = array('gif', 'jpeg', 'png', 'jpg')
inList	値が指定したリストに含まれているときのみ許可	array $list, $strict = true
ip	項目がIPv4かIPv6のIPアドレスのときのみ許可	string $type = 'both'
isUnique	同じデータが存在していないときのみ許可	なし
luhn	luhnアルゴリズム[2]に当てはまるときのみ許可	boolean $deep = false
maxLength	項目が指定した長さ以下のときのみ許可	integer $max
minLength	項目が指定した長さ以上のときのみ許可	integer $min
mimeType	アップロードされたファイルのMIMEタイプが指定された型のときのみ許可	array $mimeTypes = array()
money	項目が記号の位置も含め正しい金額表記のときのみ許可	string $symbolPosition = 'left'
multiple	inに指定されたリスト中からmin以上、max以下選択されたときのみ許可	mixed $options = array('in' => array(), 'min' => n, 'max' => n)
naturalNumber	項目が自然数のときのみ許可	boolean $allowZero = false

（次ページへ続く）

notEmpty	項目が空欄でないときのみ許可	なし	
numeric	項目が数値のときのみ許可	なし	
phone	項目が電話番号のときのみ許可、米国以外の場合は正規表現を指定	string $regex = null, string $country = 'all'	
postal	項目が郵便番号のときのみ許可、日本を含む未対応国では正規表現を指定	string $regex = null, string $country = 'us'	
range	項目が指定した範囲の数値のときのみ許可	integer $lower = null, integer $upper = null	
ssn	項目が社会保障番号のときのみ許可、未対応の場合は正規表現を指定	string $regex = null, string $country = null	
time	項目が時刻形式のときのみ許可	なし	
uploadError	ファイルのアップロードが成功したときのみ許可	なし	
url	項目がURL形式のときのみ許可	boolean $strict = false	
userDefined	任意のオブジェクトの任意のメソッドで真のときのみ許可	object $object, string $method, array $args = null	
uuid	項目がUUIDのときのみ許可	なし	

※1 省略時のデフォルトがある場合は「=」以降に表記しています。
※2 クレジットカード番号などに使われているチェックサムを用いた誤りチェックのことです。

表5.6 バリデーションオプションのキー一覧

キー名	説明	指定例
rule	適用するルールとオプションを指定	'alphaNumeric'またはルールへのオプションがあればarray('maxLength',16)のような形。適用するバリデーションのルールを必ず記述する
required	必須項目にするか	trueまたはfalse。省略時はfalse
allowEmpty	空値を許可するか	trueまたはfalse。省略時はfalse
on	チェックを新規作成、または更新時のみに行う	'create'か'update'。省略時は常にチェックを行う
message	エラー時に表示されるメッセージ	任意のメッセージを指定。省略時はCakePHPのデフォルトのメッセージ
last	複数のエラーが同一の項目にあった場合に優先的に表示する	trueまたはfalse。省略時はfalse

第5章 モデルを使う

リスト5.30 validateの例（単一ルールを適用）

```php
<?php
// app/Model/Friend.php
class Friend extends AppModel {
    public $validate = array(
        'first_name' => array(
            'rule'       => array('between',0,64),
            'required'   => true,
            'allowEmpty' => false,
            'message'    => '名は64文字以内で必ず入力してください'
        ),
        'last_name' => array(
            'rule'       => array('between',0,64),
            'required'   => false,
            'allowEmpty' => true,
            'message'    =>
            '姓を入力する場合は64文字以内で入力してください'
        )
    );
}
```

図5.7 実行例

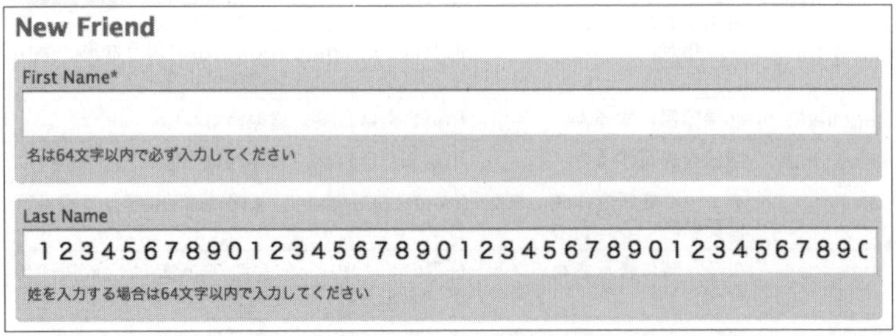

New Friend

First Name*

名は64文字以内で必ず入力してください

Last Name

1234567890123456789012345678901234567890

姓を入力する場合は64文字以内で入力してください

複数のバリデーションルールを適用

1つの項目に複数のルールを適用する場合は、配列を入れ子にして設定します（**リスト5.31**）。その際にrequiredとallowEmptyについては、最初に設定したルールにしか記述できません。

また同一の項目に複数のエラーがあった場合は最後に検出されたエラーのメッセージが出力されます。これを任意にコントロールする場合はlastオプションを使います。

独自のバリデーションルールを適用

独自のルールを適用する場合にはいくつかの方法があります。単純な正規表現で実現できる場合はruleの部分に正規表現を記述することで検査を実行できます。複雑な検査をする場合はモデルクラスにメソッドを作り、メ

リスト5.31 validateの例（複数のルールを適用）

```php
<?php
// app/Model/Friend.php
class Friend extends AppModel {
    public $validate = array(
        'first_name' => array(
            'rule1' => array(
                'rule'       => 'alphaNumeric',
                'required'   => true,
                'allowEmpty' => false,
                'message'    => '名前は英数字で入力してください'
            ),
            'rule2' => array(
                'rule'    => array('between',2,32),
                'message' =>
                    '名前は2文字以上32文字以内で入力してください'
            )
        )
    );
}
```

第5章 モデルを使う

リスト5.32 validateの例（独自のルールを適用）

```php
<?php
// app/Model/Friend.php
class Friend extends AppModel {
    public $validate = array(
        'first_name' => array(
            'rule1' => array(
                'rule'       => 'existOnly4',
                'required'   => true,
                'allowEmpty' => false,
                'message'    => '同じ名前が5人以上存在します'
            ),
            'rule2' => array(
                'rule'    => array('between',0,64),
                'message' =>
                '名は64文字以内で必ず入力してください'
            )
        )
    );
    public function existOnly4($check) {
        // データ件数を取得
        $existing_count = $this->find('count', array(
            'conditions' => array(
                'Friend.first_name' => $check['Friend']['last_name']
            ),
        ));
        // 5件より少ないなら真
        return $existing_count < 5;
    }
}
```

ソッド名をrule部分に指定します（**リスト5.32**）。

自作したメソッドは入力値（リスト5.32の例では$check）を受け取って処理を行い、trueまたはfalseを返すことでコアバリデーションルールと同様に利用できます。

この例ではデータベース内のデータ件数を調べる処理をしたうえで、データが正しいかを判定しています（**図5.8**）。

図5.8 実行例

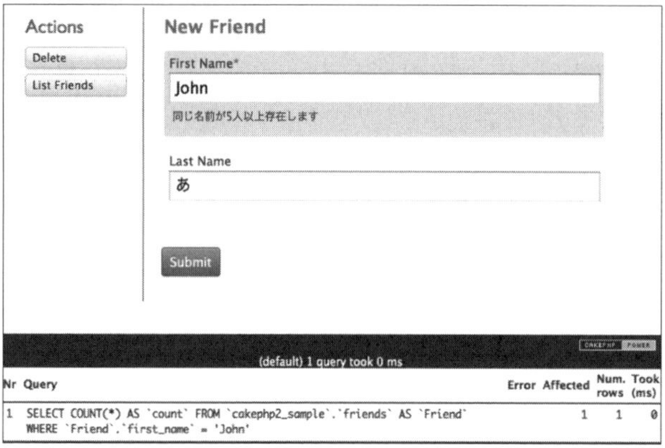
Actions
Delete
List Friends
New Friend
First Name*
John
同じ名前が5人以上存在します
Last Name
あ
Submit
(default) 1 query took 0 ms
Nr Query Error Affected Num. rows Took (ms)
1 SELECT COUNT(*) AS `count` FROM `cakephp2_sample`.`friends` AS `Friend` WHERE `Friend`.`first_name` = 'John' 1 1 0

5.5 アソシエーションで複数のモデルを操作

アソシエーションはモデル同士のデータの関連を設定することで、一度のデータ操作で複数のモデルからデータを取得したり、データを更新する機能です。内部の処理では自動的にSQLにJOINを追加したり、関連データを再度取得するクエリを実行するなどして必要なデータを取得します。

不必要な関連データを取得しすぎることはパフォーマンスの低下につながりますが、findメソッドのrecursiveオプション(88ページ表5.3、116ページ表5.10参照)を設定することで、処理ごとに関連データを取得する範囲を限定することもできます。

アソシエーションの種類

アソシエーションはモデルのプロパティとして設定します。データ構造によって**表5.7**のような種類のアソシエーションが設定できます。

● belongsTo

モデルが別のモデルのデータに所属しているという関係のアソシエーションです。典型的な例としては、ユーザ登録型のサイトなどで日記や写真、

コメントなどのデータが所有者のユーザIDを保持しているようなデータ構造です。

設定はテーブルが規約に沿っていればモデル名のみ、そうでない場合は従属モデルが上位のモデルを指し示すためのカラムや絞り込み条件などを配列で設定します。不要な設定は省略できます。

リスト5.33の例では、Topicモデルに対してfindを実行すると自動的に対応するデータをCategoryモデルからも取得します。モデルに設定がされていれば、コントローラー側のコードでは特に意識する必要はありません。

リスト5.34の場合はJOINのクエリがモデルから生成されて実行されます（**リスト5.35**）。

取得されたデータには、TopicモデルとCategoryモデルの双方のデータが含まれています（**図5.9**）。

関連付けるモデルが規約に沿っていないカラム名の場合や、追加の条件、ソート条件などを指定する場合は別途オプションを指定します。belongsToに設定できるオプションは**表5.8**のとおりです。

表5.8の設定からいくつかを適用して、条件に当てはまるカテゴリだけを

表5.7　アソシエーションの種類

名前	説明	記述例
belongsTo	モデルが上位のモデルに所属する多対一の関係を定義する	public $belongsTo = array('User');
hasMany	モデルが下位のモデルを複数件所有する一対多の関係を定義する	public $hasMany = array('Diary');
hasOne	モデルが下位のモデルを1件所有する一対一の関係を定義する	public $hasOne = array('Profile');
hasAndBelongsToMany	モデルが中間のモデルを通じて複数のデータに所属する多対多の関係を定義する	public $hasAndBelongsToMany = array('Member' => array('className' => 'Group'));

リスト5.33　シンプルな$belongsToの例

```php
<?php
// app/Model/Topic.php
class Topic extends AppModel {

    public $belongsTo = array('Category');

}
```

5.5 アソシエーションで複数のモデルを操作

リスト5.34 アソシエーションが設定されたモデルを利用する例

```php
<?php
// app/Controller/TopicsController.php
class TopicsController extends AppController {

    public function index() {
        $data = $this->Topic->find('all');
        debug($data);
    }
}
```

リスト5.35 アソシエーションから生成されたクエリの例

```
SELECT `Topic`.`id`, `Topic`.`title`, `Topic`.`body`,
`Topic`.`category_id`, `Topic`.`created`, `Topic`.`modified`,
`Category`.`id`, `Category`.`name`, `Category`.`created`,
`Category`.`modified` FROM `topics` AS `Topic`
LEFT JOIN `categories` AS `Category`
ON (`Topic`.`category_id` = `Category`.`id`) WHERE 1 = 1
```

図5.9 アソシエーションが設定されているデータの例

```
array(
    (int) 0 => array(
        'Topic' => array(
            'id' => '1',
            'title' => '新しいパソコン',
            'body' => '快適にプログラミングをする新しいパソコンが欲しいです。おすすめは何ですか？',
            'category_id' => '1',
            'created' => '2012-02-02 05:15:13',
            'modified' => '2012-02-02 05:28:22'
        ),
        'Category' => array(
            'id' => '1',
            'name' => 'コンピューター',
            'created' => '2012-02-02 05:14:16',
            'modifiod' => '2012-02-02 05:14:16'
        )
    ),
    (int) 1 => array(
        'Topic' => array(
            'id' => '2',
            'title' => '好きなお寿司は？',
            'body' => '皆さんはどんなお寿司のネタが好きですか？',
            'category_id' => '3',
            'created' => '2012-02-02 05:18:18',
            'modified' => '2012-02-02 05:27:51'
        ),
        'Category' => array(
```

app/Controller/TopicsController.php (line 7)

表5.8 belongsToのオプション

名前	説明	記述例
className	所属先のデータを扱うモデルクラス。省略時は設定名と同一	'className' => 'User'
foreignKey	所属先のモデルを指し示す外部キー。省略時は「小文字のモデル名+_id」	'foreignKey' => 'user_id'
conditions	所属先のテーブルのデータへの絞り込み条件。省略時は条件なし	'conditions' => array('User.active' => true)
type	JOINする際の種別。省略時はLEFT	'type' => 'left'
fields	関連モデルのどの項目を取得するか。省略時は全項目	'fields' => array('User.name','User.mail')
order	関連モデルに対するソート条件。省略時は条件なし	'order' => array('User.name asc')
counterCache	saveやdelete時に所属先モデルにある「従属モデル名の小文字_count」項目のデータ件数を自動更新する。配列で記述することでカラム名や条件を任意の設定に変更できる。省略時はfalse	'counterCache' => true

リスト5.36 複雑な$belongsToの例

```php
<?php
// app/Model/Topic.php
class Topic extends AppModel {

    public $belongsTo = array(
        'Category' => array(
            'className' => 'Category',
            'foreignKey' => 'category_id',
            'conditions' => array('Category.id <' => 1000),
            'order' => array('Category.name ASC'),
        )
    );

}
```

リスト5.37 複雑な$belongsToから生成されたクエリの例

```
SELECT `Topic`.`id`, `Topic`.`title`, `Topic`.`body`,
`Topic`.`category_id`, `Topic`.`created`, `Topic`.`modified`,
`Category`.`id`, `Category`.`name`, `Category`.`created`,
`Category`.`modified` FROM `topics` AS `Topic` LEFT JOIN
`categories` AS `Category`
ON (
`Topic`.`category_id` = `Category`.`id` AND `Category`.`id` < 1000
) WHERE 1 = 1 ORDER BY `Category`.`name` ASC
```

5.5 アソシエーションで複数のモデルを操作

ソートして取得する設定をしたのが**リスト5.36**の例です。この設定を追加したことで、クエリに絞り込み条件やソート条件が追加されます(**リスト5.37**)。

● hasMany

モデルが別のモデルにある複数のデータを所有しているという関係です。belongsToとはちょうど逆の関係になります。多くの場合でbelongsToが設定されている場合は、逆側からはhasManyの関係が設定できます。

設定は、テーブルが規約に沿っていればモデル名のみ、そうでない場合は関連付けに使うカラムなどを配列で設定します(**リスト5.38**)。

hasManyの場合は、JOINではなく複数のクエリを実行して関連データの取得を行います(**図5.10**)。

関連付けるモデルが規約に沿っていないカラム名の場合や、追加の条件やソート条件などを指定する場合は追加のオプションを指定します。hasManyに設定できるオプションは**表5.9**のとおりです。

● hasOne

hasOneは、hasManyと同様にモデルが別のモデルのデータを所有するという関係のアソシエーションです。hasManyと違い対象のデータが必ず1

リスト5.38 シンプルな$hasManyの例

```
<?php
// app/Model/Topic.php
class Topic extends AppModel {

    public $hasMany = array('Comment');

}
```

図5.10 アソシエーションが設定されているデータの例

	(default) 2 queries took 0 ms				
Nr	Query	Error	Affected	Num. rows	Took (ms)
1	SELECT \`Topic\`.\`id\`, \`Topic\`.\`title\`, \`Topic\`.\`body\`, \`Topic\`.\`category_id\`, \`Topic\`.\`created\`, \`Topic\`.\`modified\` FROM \`cakephp2_sample\`.\`topics\` AS \`Topic\` WHERE 1 = 1		2	2	0
2	SELECT \`Comment\`.\`id\`, \`Comment\`.\`topic_id\`, \`Comment\`.\`title\`, \`Comment\`.\`comment\`, \`Comment\`.\`created\`, \`Comment\`.\`modified\` FROM \`cakephp2_sample\`.\`comments\` AS \`Comment\` WHERE \`Comment\`.\`topic_id\` IN (1, 2)		6	6	0

件になります。オプションにはclassName、foreignKey、conditions、fields、order、dependentが指定できます。

記述例を**リスト5.39**に示します。クエリを実行する際はbelongsToと同様にJOINとして生成され、実行されます（**リスト5.40**）。

● hasAndBelongsToMany

多対多の関係でモデルとモデルを結び付けるアソシエーションです。1つの要素に対して複数のタグやカテゴリを割り当てるようなデータ構造に使われます。このデータ構造を使うには中間になるテーブルを作成し、テーブル名を2つのモデル名をアンダースコアでつないだ形にします。

同時に3つのテーブルを要求するデータ構造が複雑すぎるという意見や、hasManyとbelongsToの組み合わせで同様の操作ができることから利用される機会はほとんどありません。

リスト5.41の例では、ingredientsテーブルとrecipesテーブルのデータをingredients_recipesテーブルを介して関連させています。またデータ操作時のクエリをカスタマイズするオプションも用意されています。

表5.9　hasManyのオプション

名前	説明	記述例
className	所属先のデータを扱うモデルクラス。省略時は設定名と同一	'className' => 'Comment'
foreignKey	所属先のモデルがこのモデルを指し示す外部キー。省略時は「小文字のモデル名+_id」	'foreignKey' => 'topic_id'
conditions	所属先のテーブルのデータへの絞り込み条件。省略時は条件なし	'conditions' => array('Comment.visible' => true)
order	関連モデルに対するソート条件。省略時は条件なし	'order' => array('Comment.modified desc')
limit	従属データを取得する件数の上限。省略時は条件なし	'limit' => 20
offset	データを取得する際にスキップする件数。省略時は条件なし	'offset' => 10
dependent	関連データが削除されたときに自動的に削除するかどうか。省略時はfalse	'dependent' => true
exclusive	関連データを削除する際に削除を個別ではなく一括で行う。省略時はfalse	trueまたはfalse
finderQuery	関連データの取得に利用するクエリ。関連モデルのIDを埋め込む部分には{$__cakeID__$}と記述する。省略時は条件なし	'finderQuery' => 'SELECT * FROM comments as Comment WHERE topics_id = {$__cakeID__$}'

リスト5.39 シンプルな$hasOneの例

```php
<?php
// app/Model/Topic.php
class Topic extends AppModel {

    public $hasOne = array('Comment');

}
```

リスト5.40 $hasOneから生成されたクエリの例

```
SELECT `Topic`.`id`, `Topic`.`title`, `Topic`.`body`,
`Topic`.`category_id`, `Topic`.`created`, `Topic`.`modified`,
`Comment`.`id`, `Comment`.`topic_id`, `Comment`.`title`,
`Comment`.`comment`, `Comment`.`created`, `Comment`.`modified`
FROM `topics` AS `Topic` LEFT JOIN `comments` AS `Comment`
ON (`Comment`.`topic_id` = `Topic`.`id`) WHERE 1 = 1
```

リスト5.41 $hasAndBelongsToManyの例

```php
<?php
class Recipe extends AppModel {
    public $name = 'Recipe';
    public $hasAndBelongsToMany = array(
        'Ingredient' =>
            array(
            'className'              => 'Ingredient',
            'joinTable'              => 'ingredients_recipes',
            'foreignKey'             => 'recipe_id',
            'associationForeignKey'  => 'ingredient_id',
            'unique'                 => true,
            'conditions'             => '',
            'fields'                 => '',
            'order'                  => '',
            'limit'                  => '',
            'offset'                 => '',
            'finderQuery'            => '',  // 検索時のクエリ
            'deleteQuery'            => '',  // 削除時のクエリ
            'insertQuery'            => ''   // 追加時のクエリ
            )
    );
}
```

取得するデータの範囲指定

アソシエーションの設定が増えてくると、データを取得した際に多くのデータを取り込むようになります。処理速度が問題になるほどデータが多い場合は、取得するデータの範囲をモデルの $recursiveプロパティやfindのrecursiveオプション（**表5.10**）で関連モデルのデータをどこまでたどるかを指定できます。

またContainableビヘイビアを使うことで、さらに柔軟に取得範囲を指定できます。詳しくは7章「Containableビヘイビアで取得する関連データの範囲を設定する」（158ページ）を参照してください。

オプションの意味が若干直感的ではなく、リレーションの種類によって異なる挙動をします。基本的にはデフォルトのままで使うことになりますが、必要な場合に取得を抑制したり、深く探索させるという風に使えます。

リスト5.42の例では、アソシエーションが設定されていてもTopicモデルのデータのみを取得します。

表5.10 recursiveオプションの意味

値	説明
-1	一切の関連モデルのデータを取得しない
0	メインのモデルとhasOne、belongsToでつながるモデルまでを取得
1	メインのモデルとつながるモデルを取得（CakePHPのデフォルト）
2	メインのモデルとつながるモデルにさらにつながるモデルも取得

リスト5.42 関連データの取得を抑制している例

```php
<?php
// app/Controller/TopicsController.php
class TopicsController extends AppController {

    public function index() {
        $options = array(
            'recursive' => -1
        );
        $data = $this->Topic->find('all',$options);
        debug($data);
    }
}
```

リスト5.43 アソシエーションを解除・追加する

```php
<?php
// app/Controller/TopicsController.php
class TopicsController extends AppController {

    public function index() {
        $this->Topic->unbindModel(array(
            'belongsTo' => array('Category')
        ));
        $this->Topic->bindModel(array(
            'hasMany' => array('Comment')
        ));
        $data = $this->Topic->find('all',$options);
        debug($data);
    }
}
```

アソシエーションを実行時に設定

　モデルクラスのプロパティに宣言したアソシエーションは、アプリケーションの全体で利用されます。ですが特定の処理の中でだけアソシエーションを設定したい場合や、設定されているアソシエーションを一時的に無効にしたい場合があります。

　その場合にはモデルのbindModelとunbindModelを使うことで、実行時にアソシエーションを定義したり無効にできます。メソッドの引数にはアソシエーションのオプションを数多く渡すことになるため、利用はなるべく最小限に抑えるほうがよいでしょう。**リスト5.43**の例では、モデルに設定されていたアソシエーションを解除・追加する処理をコントローラーから行っています。

5.6 モデルを使ってみよう

　それでは、4章「コントローラーを使ってみよう」(66ページ)で開発していたアプリケーションを、モデルの機能を活用して機能を追加していきま

しょう。ここまで開発してきたタスク管理アプリケーションでは、モデルクラスを一切実装していませんでした。モデルクラスの実装を行って、入力データのバリデーションや関連データの追加などを実装してみましょう。

バリデーションの設定——入力項目の正しさをチェックする

● モデルクラスを作成する

タスクの情報を扱うtasksテーブルの操作は、モデルを作らずにAppModelの動作に任せていました。個別の設定を行うためにはきちんとモデルクラスを作成する必要があるので、クラスを作成します。そのうえで、タスクの題名と本文に長さの制限をそれぞれ設定します（**リスト5.44**）。

● コントローラーに処理を追加する

次に、コントローラー側でもバリデーションの結果によって処理を分岐

リスト5.44 バリデーションの設定を追加したモデル

```php
<?php
// app/Model/Task.php
class Task extends AppModel {

    public $validate = array(
        'name' => array(
            'rule' => array('maxLength',60),
            'required' => true,
            'allowEmpty' => false,
            'message' => 'タスク名を入力してください'
        ),
        'body' => array(
            'rule' => array('maxLength',255),
            'required' => true,
            'allowEmpty' => false,
            'message' => '詳細を入力してください'
        ),
    );

}
```

するようにします。これまでは、モデルのsaveメソッドの結果を確認していませんでした。バリデーションに失敗し結果がfalseになった場合は、もう一度入力画面を再表示するようにします。さらに、タスクの本文を登録時に受け取れるようにsaveメソッドへのデータを増やします（**リスト5.45**）。

リスト5.45 バリデーションが失敗した場合は画面を再表示する

```php
<?php
// app/Controller/TasksController.php
class TasksController extends AppController {

    /* indexアクションとdoneアクションは以前と同じなので省略 */

    public function create() {

        // POSTされた場合だけ処理を行う
        if ($this->request->is('post')) {
            $data = array(
                'name' => $this->request->data['name'],
                // bodyを追加
                'body' => $this->request->data['body'],
            );
            // データを登録
            $id = $this->Task->save($data);
            if ($id === false) { // ifブロックを追加
                $this->render('create');
                return;
            }
            $msg = sprintf(
                'タスク %s を登録しました。',
                $this->Task->id
            );

            // メッセージを表示してリダイレクト
            $this->flash($msg,'/Tasks/index');
            return;
        }
        $this->render('create');
    }
}
```

第5章 モデルを使う

● ビューに処理を追加する

最後に、入力画面のビューに本文を入力するためのテキストボックスと、バリデーションのエラーメッセージを表示する処理を追加します(**リスト5.46**)。エラーメッセージの表示はFormヘルパーを使うことでフォーム本体の表示と同時に行えますが、ここではフォームの表示にFormヘルパーを使っていないので、エラーメッセージのみを表示するヘルパーを使っています。

以上の修正で、タスクの登録時にバリデーションを行い、バリデーションに失敗した場合はエラーメッセージを表示するようになります(**図5.11**)。

リスト5.46 バリデーションのエラーメッセージをビューで表示する

```
<!-- app/View/Tasks/create.ctp -->
<form action="<?php
echo $this->Html->url('/Tasks/create');
?>" method="POST">
<?php echo $this->Form->error('Task.name');?>
<?php echo $this->Form->error('Task.body');?>
タスク名<input type="text" name="name" size="40">
詳細<br/>
<textarea name="body" cols="40" rows="8"></textarea>
<input type="submit" value="タスクを作成">
</form>
```

図5.11 バリデーションのエラーを画面に表示している例

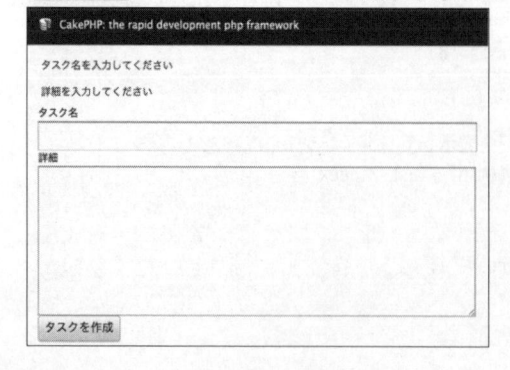

アソシエーション設定の追加──タスクにメモを複数付加できるようにする

次に、アソシエーションを使った機能を拡張します。現在はタスクのみを記録するアプリケーションですが、それぞれのタスクに簡単なメモを複数件付けられるような機能を実装します。

● テーブルを作成する

タスクに対して複数件のメモを付ける機能は一対多の関係になるので、メモを記録するテーブルにタスクのIDを持つ形にします。テーブル名はnotesとして**リスト5.47**のようなテーブルを作成します。

● Noteモデルへアソシエーションを設定する

同時にモデルも作り、belongsToをTaskに対して設定します（**リスト5.48**）。

● Notesコントローラーを作成する

まずはテストデータの作成などができるように、NotesControllerを作成

リスト5.47 タスクに対するメモを記録するテーブル

```
CREATE TABLE `notes` (
`id` INT NOT NULL AUTO_INCREMENT ,
`task_id` INT NOT NULL ,
`body` TINYTEXT NOT NULL ,
`created` DATETIME NOT NULL ,
`modified` DATETIME NOT NULL ,
PRIMARY KEY ( `id` )
) ENGINE = MYISAM ;
```

リスト5.48 メモに対するモデル

```
<?php
// app/Model/Note.php
class Note extends AppModel {

    public $belongsTo = array('Task');

}
```

しscaffoldを設定してみましょう（**リスト5.49**）。これにより、Notesコントローラーのcreateアクションにアクセスすれば、メモの情報をタスクに対応させて記録する動きが確認できます（**図5.12**）。

　表示の確認がうまくできるようにいくつかのタスクに何件かのメモを登録しておきましょう。

● **Taskモデルへアソシエーションを設定する**

　次に、このメモの情報をタスク側からも表示できるように修正を加えていきます。親になるTaskモデルにhasManyの設定を追記します（**リスト5.50**）。

● **Tasksコントローラーは変更なし**

　Taskモデルに設定を加えれば、TasksController側では特に変更は必要なく、これまでどおりのfindメソッドの呼び出しでデータが取得できます。

● **ビューファイルへメモの表示処理を追加する**

　ビューファイルでは、それぞれのタスク情報の行の下に追加する形でメ

リスト5.49　メモ登録処理のコントローラー

```php
<?php
// app/Controller/NotesController.php
class NotesController extends AppController {

    public $scaffold;

}
```

図5.12　/notes/createにアクセスしてタスクに対応させてメモを登録している例

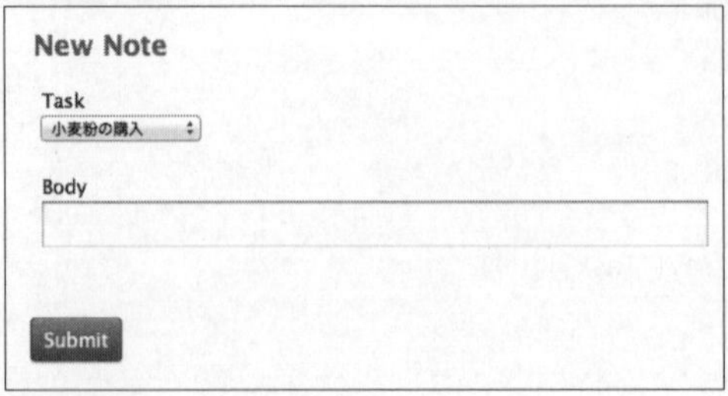

モを表示する処理を追加します（**リスト5.51**）。

リスト5.50 アソシエーションの設定を追加したモデル

```php
<?php
// app/Model/Task.php
class Task extends AppModel {

    public $hasMany = array('Note');
    /* $validateは以前と同じなので省略 */

}
```

リスト5.51 関連データの表示を追加したビュー

```php
<!-- app/View/Tasks/index.ctp -->
<?php echo $this->Html->link('新規タスク','/Tasks/create');?>
<h3><?php echo count($tasks_data);?>件のタスクが未完了です</h3>
<table>
    <tr>
        <th>ID</th>
        <th>名前</th>
        <th>期限日</th>
        <th>作成日</th>
        <th>操作</th>
    </tr>
<?php foreach ($tasks_data as $row): ?>
    <tr>
        <td><?php echo $this->Html->link(
            $row['Task']['id'],
            '/Tasks/view/' . $row['Task']['id']
        );?></td>
        <td><?php echo h($row['Task']['name']);?>
        <br/>
        <ul>
        <?php foreach ($row['Note'] as $note): ?>
        <!-- Noteモデルのデータ表示を追加 -->
        <li><?php echo h($note['body']);?></li>
        <?php endforeach; ?>
        </ul>
        </td>
        <td><?php echo h($row['Task']['due_date']);?></td>
        <td><?php echo h($row['Task']['created']);?></td>
```

（次ページへ続く）

```
            <td><?php echo $this->Html->link(
                'このタスクを完了する',
                '/Tasks/done/' . $row['Task']['id']
            );?><br/>
        </td>
    </tr>
<?php endforeach; ?>
</table>
```

図5.13 タスクに対応させてメモが表示されている例

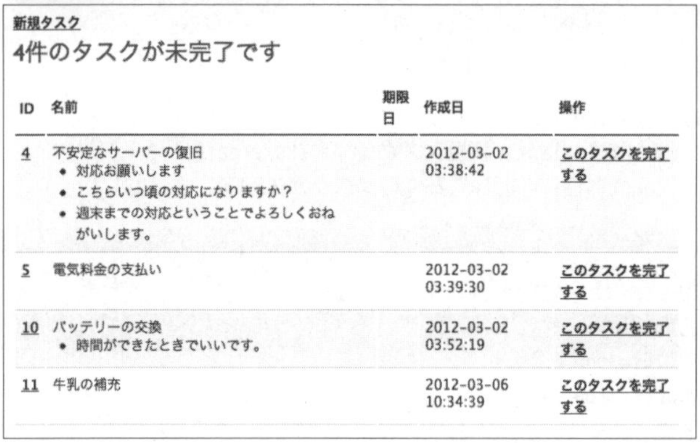

ID	名前	期限日	作成日	操作
4	不安定なサーバーの復旧 ・対応お願いします ・こちらいつ頃の対応になりますか？ ・週末までの対応ということでよろしくおねがいします。		2012-03-02 03:38:42	このタスクを完了する
5	電気料金の支払い		2012-03-02 03:39:30	このタスクを完了する
10	バッテリーの交換 ・時間ができたときでいいです。		2012-03-02 03:52:19	このタスクを完了する
11	牛乳の補充		2012-03-06 10:34:39	このタスクを完了する

新規タスク
4件のタスクが未完了です

ここまでの修正で、タスクに登録されていたメモがタスクの名前の下にリストで表示されるようになります(**図5.13**)。

5.7 まとめ

　モデルには、データ操作・バリデーション・アソシエーションと非常に豊富な機能が用意されています。

　コントローラーやビューなどの各機能もモデル中心に設計されているところがあり、まさにCakePHPを使いこなすための要所であると言えます。すべてを一度に把握するのは分量的にも難しいので、必要になった際に記述のしかたや挙動を確認しながら使いこなしていきましょう。

第6章

ビューを使う

- 6.1 ビューとは 126
- 6.2 ビューの使い方 127
- 6.3 ヘルパーを使ったモデル、コントローラーの連携 ... 134
- 6.4 ビューを使ってみよう 140
- 6.5 まとめ 146

6.1 ビューとは

ビューとは、MVCの中では画面の表示に当たります。Webアプリケーションの場合はHTMLやXML、JSON(*JavaScript Object Notation*)といったさまざまなフォーマットのコンテンツを生成し、ブラウザに送り返すのが主な機能です。ビューの実装は多くのフレームワークではテンプレートと呼ばれ、HTMLをベースにしたファイルにプログラムの出力結果を埋め込むような手法を使っています。CakePHPではテンプレートという呼び方はせずに、ビューないしはビューファイルと呼ぶのが一般的です。

またモデルやコントローラーの機能と連携して、スムーズにタグを生成したり、データをやりとりするための機能が備わっています。

画面の表示を自在にコントロールするためのさまざまな機能を確認しておきましょう。

ビューファイルの作成

HTMLタグの出力などを行う際には、コントローラーやモデルからechoするのではなく、ビューファイルを作成します。ファイルの作成先は「app/View/コントローラー名/」のディレクトリが標準ですが、コントローラーからrenderする際に明示的に指定すれば任意の名前でもディレクトリを作成できます。

ビューファイルの拡張子は「.ctp」となっていますが、別の拡張子を使いたい場合はコントローラー内でextプロパティに使いたい拡張子をセットします。

リスト6.1では利用する拡張子を変更し、さらにビューファイルを任意のディレクトリから読み込んで表示しています。通常であればビューファイルはapp/View/Help/index.ctpが使われるケースですが、この場合は拡張子を変更し、さらに読み込むビューファイルも変更しているので実際はapp/View/HelpCenter/toppage.htmlが使われます。

ビューファイルの中では、コントローラーからsetで渡された変数を利用できるほかに、$this->requestを参照してコントローラーと同じようにリ

リスト6.1 ビューファイルの拡張子を変更している例

```
// app/Controller/HelpController.php
class HelpController extends AppController {

    public function index() {
        $this->ext = 'html';
        $this->render('/HelpCenter/toppage');
    }

}
```

リスト6.2 ビューファイルの中でのエスケープ

```
<!-- app/View/HelpCenter/toppage.html -->
入力したキーワード：<?php echo h($this->request->data['keyword']); ?>
<h2><?php echo h($title)?></h2>
<p><?php echo h($text_from_db)?></p>
```

クエストの情報を利用できます。

また表示する内容にユーザの入力が含まれるケースでは、htmlspecialchars関数へのエイリアスであるh( )関数を利用することでHTMLエスケープを行えます。整形済みのタグを含んだような出力以外では、基本的にすべての変数にh( )関数をかけたうえで出力を行うのが基本となります（**リスト6.2**）。

6.2 ビューの使い方

レイアウトでヘッダ、フッタを変更する

ビューファイルにはちょうど画面の中心部分のコンテンツのみが含まれています。ページ上部のヘッダや下部のフッタは、特に作成しなくても自動的にCakePHPのヘッダとフッタが表示されています。この挙動の背後にあるのがレイアウトという機能です。

ビューファイルが表示される際は、レイアウトファイルの中に差し込ま

れて表示されます(**図6.1**)。異なるビューファイルを表示する際は、写真立ての中の写真を取り替えるように外側の枠はそのままに中心の部分コンテンツのみを差し替えています。

標準では、app/View/Layouts/default.ctpというファイルがレイアウトとして利用され、その中に含まれるいくつかの記述がページのコンテンツやタイトルなどの情報に置き換わります。ページのデザインなどについてはHTMLタグの部分などを自由に変更できますが、**表6.1**のような項目は自動的に内容がセットされています。CakePHPの機能を活用するためには、レイアウトファイル内で必ずechoします。

実際のレイアウトファイルの内容は**リスト6.3**のようになっています。

ページのレイアウトをCakePHPのデフォルトのデザインから変更する場合は、必要な要素を埋め込んだうえで自由にレイアウトを行えます。

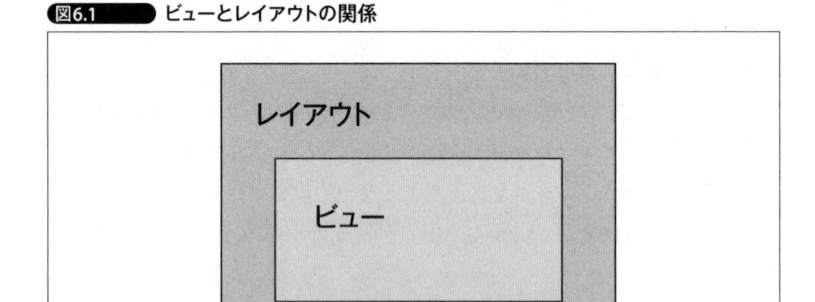

図6.1　ビューとレイアウトの関係

表6.1　レイアウトファイルに自動でセットされる要素

要素	内容
$this->Html->charset()	app/Config/core.phpで設定されている文字エンコード
$title_for_layout	コントローラーなどからセットされるページのタイトル
$this->fetch('meta')	ページに必要なmetaタグ
$this->fetch('css')	ページに必要なCSSを読み込むタグ
$this->fetch('script')	ページに必要なスクリプトを読み込むタグ
$this->Session->flash()	コントローラー内からsetFlash()でセットしたメッセージが表示される
$this->fetch('content')	ビューファイルから表示しようとしている内容すべて
$this->element('sql_dump')	実行されたSQLのデバッグ情報

リスト6.3 app/View/Layouts/default.ctp（抜粋）

```
<html xmlns="http://www.w3.org/1999/xhtml">
<head>
    <?php echo $this->Html->charset(); ?>
    <title>
        <?php echo $cakeDescription ?>:
        <?php echo $title_for_layout; ?>
    </title>
    <?php
    echo $this->Html->meta('icon');
    echo $this->Html->css('cake.generic');
    echo $this->fetch('meta');
    echo $this->fetch('css');
    echo $this->fetch('script');
    ?>
</head>
<body>
<div id="container">
    <div id="header">
        <h1><?php echo $this->Html->link(
            $cakeDescription,
            'http://cakephp.org')
        ; ?></h1>
    </div>
    <div id="content">
        <?php echo $this->Session->flash(); ?>
        <?php echo $this->fetch('content'); ?>
    </div>
    <div id="footer">
        <?php echo $this->Html->link(
                $this->Html->image('cake.power.gif'),
                'http://www.cakephp.org/',
                array('target' => '_blank', 'escape' => false)
            );
        ?>
    </div>
</div>
<?php echo $this->element('sql_dump'); ?>
</body>
</html>
```

エレメントでページの要素を共有する

　エレメントは、再利用できる小さなビューファイルです。複数のページでまったく同じレイアウトのHTMLを何度も利用する場合、同じ内容をコピーしてしまうと、その部分のデザインを変更しようとした場合に作業量が増えてしまいます。そういった再利用される部分をエレメントとして切り出し再利用することで、そのあとの変更作業を効率良く行えるようになります。

　エレメントは通常のビューファイルと同じように作成し、保存先はapp/View/Elementsディレクトリの配下になります。作成したエレメントをビューファイルから読み込む場合は$this->element()メソッドを利用し、エレメントの中で利用する変数はパラメータとして引き渡します(**リスト6.4**)。

　エレメント内では、ビューから渡された変数を使って表示を行うように記述します(**リスト6.5**)。

　必要な変数が読み込み時にセットされていないと警告が発生してしまうので、エレメント内で利用する変数が複雑になりすぎないように適切なサイズで分割するようにしましょう。

リスト6.4　エレメントをビューファイルから呼び出す

```
<!-- app/View/HelpCenter/sample.ctp -->
<?php echo $this->element('menu',array(
    'current_page' => 'sample', // エレメントで使う変数は引数で渡す
    'hoge' => 10,
    'hoge_data' => $hoge_data
));?>
```

リスト6.5　エレメントの例

```
<!-- app/View/Elementes/menu.ctp -->
現在のページ <?php echo h($current_page); ?><br/>
あなたのポイント数：<?php echo h($hoge); ?><br/>
あなたの購入履歴:<?php count($hoge_data); ?>件
```

JSONやXMLを利用する

　ビューはHTMLファイルの表示以外にも、JSONやXMLのコンテンツをフロントエンドに提供するWeb APIとして使われる場合もあります。このような場合は、XmlViewとJsonViewを使うことでスムーズに出力を行えます。

　XmlViewやJsonViewを使うには、まずコントローラー内でviewClassプロパティに利用したいビュークラスの名前を設定します。次に、実際にJSONやXMLに書き出したいデータを通常のビューと同じようにsetします。最後にこれら特別な変数名である_serializeに、データの中に含める変数名を指定します。

　これで実際のアクションが呼び出された場合には、JSONやXMLのデータが自動的に書き出されます。ビューファイルやレイアウトファイルは利用されません。ビューファイルでさらに細かな調整を行う場合は、「app/View/コントローラー名/json/index.ctp」といった場所にビューファイルを用意して独自にフォーマットを指定できます。

　リスト6.6の例では、Postモデルから取得してきたデータと独自に生成した文字列をそれぞれpostsとsome_varという名前でsetしています。これだけではJSONには書き出されませんので、それらの項目を書き出し対象に加えるために_serializeキーに対象の変数名を配列で指定しています。

リスト6.6　JsonViewを使ってJSONを出力する例

```
<?php
// app/Controller/PostsController.php
class PostsController extends AppController {

    public function index() {
        $this->viewClass = 'Json';
        $this->set('posts',$this->Post->find('all'));
        $this->set('some_var','This is my var');
        $this->set('_serialize', array('posts','some_var'));
    }

}
```

ZIPファイルなどをダウンロードさせる

通常、CakePHPのアプリケーションでは、画像ファイルなどはapp/webroot以下に配置します。限られたユーザにだけダウンロードさせたいファイルをここに置いてしまうと、URLをダイレクトに指定された場合に誰にでもファイルをダウンロードされてしまいます。この問題を解消するには、何らかの処理を通常のコントローラーで行ったあとにファイルをダウンロードさせる処理を行う必要があります。MediaViewはこういった際に利用できるビュークラスです。

MediaViewを使う場合は、コントローラー内でviewClassプロパティを設定し、さらにファイルの場所やダウンロードを行わせるための設定などをパラメータとしてコントローラーからsetします（**リスト6.7**）。ファイルは直接ダウンロードができないようにwebroot配下以外の任意の場所に配置し、pathオプションでその場所を指定します。こうすることで正常な処理を行った場合はファイルをダウンロードできますが、直接URLを指定してファイルを読み出すことはできなくなります。

リスト6.7 MediaViewを使ってファイルをダウンロードさせる例

```php
<?php
// app/Controller/ExampleController.php
class ExampleController extends AppController {
    public function download () {
        $this->viewClass = 'Media';
        // Download app/outside_webroot_dir/example.zip
        $params = array(
            'id'        => 'example.zip',
            'name'      => 'example',
            'download'  => true,
            'extension' => 'zip',
            'path'      => APP . 'outside_webroot_dir' . DS
        );
        $this->set($params);
    }
}
```

テーマを使って見た目を切り替える

アプリケーションの見た目を切り替える機能を提供する際には、テーマ機能が利用できます。テーマ機能を使うと、ビューファイルや画像、CSSといったすべてのファイルをテーマごとのファイルに差し替えられます。ファイルが存在しない部分はもとのファイルが利用されるため、特に変える必要がない部分はそのままにしてアプリケーションの見た目を横断的に変更できます。

テーマを利用する場合は、app/View/Themed以下にテーマ名のディレクトリを作成し、app/Viewと同じ構造でビューファイルを配置します。

テーマを有効にするには、コントローラーで$themeプロパティにテーマ名をセットします(**リスト6.8**)。

テーマを有効にした場合は、CakePHPは**表6.2**のようなディレクトリからビューファイル、画像、CSSなどを探索し利用しようとします。

リスト6.8 テーマを有効にした例

```php
<?php
// app/Controller/ExampleController.php
class ExampleController extends AppController {
    public $theme = 'Sample';

    public function index() {
        $this->render('index');
    }
}
```

表6.2 テーマ機能を使った場合のファイルの探索先

テーマが有効な場合に探索するファイル	左記のファイルがない場合のデフォルト
app/View/Themed/Sample/Posts/index.ctp	app/View/Posts/index.ctp
app/View/Themed/Sample/Layouts/default.ctp	app/View/Layouts/default.ctp
app/View/Themed/Sample/webroot/img/hoge.png	app/webroot/img/hoge.png
app/View/Themed/Sample/webroot/css/hoge.css	app/webroot/css/hoge.css
app/View/Themed/Sample/webroot/js/hoge.js	app/webroot/js/hoge.js

6.3 ヘルパーを使ったモデル、コントローラーの連携

　ビューの表示内容は、コントローラーやモデルから渡ってくるデータを何らかの形で整形してHTMLにすることが多く、そういった処理をスムーズに実現してくれるのがヘルパーです。特に頻繁に利用されるHTMLタグやフォーム関係の表示を効率良く行うためには必ずヘルパーを使うように注意すべきです。

　ヘルパーを利用するには、コントローラーの$helpersプロパティに利用するヘルパークラスの名前を設定します。設定していない場合でもHTMLヘルパー、Formヘルパー、Sessionヘルパーについては設定されています。

HTMLヘルパー

　HTMLを出力するヘルパーです。特にほかのページへのリンクや、画像ファイル、CSSファイル、JavaScriptファイルといったファイルへのパスを

表6.3　HTMLヘルパーの主なメソッド

メソッド	説明	オプション
link	指定したURLへリンクするaタグを出力	string $title, mixed $url = null, array $options = array(), string $confirmMessage = false
image	指定した画像を表示するimgタグを出力	string $path, array $options = array()
css	指定したCSSファイルを読み込みlinkタグを出力	mixed $path, string $rel = null, array $options = array()
script	指定したJavaScriptファイルを読み込むscriptタグを出力	mixed $url, mixed $options
url	指定したページへのURLを生成する	mixed $url = NULL, boolean $full = false
doctype	DOCTYPEを出力	string $type = 'html5'
charset	設定に従って文字コードを指定するmetaタグを出力	$charset=null
meta	metaタグやlinkタグを出力	string $type, string $url = null, array $options = array()

含むようなタグを出力する際には必ず利用するべきヘルパーです。多くのメソッドは配列としてオプションを指定することで、タグに対する属性を設定できます。また、アプリケーション内のURLを指定するオプションは文字列、配列のどちらでも記述できます。

HTMLヘルパーの主なメソッドは**表6.3**のとおりです。

リスト6.9の例では、いくつかのメソッドを組み合わせてHTMLの出力を行っています。特にlinkメソッドとimageメソッドの組み合わせは一見複雑に見えますが、頻繁に利用される組み合わせです。

リスト6.9 HTMLヘルパーを使った例

```php
<!-- app/Views/Example/test.ctp -->
<?php
echo $this->Html->link(
    'テキストでリンクする',
    'posts/index', // 文字列でコントローラーとアクションを指定
    array(
        'target' => '_blank',
        'class' => 'button'
    )
);
?><br/>
<?php
echo $this->Html->link(
    $this->Html->image('cake.power.gif'), // 画像にリンクを設定
    array( // コントローラーとアクションを連想配列で指定
        'controller' => 'comments',
        'action' => 'show',
        'id' => 10
    ),
    array('escape' => false) // タグをタグとして出力したい場合
);
?><br/>
<?php
// URLを文字列として生成する
echo $this->Html->url('posts/show/1');
?>
```

リスト6.9を表示すると**図6.2**のようになります。

Formヘルパー

Formヘルパーはフォームの出力を行うだけでなく、モデルと連携してバリデーションで検出されたエラーの表示や、フォームに直前に入力した内容をセットするといったさまざまな処理を行います。フォームの表示をヘ

図6.2 HTMLヘルパーで画面を表示した例

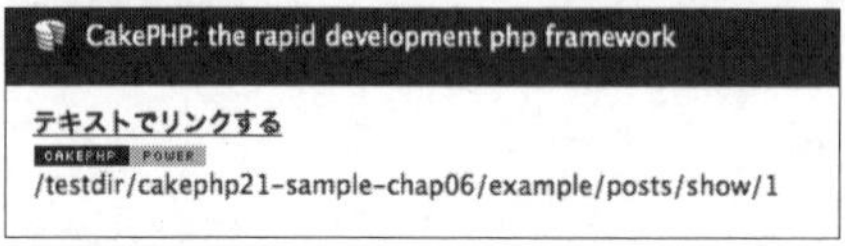

CakePHP: the rapid development php framework

テキストでリンクする
CAKEPHP　POWER
/testdir/cakephp21-sample-chap06/example/posts/show/1

表6.4 Formヘルパーの主なメソッド

メソッド	説明	オプション
create	formの開始タグを出力	string $model = null, array $options = array()
end	formの終了タグを出力。submitボタンも同時に出力可	$options = null
input	モデルの項目に対する入力欄、ラベル、メッセージを自動出力	string $fieldName, array $options = array()
label	ラベルを出力	string $name, array $options
text	テキスト入力欄を出力	string $name, array $options
password	パスワード入力欄を出力	string $fieldName, array $options
hidden	表示されずに送信されるデータを設定するhiddenを出力	string $fieldName, array $options
textarea	テキストエリアを出力	string $fieldName, array $options
checkbox	チェックボックスを出力	string $fieldName, array $options
radio	ラジオボタンを出力	string $fieldName, array $options, array $attributes
select	ドロップダウンリストを出力	string $fieldName, array $options, array $attributes
file	ファイルアップロードフォームを出力	string $fieldName, array $options
error	指定した項目に発生したエラーを表示	string $fieldName, mixed $text, array $options
isFieldError	指定した項目にエラーの有無を判定	string $fieldName
submit	submitボタンを出力	$caption = null, $options = array()
button	buttonタグを出力	string $title, $options = array()

ルパーに頼らずに行うと、さまざまなif文やループといった制御構造が必要となり、ソースコードが複雑になります。Formヘルパーを使うとビューのコーディングを大きく省力化できるので、使い方を理解して積極的に活用しましょう。Formヘルパーの主なメソッドは**表6.4**のとおりです。

Formヘルパーを使う場合は、最初にcreateメソッドで開始タグを出力する際に対応するモデルを設定します（**リスト6.10❶**）。

個別のメソッドで入力欄やエラーメッセージを出力することもできますが、inputメソッドを使うことでまとめて処理を行えます（リスト6.10❷）。フィールド名を指定する際は、モデル名とフィールド名をドットで区切って記述した形で記述します。フォームに付随して出力される<div>タグや

リスト6.10 Formヘルパーを使った例

```
<!-- app/View/Posts/edit.ctp -->
<!-- ❶対応するモデルを設定 -->
<?php echo $this->Form->create(
    'Post',
    array('type' => 'post')
); ?>
<!-- ❷まとめて表示を行う例 -->
<?php echo $this->Form->input(
    'Post.name',
    array('label' => 'タイトル')
); ?>

<!-- ❸個別に表示を行う例 -->
<?php
echo $this->Form->label('Post.body','本文');
echo $this->Form->textarea('Post.body');
echo $this->Form->error('Post.body');
?>

<!-- ❹ドロップダウンリストの例 -->
<?php
$category = array('一般','ニュース','技術');
echo $this->Form->label('Post.category_id','カテゴリ');
echo $this->Form->select('Post.category_id',$category);
echo $this->Form->end('保存');
?>
```

<label>タグなどは、オプションを指定することでその場で差し替えたり無効にできます。

inputメソッドを使うと、フォーム、ラベル、エラーメッセージがまとめて出力されますが、個別のメソッドを使うと別々に出力できるので柔軟なレイアウトに対応できます(リスト6.10❸)。

ラジオボタンやドロップダウンリストを生成するメソッドでは、表示する項目のリストをオプションに取ります(リスト6.10❹)。ちなみに、このオプションにはモデルクラスのfind('list')のデータを渡すことで自力でのデータの整形が不要になります。

編集画面のように初期値をセットしたフォームを利用したい場合は、コントローラー内で$this->request->dataにモデルから取得した値をセットすると、Formヘルパーは記入された状態のフォームを出力します。**リスト6.11**の例では、初期データをモデルから取得することでフォームにデータベースの内容を反映しています。この処理はユーザのフォーム入力のデータを上書きするので、バリデーションや保存の処理よりも後に行う必要があります。

リスト6.11のコードでは初期データがコントローラー側でセットされているため、ビュー側では項目をFormヘルパーから出力するだけで、現在のデータや直前に入力した内容を適切に反映したフォームが出力されます(**図6.3**)。このような制御を自力で実装するのは手間がかかります。ヘルパーへのオプションの渡し方などに従う必要がありますが、Formヘルパーを使ってフォームを出力するほうが、独自にHTMLタグを表示する処理をビューで書くよりも実装にかかる手間は格段に少なくなります。

そのほかのコアヘルパー

ページ数の都合上詳しくは紹介できませんが、CakePHPにはほかにもさ

リスト6.11 ヘルパーに初期値をセットする

```
<?php
// app/Controller/PostsController.php
class PostsController extends AppController {
```

(次ページへ続く)

```php
    public $scaffold;

    public function edit() {
        $id = $this->request->pass[0];
        if ($this->request->is('post')) {
            $data = array(
                'id' => $id,
                'name' => $this->request->data['Post']['name'],
                'body' => $this->request->data['Post']['body']
            );
            if ($this->Post->save($data)) {
                $this->Session->setFlash('保存しました');
                $this->redirect('/posts/index');
            }
        } else {
            $options = array(
                'conditions' => array('Post.id' => $id)
            );
            $this->request->data = $this->Post->find(
                'first',
                $options
            );
        }
    }
}
```

図6.3 Formヘルパーで編集フォームを出力したことでエラー時に直前の入力内容が保持されている例

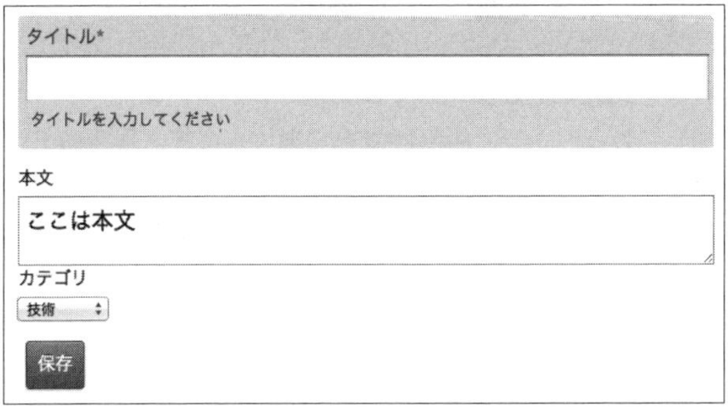

タイトル*

タイトルを入力してください

本文

ここは本文

カテゴリ

技術

保存

表6.5　そのほかのコアヘルパー

ヘルパー名	説明	代表的なメソッド
Cache	ページの一部分をキャッシュするなどの制御	なし
Js	Ajaxで連携するようなスクリプトを出力する	sortable()、request()、get()、drag()、drop()
Paginator	Paginationコンポーネントと連携したページ送りを行う	sort()、numbers()、prev()、next()、first()、last()
Session	Sessionコンポーネントと連携して情報を扱う	read()、check()、flash()、error()
RSS	RSSの出力を補助する	channle()、document()、elem()、item()
Number※	数値の書式変換・整形を行う	currency()、toPercentage()、format()
Text※	テキストの書式変換・整形を行う	autoLinkUrls()、highlight()、stripLink()、truncate()
Time※	日時の書式変換・整形を行う	format()、dayAsSql()、fromString()

※段階的に廃止予定です。

まざまなヘルパーが用意されており、活用することでビューのコードを簡略化するのに役立ちます（**表6.5**）。

またビュー内で複雑な処理や、コントローラーやモデルと連携した独自の処理が必要になった場合は、ヘルパーを自作することを検討しましょう。いずれのヘルパーもコントローラーから設定することでコアヘルパーと同じようにビューの中で呼び出すことができます。

6.4 ビューを使ってみよう

それでは、これまで開発してきたタスク管理アプリケーションにタスクの編集機能を追加してみましょう。編集機能を実現するには、現在のデータベースの内容をフォームに反映する処理が必要です。ヘルパーの機能を活用しながら手早く編集機能を実装する手順を見ていきましょう。

タスク表示のエレメント化

現在はテーブルを使ってタスクの一覧を表示していますが、柔軟にデザ

インの変更ができるようにエレメントとして切り出すことにします。エレメント化することで、一覧で表示する場合と1件を表示する場合の見た目を統一することや、別の機能を開発した際に手早く画面を実装できるようになります。

リスト6.12の例では、繰り返し表示されるタスクの情報をエレメントに切り出しています。このような構造の場合、エレメントには1件のデータのみを変数として渡すと、エレメント内で扱う変数のスコープが浅くなり扱いやすくなります。

リスト6.13のエレメントファイルでは、いくつかCSSのスタイルを定義しています。エレメントは複数のページで利用されることからも、デザイン要素はできるだけCSSでコントロールするのがよいでしょう。

リスト6.14の変更を加えた結果、タスクの一覧表示は図6.4のような見た目になります。また編集画面へのリンクが新設されました。

コントローラーに編集機能を追加

編集リンクから呼び出される編集機能をコントローラーに追加します。編集機能は、一般的なアプリケーションでは一番複雑な処理が必要になります。まずパラメータから指定されたデータが存在していて、編集してよい状態かどうかを確認します。今回の場合では編集してよいのは未完了のデータのみとして、未完了でないか指定されたIDのデータが存在しない場合はエラーとして扱います。

編集内容がPOSTされた場合とそうでない場合では初期データとして表示する内容が変わります。今回はPOSTされていてなおかつバリデーションが通って更新に成功した場合に一覧画面へリダイレクトしています。POSTさ

リスト6.12 一覧表示画面でエレメントを読み込むようした例

```
<!-- app/View/Tasks/index.ctp -->
<?php echo $this->Html->link('新規タスク','/Tasks/create');?>
<h3><?php echo count($tasks_data);?>件のタスクが未完了です</h3>
<?php foreach ($tasks_data as $row): ?>
<?php echo $this->element('task',array('task' => $row))?>
<?php endforeach; ?>
```

リスト6.13 タスクを1件表示するエレメント例

```php
<!-- app/View/Elements/task.ctp -->
<?php echo $this->Html->css('task'); // CSSを読み込み ?>
<div class="roundBox">
<h3><?php echo h($task['Task']['id']);?>
:
<?php echo h($task['Task']['name']);?></h3>
作成日 <?php echo h($task['Task']['created']);?>
<p class="comment">
<ul>
<?php foreach ($task['Note'] as $note): ?>
<li><?php echo h($note['body']);?></li>
<?php endforeach; ?>
<li><?php echo $this->Html->link(
    'コメントを追加',
    '/Notes/create'
);?></li>
</ul></p>

<?php echo $this->Html->link(
    '編集',
    '/Tasks/edit/'.$task['Task']['id'],
    array('class' => 'button left')
);?>

<?php echo $this->Html->link(
    'このタスクを完了する',
    '/Tasks/done/'.$task['Task']['id'],
    array('class' => 'button right')
);?>
</div>
```

リスト6.14 外観を変更するためのCSS

```css
// app/webroot/css/task.css
.roundBox {
    background: #FFDACC;
    -moz-border-radius: 10px;
    -webkit-border-radius: 10px;
    border-radius: 10px;
    font-weight: normal;
    padding: 10px;
    margin: 10px 0;
}
.button {
    background-color: #7A90C0;
    -moz-border-radius: 30px;
    -webkit-border-radius: 30px;
    border-radius: 30px;
    padding: 5px 25px;
    line-height: 2em;
}
```

図6.4 エレメントとCSSを使った画面例

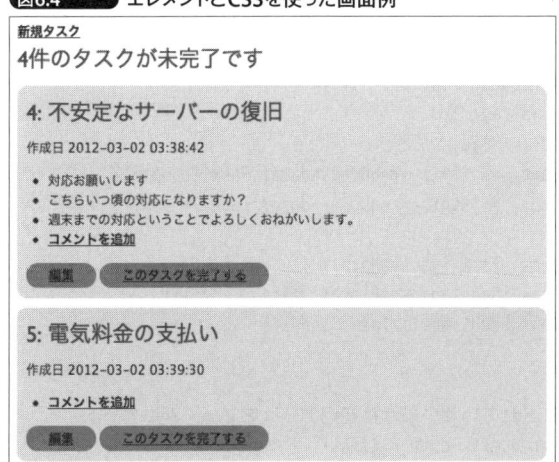

新規タスク
4件のタスクが未完了です

4: 不安定なサーバーの復旧
作成日 2012-03-02 03:38:42

- 対応お願いします
- こちらいつ頃の対応になりますか？
- 週末までの対応ということでよろしくおねがいします。
- コメントを追加

編集　このタスクを完了する

5: 電気料金の支払い
作成日 2012-03-02 03:39:30

- コメントを追加

編集　このタスクを完了する

リスト6.15 タスクを編集するアクション

```php
<?php
// app/Controller/TasksController.php
class TasksController extends AppController {
    /* index done createアクションは以前と同じなので省略 */
    public function edit() {
        // 指定されたタスクのデータを取得
        $id = $this->request->pass[0];
        $options = array(
            'conditions' => array(
                'Task.id' => $id,
                'Task.status' => 0
            )
        );
        $task = $this->Task->find('first',$options);

        // データが見つからない場合は一覧へ
        if ($task == false) {
            $this->Session->setFlash('タスクが見つかりません');
            $this->redirect('/Tasks/index');
        }

        // フォームが送信された場合は更新にトライ
        if ($this->request->is('post')) {
            $data = array(
                'id' => $id,
                'name' => $this->request->data['Task']['name'],
                'body' => $this->request->data['Task']['body']
            );
            if ($this->Task->save($data)) {
                $this->Session->setFlash('更新しました');
                $this->redirect('/Tasks/index');
            }
        } else {
            // POSTされていない場合は初期データをフォームにセット
            $this->request->data = $task;
        }
    }
}
```

れていない場合は最初にモデルから読み取ったデータを $this->request->data にセットすることでフォームの初期値をセットしています(**リスト6.15**)。

ビューファイルの作成

コントローラーに処理を追加したのに伴って、ビューファイルも作成します(**リスト6.16**)。

これらの実装により編集機能が動くようになりました(**図6.5**)。

リスト6.16 タスク編集用のビュー

```
<!-- app/View/Tasks/edit.ctp -->
<?php echo $this->Form->create('Task',array('type' => 'post')); ?>
<!-- まとめて表示を行う例 -->
<?php
echo $this->Form->input('Task.name',array('label' => 'タイトル'));
echo $this->Form->input('Task.body',array('label' => '詳細'));
echo $this->Form->end('保存');
?>
```

図6.5 タスクの編集画面

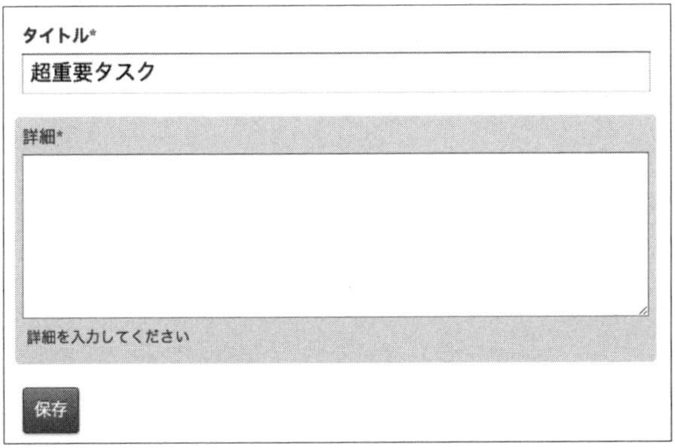

6.5 まとめ

　画面を表示する処理は、フレームワークの機能を使わずにHTMLやPHPなどを自力で記述することでも多くの場合は実現できます。しかし、そのような方法だと記述量が増え、特にモデルやコントローラーとの連携が必要な部分で苦労することになります。

　ビューの機能を使って出力を行うことで、記述量の削減やセキュリティの向上が期待できます。

　またアプリケーション内の各ページにリンクするURLを出力する場合、ヘルパーを使わずにURLを直接記述してしまうと、動作させるサーバやドメインが変わった場合にURLを書き換える必要があります。ヘルパーを使うと設置場所が自動反映されるなどメリットが数多くあります。

　目的の出力を手早く得られるように、それぞれの機能を使いながら慣れていくようにしましょう。

第7章
CakePHPのMVCを
さらに使いこなす

7.1	コンポーネント、ビヘイビア、ヘルパーの活用	148
7.2	コンポーネントでコントローラーを強化	148
7.3	ビヘイビアでモデルを強化	158
7.4	ヘルパーでビューを強化	162
7.5	まとめ	164

第7章 CakePHPのMVCをさらに使いこなす

7.1 コンポーネント、ビヘイビア、ヘルパーの活用

　CakePHPのMVCを構成しているコントローラーとモデルとビューは、標準でも強力な機能を持っていますが、それをさらに強化するための「コンポーネント」「ビヘイビア」「ヘルパー」というしくみが用意されています。複雑な機能を簡単に実装したり、複雑化したアプリケーションを整理することに役立つこれらの機能について解説します。

7.2 コンポーネントでコントローラーを強化

コンポーネントとは

　コンポーネントは、複数のコントローラーの間でロジックを共有するしくみです。コントローラーにコンポーネントを組み込むと、コントローラーに記述を増やすことなく複雑な機能を実現できます。またコンポーネントを自作することもできます。

CakePHPが用意するコアコンポーネント

　コアコンポーネントはCakePHPにあらかじめ用意されているコンポーネントで、コントローラーからよく利用される機能が再利用できる形で提供されています。これらのコンポーネントをあえて使わずに同じような機能を実装することもできますが、利用方法を知ることで複雑な機能をすばやく実装できます。コアコンポーネントとして用意されている機能は**表7.1**のとおりです。

Authコンポーネントで認証機能を実現

　Authは認証機能を実現するコンポーネントです。コンポーネントを使う

ことでBASIC認証やログイン画面を使った認証を、コントローラー単位やアプリケーション全体に設定できます。また、ログイン後の挙動や、パスワードをどのように暗号化してデータベースに格納するかなどの細かいカスタマイズが行えます。

認証の際には何らかのモデルクラスを利用し、標準ではUserという名前のモデルを利用することを想定しています。ごくベーシックに利用する場合は次のようなテーブルがあると想定します（**リスト7.1**）。

表7.1 コアコンポーネントの一覧

名前	説明	代表的なメソッド
ACL（Access Control List）	機能へのアクセス権の管理を設定ファイルやデータベースをもとに行う	allow()、deny()、check()
Auth（Authentication）	ユーザの認証を行う	login()、logout()、loggedIn()、isAuthrized()、password()
Cookie	Cookieの制御を行う	write()、read()、delete()、destory()
Email	メールの送信を行う。現在は非推奨で、CakeEmail（9章参照）を推奨	send()
RequestHandler	通常のブラウザからのリクエストとは異なるAjaxリクエストや、モバイル機器に搭載されているブラウザからのアクセスを検出する	isXml()、isRss()、isAtom()、isMobile()、isWap()
Pagination	件数が多いデータをページ分けして表示	コントローラーから呼び出され、メソッドからは直接利用しない
Security※	セキュリティ対策を行う	cipher()、generateAuthKey()、hash()、validateAuthKey()
Session	セッションへの情報の読み書きを扱う	write()、read()、check()、delete()、setFlash()

※Securityコンポーネントについては13章で解説します。

リスト7.1 認証に利用するテーブル

```
CREATE TABLE `users` (
`id` int(11) NOT NULL,
`username` tinytext COLLATE utf8_unicode_ci NOT NULL,
`password` tinytext COLLATE utf8_unicode_ci NOT NULL
) ENGINE=MyISAM DEFAULT CHARSET=utf8 COLLATE=utf8_unicode_ci;
```

● 認証の設定

リスト7.2の例ではAppControllerにAuthを設定しています。こうすることで、アプリケーション全体に認証がかかります。

● ログイン処理の実装

ログイン処理の例を**リスト7.3**に示します。初期状態などログインしていない状態ではUsers/loginへリダイレクトされます。Authコンポーネントのloginメソッドを呼ぶことで自動的にUserモデルからデータを取得し、ユ

リスト7.2 AppControllerにAuthを設定した例

```php
<?php
// app/Controller/AppController.php
App::uses('Controller', 'Controller');
class AppController extends Controller {
    // アプリケーション全体にAuthコンポーネントを適用
    public $components = array('Auth','Session');
}
```

リスト7.3 ログイン処理を実装した例

```php
<?php
// app/Controller/UsersController.php
class UsersController extends AppController {
    public function login() {
        if ($this->request->is('post')) {
            if ($this->Auth->login()) {
                return $this->redirect($this->Auth->redirect());
            } else {
                $this->Session->setFlash(
                    'Username or password is incorrect'
                );
            }
        }
    }
    public function logout() {
        $this->Auth->logout();
        return $this->redirect('/');
    }
}
```

ーザの認証を試みます。この際にパスワードの部分はSecurity::hashを使ったハッシュ化がされており、core.phpに設定したsaltの値によって結果が変わります。レコードを登録する際に同じハッシュ化を行うか、BaseAuthenticateのサブクラスを作成し、Authコンポーネントへの設定から指定を行うことで暗号化の方法そのものを実装することもできます。

ログイン画面はusernameとpasswordという項目を送信するビューとして作成します(**リスト7.4**)。

以上の実装でログイン画面が自動的に挟み込まれ、ログインが終わったあとは元のページに戻るという動作をします。SQLのログの部分を見ると暗号化したうえでパスワードの照合を行っているのがわかります(**図7.1**)。

リスト7.4 ログイン画面のビュー例

```
<!-- app/View/Users/login.ctp -->
<?php
echo $this->Form->create('User');
echo $this->Form->input('User.username');
echo $this->Form->input('User.password');
echo $this->Form->end('Login');
?>
```

図7.1 Authコンポーネントでのログインの様子

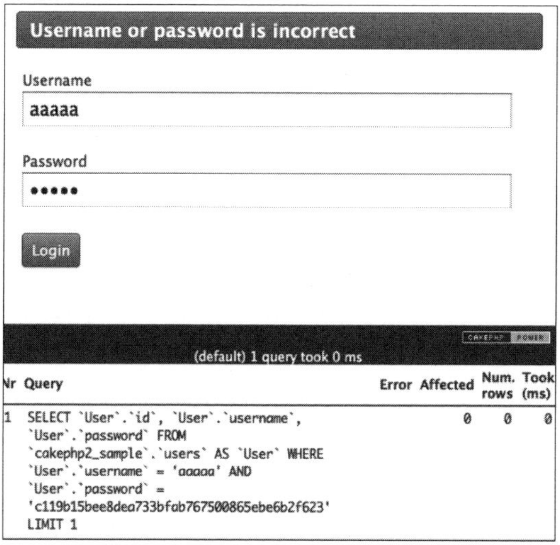

● Authコンポーネントの設定をカスタマイズ

　ログイン処理の際にデータ取得に使うモデルやログイン処理を行うアクションなどを、任意のモデルやアクションに変更する場合は、Authコンポーネントへの設定を配列で記述します。

　Authコンポーネントのデフォルトの動作に合わせてアプリケーションを作成すれば設定を減らすことができますが、より柔軟に対応するためにはオプション設定を使うのが便利です。

　リスト7.5の例では、Authのデフォルトと同じようにUsersコントローラーのloginメソッドをログイン処理に指定し、モデルについてもほぼ同様にUserモデルのusernameカラムとpasswordカラムを使って認証するように記述しています。それぞれのコントローラー名やモデル名、カラム名の部分を任意の設定に書き換えることで柔軟な認証を実現できます。

Paginationコンポーネントでページ分けを実現

　Paginationは大量のデータを自動的にページ分けする機能をコントローラーに追加するコンポーネントです。項目によるソートの指定や一度に表示する件数を変更するなどの機能も提供する強力な機能です。ページ送りやソートを行うためのリンクを出力するヘルパーとセットで利用します。

● コントローラー側の記述

　通常、画面に表示するデータのリストをモデルから取得する場合はfindメソッドを使いますが、Paginationコンポーネントを使ってページ分けを行う場合はPaginationコンポーネントが自動的にfindメソッドを適切なオプションで呼び出します。そのため、Paginationコンポーネントを使う場合は、検索条件やソート条件といったPagination用の設定を$paginateプロパティに設定する必要があります。ほとんどの項目はfindメソッドへのオプションと同じです。

　オプションを設定すれば、あとはコントローラーのpaginateメソッドを呼び出すとPaginationコンポーネントが自動的にロードされ、コンポーネントを経由してモデルのfindメソッドが実行されます（リスト7.6）。

7.2 コンポーネントでコントローラーを強化

● ビュー側の記述

　ビュー側では、セットされたデータを通常どおり表示します。それに加えてページ送りや総件数、現在のページ数といった各種情報をPaginatorヘルパーのメソッドを呼び出して出力できます（**表7.2**）。Paginatorヘルパーがコントローラーに設定されていない場合は、Paginationコンポーネントがコントローラーに設定を自動的に追加します。

リスト7.5　AppControllerにAuthをオプション付きで設定した例

```php
<?php
// app/Controller/AppController.php
App::uses('Controller', 'Controller');
class AppController extends Controller {
    public $components = array(
        'Session' => array(),
        'Auth' => array(
            // ログイン処理用のアクションの設定
            'loginAction' => array(
                'controller' => 'users',
                'action' => 'login'
            ),
            'authenticate' => array(
                // Formを使った認証を行う設定
                'Form' => array(
                    // Userモデルを使って認証を行う
                    'userModel' => 'User',
                    // Userデータを取得する際の絞り込み条件
                    'scope' => array('User.id >' => 0),
                    // ユーザ名とパスワードして使うカラムを指定
                    'fields' => array(
                        'username' => 'username',
                        'password' => 'password',
                    )
                )
            )
        )
    );
}
```

第7章 CakePHPのMVCをさらに使いこなす

リスト7.6 Paginationを設定したコントローラーの例

```php
<?php
// app/Controller/PostsController.php
class PostsController extends AppController {
    public $paginate = array(
        'limit' => 3,
        'order' => array(
            'Post.created' => 'DESC',
        ),
        'conditions' => array(
            'Post.id <' => 300
        )
    );
    public function getlist() {
        // Postモデルのデータを取得する、追加の条件も指定可
        $data = $this->paginate('Post',array(
            'Post.id not' => null
        ));
        $this->set('data',$data);
    }
}
```

表7.2 Paginatorヘルパーのメソッド一覧

名前	説明	オプション
sort	指定した項目でソートを行うリンクを出力	$key, $title = null, $options = array()
sortDir	現在のソート順を取得	string $model = null, mixed $options = array()
sortKey	現在のソートキーを取得	string $model = null, mixed $options = array()
numbers	ページ番号を並べたリンクを出力	$options = array()
prev	1つ前のページへのリンクを出力	$title = '<< Previous', $options = array(), $disabledTitle = null, $disabledOptions = array()
next	1つ先のページへのリンクを出力	$title = 'Next >>', $options = array(), $disabledTitle = null, $disabledOptions = array()
first	1ページ目へのリンクを出力	$first = '<< first', $options = array()
last	最終ページへのリンクを出力	$last = 'last >>', $options = array()
current	現在のページ番号を取得	string $model = null
hasNext	次のページがあるかないかを判定	string $model = null
hasPrev	前のページがあるかないかを判定	string $model = null
counter	現在のページ番号や全体のページ数などをテキストで出力	$options = array()

7.2 コンポーネントでコントローラーを強化

リスト7.7では、Paginatorヘルパーを使ってページ送りのリンクなどを表示しています（**図7.2**）。

各メソッドは引数でラベルなどを調整できます。基本的な動作はscaffoldと同様ですが、並べ替えなどが簡単に実装できます。

リスト7.7 Paginatorヘルパーを使ったビューの例

```
<!-- app/View/Posts/getlist.ctp -->
<table>
<tr>
    <th><?php echo $this->Paginator->sort('id','記事ID'); ?></th>
    <th><?php echo $this->Paginator->sort('name','タイトル'); ?></th>
    <th><?php echo $this->Paginator->sort('body','本文'); ?></th>
</tr>
<?php foreach ($data as $row): ?>
<tr>
    <td><?php echo h($row['Post']['id']); ?></td>
    <td><?php echo h($row['Post']['name']); ?></td>
    <td><?php echo h($row['Post']['body']); ?></td>
</tr>
<?php endforeach; ?>
</table>
<?php echo $this->Paginator->counter(); ?><br/>
<?php echo $this->Paginator->prev('前へ'); ?><br/>
<?php echo $this->Paginator->numbers(); ?><br/>
<?php echo $this->Paginator->next('次へ'); ?><br/>
```

図7.2 ページ送りを実装した例

記事ID	タイトル	本文
1	最初の記事	これはブログの記事です。今日は朝食を自炊しました。ここは3行目です。
2	2番目の記事	これはブログの記事です。今日は昼食を自炊しました。ここは3行目です。
3	3番目の記事	これはブログの記事です。今日は夕食を自炊しました。ここは3行目です。

1 of 5
前へ
1 | 2 | 3 | 4 | 5
次へ

（default) 2 queries took 0 ms

Nr	Query	Error	Affected	Num. rows	Took (ms)
1	SELECT `Post`.`id`, `Post`.`name`, `Post`.`body` FROM `cakephp2_sample`.`posts` AS `Post` WHERE `Post`.`id` < 300 AND NOT (`Post`.`id` IS NULL) LIMIT 3		3	3	0
2	SELECT COUNT(*) AS `count` FROM `cakephp2_sample`.`posts` AS `Post` WHERE `Post`.`id` < 300 AND NOT (`Post`.`id` IS NULL)		1	1	0

コンポーネントの自作

　コンポーネントを自分自身で作成することもできます。複数のコントローラーで同一の処理が出てきた場合は、その処理をコンポーネントにすることを検討するべきでしょう。AppControllerにメソッドを追加するやり方もありますが、すべてのコントローラーに無差別に適用されてしまうAppControllerに比べると個別に組込みの有無を設定できるコンポーネントのほうが柔軟です。またコンポーネントを作成することで、新たに開発する別のアプリケーションに既存の処理を再利用できるかもしれません。

　コンポーネントを自作するときは、app/Controller/ComponentディレクトリにComponentクラスのサブクラスとして配置します。これにより、AuthやSessionなどのコアコンポーネントと同じようにコントローラーの$componentsプロパティに設定することで、コンポーネントに定義されたメソッドを自由に呼び出せるようになります。

　また、コンポーネント内に決められたコールバック関数を作ると、コントローラーが所定のメソッドを自動的に呼び出すようになり、組み込むだけで効果があるようなコンポーネントも作れます。利用できるコールバックは**表7.3**のとおりです。

表7.3　コンポーネントのコールバック一覧

名前	説明	オプション
__construct	基底クラスのコンストラクタ。$settingの中のキーがプロパティに一致すると設定を上書きする	ComponentCollection $collection, $settings = array()
initialize	コントローラーのbeforeFilterメソッドの前に実行される	$controller
startup	コントローラーのbeforeFilterメソッド実行後、実際のアクションの前に実行される	$controller
beforeRender	コントローラーの実際のアクション実行後、ビューの処理の前に実行される	$controller
shutdown	コントローラーが出力結果をブラウザに送る前に実行される	$controller
beforeRedirect	コントローラー内でredirectメソッドが実行されたときに呼ばれる	$controller, $url, $status=null, $exit=true

7.2 コンポーネントでコントローラーを強化

さまざまなコントローラー内から再利用できるhelloメソッドをDemoコンポーネントとして作成したのが**リスト7.8**です。

リスト7.8のDemoコンポーネントのメソッドを使う場合は、コントローラーの$componentsプロパティに設定を追加します(**リスト7.9**)。するとコントローラー内から$this->Demo->hello()のような形で自由にコンポーネントに定義されたメソッドを呼び出せるようになります。

コンポーネントの作成はけっして難しくはありません。AppControllerに共通メソッドを作るとAppControllerが肥大化しすぎる場合が多いため、複

リスト7.8 コンポーネントを自作した例

```
<?php
// app/Controller/Component/DemoComponent.php
class DemoComponent extends Component {

    public function hello($name = 'World') {
        return 'Hello '.$name;
    }
}
```

リスト7.9 自作コンポーネントを利用した例

```
<?php
// app/Controller/SampleController.php
class SampleController extends AppController {

    // Demoコンポーネントを設定
    public $components = array('Demo');

    public function index() {
        // Demoコンポーネントのhelloメソッドを利用
        $message = $this->Demo->hello();
        $this->Session->setFlash($message);
        $this->redirect(array(
            'controller' => 'posts',
            'action' => 'index'
        ));
    }
}
```

数のコントローラーで同じ処理を行う場合にはコンポーネントの自作を検討することをお勧めします。

7.3 ビヘイビアでモデルを強化

ビヘイビアとは

ビヘイビアは、複数のモデルで処理を共有するためのしくみです。モデルにビヘイビアを組み込むことで、モデルクラスにない機能を利用したり、重複するロジックを整理できます。

CakePHPが用意するコアビヘイビア

コアビヘイビアはあらかじめCakePHPに用意されているビヘイビアです（**表7.4**）。現時点では用意されているコアビヘイビアはあまり多くありませんが、GitHubのCakeDCのリポジトリ[注1]では汎用的な検索機能や論理削除（SoftDelete）など、よくあるデータ構造を取り扱うビヘイビアが公開されています。

● Containableビヘイビアで取得する関連データの範囲を設定する

モデルにアソシエーションが設定されている場合、一度のfindの実行でさまざまなモデルから同時にデータを取得できます。しかしデータ量が多

注1　https://github.com/CakeDC

表7.4 コアビヘイビアの一覧

名前	説明
Containable	アソシエーションが設定されたモデルからデータを取得する範囲を柔軟に設定する
Translate	データベース内のデータを翻訳情報と照らし合わせて翻訳する
Tree	parent_idを持つレコードを再帰的なツリーにして取得する

くなってきた場合にはクエリの処理が多くなり、アプリケーションのパフォーマンスが低下する場合があります。このような場合に不要なデータを取得しないようにコントロールできるのがContainableビヘイビアです。

Containbaleビヘイビアを使うには、**リスト7.10**のようにモデルの$actsAsプロパティにContainableを指定します[注2]。

実際に取得する関連データの範囲は、findメソッドを呼ぶ前にcontainメソッドを呼び出して指定します。また、findメソッドにcontainオプションを指定して関連データの取得範囲を指定することもできます（**リスト7.11**）。どちらの場合でも、一度findメソッドを実行すると関連データの取得範囲は元の状態に戻ります。これはContainableビヘイビアによる取得範囲の設定が直後のfindメソッドにだけ作用するためです。

関連データの取得範囲はrecursiveオプションでも設定できますが、関連モデルが複数設定されている場合には設定がすべての関連モデルに作用します。一方Containableビヘイビアであれば、「Topicモデルに関連付けたCategoryモデルのデータは取得したいが、TagモデルとCommentモデルのデータは取得しない」というような柔軟なコントロールができます。recursiveはオプションの設定が直感的でないこともあり[注3]、関連データの取得範囲のコントロールにはContainableビヘイビアの利用をお勧めします。

注2　モデルのBehaviors->attachメソッドを使って動的に設定することもできます。
注3　-1であればすべての関連を無視、0であればINNER JOINを取得するなどです。

リスト7.10 Containableビヘイビアを設定したモデルの例

```
<?php
// app/Model/Topic.php
class Topic extends AppModel {

    // TopicモデルにはCategoryとCommentへの関連を設定
    public $belongsTo = array('Category');
    public $hasMany = array('Comment');

    // Containableビヘイビアを設定
    public $actsAs = array('Containable');
}
```

ビヘイビアの自作

　複数のモデル間で処理を共有する場合はビヘイビアが便利です。単純なメソッドからコールバックを利用した処理までさまざまに応用が利きます。CakePHPはモデルの機能が豊富なこともありビヘイビアの実装は難しい反面、非常に大きな可能性があると言ってよいでしょう。

　ビヘイビアを自作する場合は、app/Model/Behaviorディレクトリ以下にModelBehaviorクラスのサブクラスとして作成します。モデルに存在するメソッド名と衝突しないように注意してメソッドを作成します。利用できるコールバックは**表7.5**のとおりです。

　ビヘイビアを自作した例を**リスト7.12**に示します。組み込んだビヘイビアはモデルのメソッドのように振る舞います。**リスト7.13**ではモデルのメ

リスト7.11 Containableビヘイビアで関連データの取得を設定した例

```php
<?php
// app/Controller/TopicsController.php
class TopicsController extends AppController {

    public function index() {
        // すべての関連データを取得しない
        $this->Topic->contain();
        $data = $this->Topic->find('all');

        // Commentモデルのデータのみ取得
        $this->Topic->contain('Comment');
        $data2 = $this->Topic->find('all');

        // CommentとCaregoryのデータを取得
        $this->Topic->contain(array('Category','Comment'));
        $data3 = $this->Topic->find('all');

        // containオプションからの指定
        $data4 = $this->Topic->find('all',array(
            'contain' => 'Category'
        ));
    }
}
```

7.3 ビヘイビアでモデルを強化

表7.5 ビヘイビアのコールバック一覧

名前	説明	オプション
setup	ビヘイビアがモデルに設定された場合に呼ばれる。$settingsはモデルの$actsAsの内容	Model $model, array $settings
cleanup	ビヘイビアがモデルから無効にされた場合に呼ばれる。$model->aliasの内容に応じて設定を消去	Model $model
beforeFind	falseが返却されるとfindは中止される。配列を返すとその内容が実際のfindに渡される	Model $model, $query
afterFind	findの結果を調整する際に利用。結果は次のビヘイビアやモデルのafterFindに渡る	Model $model, $results, $primary
beforeDelete	falseを返却すると削除を中止、trueの際は削除を実行する	Model $model, $cascade = true
afterDelete	削除に関連した処理があれば実行可能	Model $model
beforeSave	falseを返却すると保存を中止、trueの際は保存を実行する	Model $model
afterSave	保存に関連した処理があれば実行可能。$createdはinsertが発生した場合にtrueになる	Model $model, $created
beforeValidate	バリデーションの設定の調整や事前処理を行う。falseを返すとバリデーションは失敗となる	Model $model

リスト7.12 ビヘイビアを自作した例

```php
<?php
// app/Model/Behavior/DemoBehavior.php
class DemoBehavior extends ModelBehavior {

    // 下記のメソッドがモデルクラスに存在しているように振る舞う
    public function sayHello() {
        return 'Hello';
    }
}
```

リスト7.13 自作したビヘイビアのメソッドを呼ぶ例

```php
<?php
// app/Controller/PostsController.php
class PostsController extends AppController {

    public function behavior_test() {
        // Postモデルの$actsAsにDemoビヘイビアが設定済み
        $this->Post->sayHello();
    }
}
```

ソッドを呼んでいるように見えますが、実際にはビヘイビアのメソッドを呼んでいます。

7.4
ヘルパーでビューを強化

ヘルパーとは

ヘルパーは、ビュー内に複雑な処理を記述せずにフレームワークと連携するための重要な機能です。

CakePHPが用意するコアヘルパー

コアヘルパーの機能は、すでに6章「ヘルパーを使ったモデル、コントローラーの連携」(134ページ)で活用しました。詳しくはそちらを参照してください。

ヘルパーの自作

ヘルパーを自作する場合はAppHelper、もしくは自作するヘルパーに近い機能を持っているヘルパーのサブクラスとして作成し、app/View/Helper/ディレクトリに配置します。ヘルパーは結果としてHTMLや文字列を返すことが多く、特に自作しやすいモジュールと言えるでしょう。独特のルールでのタグ生成やテキスト中の文字列の置換など、さまざまな局面での利用が考えられます。

コールバックもあり、読み込むだけで自動的に処理をするようなヘルパーを実装することもできます。利用できるコールバックは**表7.6**のとおりです。

リスト7.14は実際にヘルパーを自作した例です。必要に応じて引数を受け取りながら処理を行いますが、echoを行うのはあくまでビュー側に任せるのがコアヘルパーとの統一感を保つためには有効です。

自作したヘルパーを使うには、コントローラーの$helpersプロパティにヘルパー名を指定します（**リスト7.15**）。個別のコントローラーではなくAppControllerに設定を加えれば、アプリケーション全体で自作したヘルパーを利用できます。

表7.6 ヘルパーのコールバック一覧

名前	説明	オプション
beforeRenderFile	エレメントを含むすべてのビューファイルがレンダリングされる前に呼ばれる	$viewFile
afterRenderFile	エレメントを含むすべてのビューファイルがレンダリングされたあとに呼ばれる。$contentを修正して出力内容を変更できる	$viewFile, $content
beforeRender	コントローラーのbeforeRenderメソッド実行後、実際のレンダリングを行う直前に呼ばれる	$viewFile
afterRender	ビューがレンダリングされたあと、レイアウトのレンダリングを行う直前に呼ばれる	$viewFile
beforeLayout	レイアウトのレンダリングを行う直前に呼ばれる	$layoutFile
afterLayout	レイアウトのレンダリングが終わったあとに呼ばれる	$layoutFile

リスト7.14 ヘルパーを自作した例

```php
<?php
// app/View/Helper/DemoHelper.php
class DemoHelper extends AppHelper {
    public function cakesite() {
        return "http://cakephp.org/";
    }
}
```

リスト7.15 自作したヘルパーを設定した例

```php
<?php
// app/Controller/SampleController.php
class SampleController extends AppController {

    // Demoヘルパーを設定
    public $helpers = array('Demo');

    public function test() {
    }
}
```

第7章 CakePHPのMVCをさらに使いこなす

リスト7.16 自作したヘルパーを呼び出す例

```
<!-- app/View/Sample/test.ctp -->
<?php
    // 通常の記述
    echo $this->Demo->cakesite();
?>
<br/>
<?php
    // HelperCollection経由での呼び出し
    echo $this->Helpers->Demo->cakesite();
?>
```

　ビューの中では$this->Demo->cakesite()とすることで、コアヘルパーと同じように呼び出せます。ビューにセットした変数名がヘルパー名と衝突している場合は、$this->Helpers->Demo->cakesite()のようにヘルパーコレクションと呼ばれるオブジェクトを経由して呼び出せます（**リスト7.16**）。

　ヘルパーは引数を受け取って処理を行い、表示に必要な情報を返すという比較的シンプルな構造です。ビュー内で複雑な処理が必要になった場合に処理を追い出すような形で自作できます。ビューの中に重複する処理が何度も登場した場合は、ヘルパーとして再利用できる形にすることを検討するのがよいでしょう。

7.5 まとめ

　コンポーネント、ビヘイビア、ヘルパーのそれぞれの機構はCakePHPに備わっている応用的な機能を使いこなすためには欠かせません。それだけではなく、自分で実装した処理を再利用することやGitHubなどで公開されているプラグインなどを使いこなす際にも必要になってきます。

　これらの機能を使えるようになれば、CakePHPの中級レベルに達したと考えてよいでしょう。まずはフレームワークの機能を活用しながら、複雑な処理が必要な際にこれらの機構を利用できないか少しずつ考えていきましょう。

第8章 コアライブラリを使ってフレームワークを使いこなす

8.1 コアライブラリとは 166
8.2 コアライブラリの使い方 166
8.3 まとめ 172

8.1 コアライブラリとは

CakePHPを使って開発をしていると出てくる、ちょっとした悩みや頻発する問題を解決するにはどうすればよいでしょうか。フレームワークをさらに使いこなすための鍵がコアライブラリです。

CakePHPの主要な機能はMVCに分類されて実装されており、モデルやビュー、コントローラーとして実装されています。それ以外の応用的な機能も、ビヘイビア、ヘルパー、コンポーネントとして実装されています。これらのMVCに該当しないような一般的な処理や、フレームワークの内部の挙動そのものを扱うような機能を提供しているのがコアライブラリです。

主なコアライブラリ

CakePHPに現在用意されているコアライブラリは、その目的や種類はさまざまです。利用頻度が低いものもありますが、一覧を表8.1に示します。

8.2 コアライブラリの使い方

Appクラスでライブラリを読み込む

CakePHPを構成しているさまざまなクラスはパッケージという単位で整理されており、Appクラスはその読み込みを行います。CakePHPの機能を使う場合や拡張する場合、そして外部のライブラリを操作する場合など幅広く利用されるクラスです。

● App::usesを使ってフレームワークの動作に介入する

App::usesで利用したいクラス名とパッケージ名を指定することで、対象のクラスファイルを探索して読み込みます。さらにCakePHP2は遅延読み込み(*Lazy Load*)という設計を採用しており、実際にクラスを使おうとする

表8.1 コアライブラリの一覧

クラス名	説明	代表的なメソッド
App	さまざまなクラスの読み込みやファイルの読み取り優先順を解決する	uses()、path()、build()、import()
Cache[※1]	キャッシュエンジンの管理と汎用的なキャッシュ処理のインタフェース	config()、read()、write()、delete()、set()、increment()、decrement()、clear()
CakeEmail[※2]	Eメール送信の処理と各種設定処理	template()、emailFormat()、to()、from()、send()
CakeNumber	数値の書式変換処理など	currency()、addFormat()、toPercentage()、toReadableSize()、format()
CakeTime	時刻の書式変換処理など	convert()、toUnix()、isToday()、isThisMonth()、wasYesterday()
Sanitize	危険な文字列の変換を行う	clean()、escape()、html()、paranoid()
Folder	フォルダを取り扱う	create()、delete()、dirsize()、find()、move()、read()
File	ファイルを取り扱う	create()、append()、close()、copy()、delete()、read()、write()
HttpSocket	HTTP通信を取り扱う	get()、post()、put()、delete()、request()
Inflector	単数形、複数形、テーブル名などのさまざまな単語の変換を行う	pluralize()、singularize()、camelize()、underscore()、slug()
CakeLog	ログの記録を行う	config()、drop()、write()
Router	ルーティング[※3]の設定とURLの生成を行う	connect()、redirect()、url()、parseExtensions()
Security	認証などで利用されるハッシュ化に関する設定	cipher()、generateAuthKey()、hash()、setHash()、validateAuthKey()
Set	階層化された連想配列をシンプルに扱う。CakePHP 2.2以上ではHashクラスの利用を推奨	apply()、check()、combine()、contains()、diff()、extract()、sort()
Hash	階層化された連想配列をシンプルに扱う。長年使われたSetクラスの後継クラスとしてCakePHP 2.2で追加	apply()、check()、combine()、contains()、diff()、expand()、extract()、filter()、sort()
String	文字列のハイライト、リプレース、ワードラップなどを扱う	uuid()、tokenize()、insert()、wrap()、highlight()、stripLinks()
Xml	XMLの読み取りと生成を扱う	build()、toArray()

※1 Cacheクラスについては15章で解説します。
※2 CakeEmailクラスについては9章で解説します。
※3 アクセスされたURLに応じてディスパッチャがどのコントローラーとアクションを呼び出すのかの設定です。

までファイルの読み込みを行いません。

この設計はCakePHP2から取り入れられ、動作速度の大幅な改善につながっています。また、Appクラスは同一のクラスがapp以下とlib以下にある場合は優先的にapp側を読み込みます。これにより、ほとんどのコアクラスを独自に実装したクラスに差し替えられるようになっています。

たとえばリクエストの情報を扱うCakePHPの機能、CakeRequestクラスに何らかの変更を加えたい場合は、app/Network/CakeRequest.phpとしてファイルを作成することで、フレームワークに内蔵されたlib/Cake/Network/CakeRequest.phpの代わりに読み込まれてフレームワークから使われます（**リスト8.1**）。これを利用することでフレームワーク内部の動作を変更できます。

● App::usesを使って外部のライブラリを読み込む

App::usesは外部のライブラリを読み込むこともできます（**リスト8.2**）。外部のライブラリはapp/Vendorに配置します。読み込むライブラリの構造によって記述が少し変化します。

PSR-0に準拠した最近のライブラリであれば、CakePHPのライブラリと同じようにApp::usesで読み込めます。PSR-0については17章「ディレクトリ構造、ファイル命名ルールの変更」（332ページ）で詳しく解説します。

リスト8.1 App::usesの例

```
<?php
// app/Network/CakeRequest.php
class CakeRequest {
    // CakeRequestの代わりに行う処理を実装する
}
```

リスト8.2 App::usesの例

```
<?php
// app/Vendor/Geshi.phpの中にGeshiクラスがある場合
App::uses('Geshi', 'Vendor');
```

●**App::importを使って外部のライブラリを読み込む**

　ファイルとクラス名が一致していないような古いタイプのライブラリやスクリプトを利用する場合はApp::importを使います（**リスト8.3**）。

　require_onceを使った読み込みはパスの解決などを自分自身でする必要があり、面倒が多くなります。ライブラリの読み込みなどは可能な範囲でAppクラスを使った読み込みを行うようにすると、アプリケーションの可搬性が上がります。

Setクラスを使って複雑な連想配列を扱う

　CakePHPは各種の設定やモデルから取得するデータなどに連想配列を幅広く利用しています。その関係で構造が複雑な連想配列を扱う機会が多くなります。そういった複雑な連想配列からすばやくデータを取り出したり、内容の検査を行うのがSetクラスです。取得したデータを加工するためにループを書くような事態を減らせるとても便利なライブラリですので、ぜひ活用しましょう。

　Setクラスは長くCakePHPの一部として使われてきましたが、CakePHP 2.2では後継となるHashクラスが追加されました。Setクラスのほとんどの機能はHashクラスに引き継がれています[注1]。Setクラスは今後は非推奨とな

注1　内部の処理は変更になっています。

リスト8.3　App::importの例

```
<?php
// app/Vendor/geshi.phpを読み込む
App::import('Vendor', 'geshi');

// app/Vendor/flickr/flickr.phpを読み込む
App::import('Vendor', 'flickr/flickr');

// app/Vendor/services/well.named.phpを読み込む
App::import('Vendor', 'WellNamed', array(
    'file' => 'services' . DS . 'well.named.php'
));
```

り、CakePHP 2.2系の間は削除はされませんが、今後移行が進むものと思われます。CakePHP 2.2移行の場合はHashクラスの利用を合わせて検討してください。

● **Set::extractで配列から特定のデータを抽出する**

モデルから取得したデータにはさまざまな項目が含まれています。たとえばユーザ情報をモデルから取得した場合は、ユーザに関するさまざまな情報が含まれたデータがモデルから返ってきます。この中からメールアドレスだけを抽出して、何らかの処理を行いたいような場合に利用できるのがSet::extractです。

リスト8.4の例ではたった1行の記述でUserモデルのデータのうち、mailの項目のみのリストを抽出しています。Setを使わずに抽出している処理と比べると非常に簡潔に記述できています。

● **Set::combineでキーと値のリストを生成する**

ドロップダウンリストの生成などを行う場合、データのIDと名前をセットで取り出したい場合があります。モデルのfind('list')を使えばそういった形式でデータを取得できますが、すでにfind('all')で取得したデータがある

リスト8.4　Set::extractの例

```
<?php
// モデルからデータを取得
$users = $this->User->find("all");

// 通常の方法でメールアドレスを抽出した場合
$mail = array();
foreach ($users as $row) {
    $mail[] = $row['User']['mail'];
}

// Set::extractを使ってメールアドレスのみを抽出した場合
$results = Set::extract('/User/mail', $users);
```

場合は、もう一度findしないでも同じ結果を得ることができます(**リスト8.5**)。

● **Set::diff**で配列同士を比較する

Set::diffは配列の内容を比較し、異なっている部分を返します。セッションに格納していたデータやユーザがフォームから入力したデータと、データベース内のデータに差異があるかを確認するのに使えます。

リスト8.6の例では、$bの配列内にあるcontactの要素が返却されます。

● **Set::sort**で特定のキーを基準に配列をソートする

Set::sortは、連想配列にある特定のキーを基準に配列をソートします。この際、2階層目以降の深い要素を使ってソートが行えるのが特徴です。

リスト8.5 Set::combineの例

```
<?php
// モデルからデータを取得
$users = $this->User->find("all");

// Userのidをキーに、nameを値にした連想配列を生成
$mail_map = Set::combine($users, '{n}.User.id', '{n}.User.name');
```

リスト8.6 Set::diffの例

```
<?php
$a = array(
    0 => array('name' => 'main'),
    1 => array('name' => 'about')
);
$b = array(
    0 => array('name' => 'main'),
    1 => array('name' => 'about'),
    2 => array('name' => 'contact')
);

$result = Set::diff($a, $b);
```

リスト8.7　Set::sortの例

```php
<?php
$a = array(
    0 => array('Person' => array('name' => 'Jeff')),
    1 => array('Person' => array('name' => 'David')),
    2 => array('Person' => array('name' => 'Ave'))
);
$result = Set::sort($a, '{n}.Person.name', 'asc');
```

リスト8.7の例では、Personのnameを基準にソートした結果、順序が逆になった配列が返却されます。

8.3 まとめ

コアライブラリはフレームワーク内部の動作で利用されており、一見不思議に見えるフレームワークの動作がどのようになっているかを教えてくれます。覚えておくことで実際の開発時に起きる問題を手早く解決できる鍵になる機能も多く、さらにフレームワークを使いこなすことができる深みのある機能です。

第9章
CakeEmailクラスを使ったメール送信

9.1 　CakeEmailクラスとは 174
9.2 　CakeEmailクラスの設定メソッド 178
9.3 　CakeEmailクラスの活用 181
9.4 　まとめ 190

第9章 CakeEmailクラスを使ったメール送信

9.1 CakeEmailクラスとは

CakePHP 1.3までは、メール送信する場合にEmailコンポーネントを利用してきました。これはコントローラーから利用することを前提としていたため、コントローラーが存在しないシェルなどからは利用しにくく、若干自由度が低くなっていました。

2.0からはコアライブラリの一部（CakeEmailクラス）として提供されたので、CakePHPのどこからでも呼び出して使えるようになりました。

互換性のためにEmailコンポーネントも残されていますが、これから作るアプリケーションでは、CakeEmailクラスを利用したほうがよいでしょう。

CakeEmailクラスの主な機能は次のとおりです。

- テキストメール、HTMLメール、テキストとHTMLのマルチパートメールの送信
- 定型文の利用
- 定型文への変数差し込み
- ファイル添付
- 設定ファイルの利用

事前準備

CakeEmailクラスでのメール送信には、PHPのmail関数を利用して送信する方法と、SMTPサーバを指定して送信する方法の2種類が用意されています。本章では、mail関数を使った送信方法を主に解説します。

先に進める前に、mail関数が正しく使えるかどうかを確認しておいてください（**リスト9.1**）[注1]。

注1 このようなテストメール送信には、できるだけ自分の組織（会社、学校など）のメールアドレスを使いましょう。第三者が管理するメール送信先のサーバへ迷惑がかからないように配慮することが重要です。

簡単なメール送信のサンプル

では、CakeEmailクラスを使って、簡単なメール送信をするサンプルを作成してみましょう。ただし、いきなり本当のメールを送信するのではなく、デバッグ機能を利用して、どのようなメールが送信されるのかを見てみます。

SamplesController.phpとindex.ctpを**リスト9.2**、**リスト9.3**のように作成してください。CakeEmailクラスを使うには、リスト9.2❶の記述を忘れな

リスト9.1 mail関数でsuzuki@example.jp宛に送信する例

```
<?php
mail('suzuki@example.jp', 'test mail subject', 'test mail body');
```

リスト9.2 メール送信用のコントローラー（デバッグ表示版）

```
<?php

// app/Controller/SamplesController.php
App::uses('CakeEmail', 'Network/Email'); // ❶

class SamplesController extends AppController {

    public function index() {

        $email = new CakeEmail();

        // この行を忘れずに！
        $email->transport('Debug'); // ❷

        // 以下2行は自分のメールアドレスに書き換えてください
        $email->from('suzuki@example.jp');
        $email->to('suzuki@example.com');

        $email->subject('これはテストメールです');
        $messages = $email->send('これはテストメールの本文です。');

        $this->set('messages', $messages);
    }
}
```

いように注意してください。

作成が完了したら、http://CakePHPを設置したURL/samples/indexへアクセスしてみましょう。図9.1のように表示されるはずです。リスト9.2❷の部分を間違えていなければ、この段階ではメール送信されませんので、安心して実行してください。

リスト9.2で、$email->send()の戻り値である$messagesは、headersとmessageをキーに持つ連想配列です。名前で想像がつくと思いますが、headersにはメールヘッダ、messageにはメール本文がそれぞれ格納されています。

メール送信サンプルの画面に表示されているheadersの「To:」と「From:」は自分の期待通りになっていますか？ 期待通りであれば、次は実際に送信してみましょう。

リスト9.2❷のtransport()の部分を書き換えます（**リスト9.4**）。ビューはリスト9.3をそのまま利用します。

リスト9.3 デバッグ表示用のビューファイル

```
メール送信サンプル

<?php
// app/View/Samples/index.ctp
debug($messages);
?>
```

図9.1 デバッグ表示の例

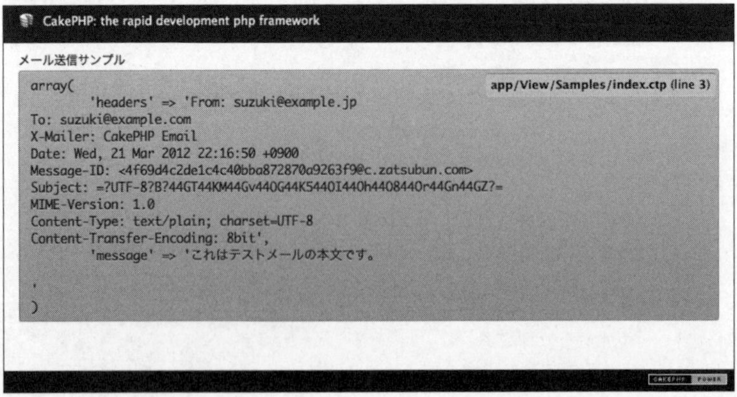

```
CakePHP: the rapid development php framework

メール送信サンプル
array(                                          app/View/Samples/index.ctp (line 3)
        'headers' => 'From: suzuki@example.jp
To: suzuki@example.com
X-Mailer: CakePHP Email
Date: Wed, 21 Mar 2012 22:16:50 +0900
Message-ID: <4f69d4c2de1c4c40bba872870a9263f9@c.zatsubun.com>
Subject: =?UTF-8?B?44GT44KM44Gv440G44K5440I440h4408440r44Gn44GZ?=
MIME-Version: 1.0
Content-Type: text/plain; charset=UTF-8
Content-Transfer-Encoding: 8bit',
        'message' => 'これはテストメールの本文です。
.
)
```

先ほどと同じようにhttp://CakePHPを設置したURL/samples/indexへアクセスすると、今度はtoメソッドで指定したアドレスへメールが送信されます。実際に届いているかどうか、確認してみてください。
　ここまででtransportメソッドに指定したのはDebugとMailでした。CakeEmailクラスのデフォルトでは、このほかにSmtpが指定可能です。それぞれの内容をまとめると**表9.1**のようになります。

リスト9.4 メール送信用のコントローラー（実送信版）

```php
<?php

// app/Controller/SamplesController.php
App::uses('CakeEmail', 'Network/Email');

class SamplesController extends AppController {

    public function index() {

        $email = new CakeEmail();

        // DebugからMailへ変更
        $email->transport('Mail');

        // 以下2行は自分のメールアドレスに書き換えてください
        $email->from('suzuki@example.jp');
        $email->to('suzuki@example.com');

        $email->subject('これはテストメールです');
        $messages = $email->send('これはテストメールの本文です。');

        $this->set('messages', $messages);
    }
}
```

表9.1 transportメソッドの引数

引数	意味
Debug	デバッグ用。実際には送信しない
Mail	PHPのmail関数を利用して送信する
Smtp	SMTPサーバを利用して送信する

9.2 CakeEmailクラスの設定メソッド

CakeEmailクラスには、fromメソッドやsubjectメソッドのほかにもたくさんのメソッドが用意されています。

メールアドレスに関わるメソッド

メールアドレスが関係するメソッドの一覧を**表9.2**に示します。引数はすべて同じですが、メールアドレスが設定できる数に違いがあります。なお、ここに挙げたメソッドは、引数を省略すると現在の設定値を返します。

メールアドレス関連のうち、送信先に関わるヘッダにはアドレスを追加するメソッドが用意されています(**表9.3**)。

表9.2 アドレスに関するメソッド

メソッド	説明	アドレス数	引数
from	Fromヘッダ	1	mixed $email = null, string $name = null
sender	Senderヘッダ[1]	0~1	mixed $email = null, string $name = null
to	Toヘッダ	0~n	mixed $email = null, string $name = null
cc	Ccヘッダ	0~n	mixed $email = null, string $name = null
bcc	Bccヘッダ	0~n	mixed $email = null, string $name = null
replyTo	Reply-Toヘッダ	0~n	mixed $email = null, string $name = null
returnPath	Return-Pathヘッダ	1	mixed $email = null, string $name = null
readReceipt	Disposition-Notification-Toヘッダ[2]	1	mixed $email = null, string $name = null

※1 Fromとは別に代理送信者がいる場合はこのヘッダを使います。
※2 開封確認の結果を受け取りたいメールアドレスを指定します。このヘッダを指定しても、受信側のメールソフト(MUA)の実装や受信者が結果送信を拒否した場合には確認できません。

表9.3 アドレス関連のヘッダ操作メソッド

メソッド	説明	引数
addTo	Toアドレスの追加	mixed $email, string $name = null
addCc	Ccアドレスの追加	mixed $email, string $name = null
addBcc	Bccアドレスの追加	mixed $email, string $name = null

ここまでに出てきたメールアドレスに関わる設定メソッドの引数は、すべて共通の書き方です。複数の書き方がありますので、その例を**表9.4**に示します。

メールヘッダに関わるメソッド

そのほかにも、メールヘッダに関するメソッドがあります(**表9.5**)。

表9.4 アドレスの引数と出力のサンプル

引数	結果
$email->from()	現在のFromヘッダの値
$email->from('suzuki@example.jp');	From: suzuki@example.jp
$email->from('suzuki@example.jp', 'すずき');	From: すずき <suzuki@example.jp>※
$email->from(array('suzuki@example.jp' => 'すずき'));	From: すずき <suzuki@example.jp>※
$email->cc(array('suzuki@example.jp', 'suzuki@example.com'));	Cc: suzuki@example.jp, suzuki@example.com
$email->cc('suzuki@example.jp');$email->addCc('suzuki@example.com');	Cc: suzuki@example.jp, suzuki@example.com

※ 実際には MIME 化され、「From: =?UTF-8?B?44GZ44Ga44GN?= <suzuki@example.jp>」という文字列になります。

表9.5 メールヘッダに関するメソッド

メソッド	説明	引数
subject	Subjectヘッダの設定・取得	string $subjet
headerCharset	ヘッダのエンコードに利用する文字コードの設定・取得(2.2で追加)。本文とヘッダの文字コードを変えたい場合に利用する	string $charset
setHeaders	メールヘッダをまとめて設定	array $headers
addHeaders	メールヘッダを追加	array $headers
getHeaders	メールヘッダの一覧を取得	array $include[※1]
messageId	Message-IDヘッダを設定・取得	mixed $message[※2]
domain	Message-IDのドメイン名部分を設定・取得(2.2で追加)	string $domain

※1 取得したいヘッダを指定します。指定可能なヘッダは、'from'、'replyTo'、'readReceipt'、'returnPath'、'to'、'cc'、'bcc'、'subject'。例:array('from' => true, 'to' => true)

※2 trueを渡すと新規にMessage-IDを作成。文字列を渡すとその値をMessage-IDへセットします。

第9章 CakeEmailクラスを使ったメール送信

● メールヘッダインジェクション対策

addHeadersメソッドを利用すると、CakeEmailクラスに組み込まれていない独自のメールヘッダを付加できます。たとえば、

```
$email->addHeaders(array('Organization' => 'CakePHP Youth Bloc'))
```

などとすると、「Organization: CakePHP Youth Bloc」というヘッダが挿入されます。ここで気を付けなければならないのは、メールヘッダの値の部分にユーザの入力値を入れる場合です。

たとえば、**図9.2**のように登録フォームでメールアドレスと所属を入力してもらい、それをそのままヘッダへ挿入して、メールを送信するアプリケーションがあったとします。

「メールアドレス」に「suzuki@example.jp」、「所属」に「gihyo」と入力された場合は、次のようなヘッダになります。

```
To: suzuki@example.jp
Organization: gihyo
```

ここで、「所属」の欄に「gihyo\nCc: another@example.com」と改行文字が入った文字列を入力されたとします[注2]。この場合のヘッダは次のようになってしまいます。

注2　通常のブラウザ操作では、この種のフォームに改行文字は入れられないようになっていますが、デバッグツールなどを利用すれば誰でも入力が可能です。

図9.2 登録フォームの例

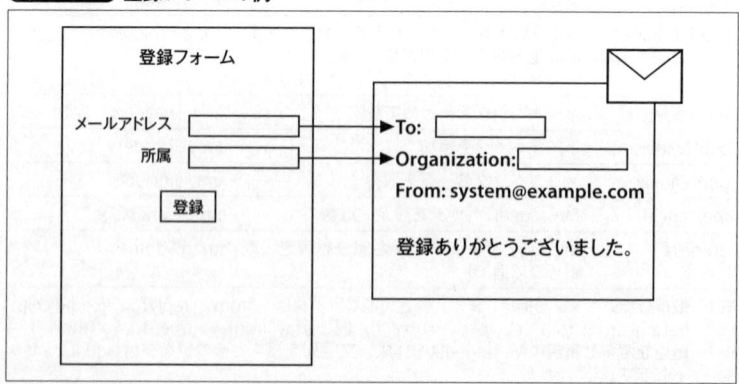

```
To: suzuki@example.jp
Organization: gihyo
Cc: another@example.com
```

　いつのまにかCcヘッダが追加されてしまっています。このようにアプリケーションの作成者の意図しないヘッダなどが挿入される問題は「メールヘッダインジェクション」と呼ばれるセキュリティホールです。上記の例では、入力者自身で入力した内容が自分で指定したアドレスにCcされるだけなので、大きな問題に見えないかもしれません。しかし、これがフィッシングやほかのセキュリティ問題と組み合わさると、自分が入力した内容がいつの間にか第三者（another@example.com）へ送信されてしまうかもしれません。

　これを回避するには、画面表示やデータベースへの格納時と同じように、ユーザの入力値をエスケープします。メールヘッダの場合には、改行文字（\nや\r\n）を削除することがエスケープ処理になります。

```
$organization = preg_replace("/\r/", '', $organization);
$organization = preg_replace("/\n/", '', $organization);
$email->addHeaders(array('Organization', $organization));
```

　なお、本来であればこのあたりのエスケープ処理はCakeEmailクラス側で自動処理することが望ましいのですが、本書執筆時のバージョン（2.2.0）では残念ながら実装されていません。

9.3 CakeEmailクラスの活用

ファイルを添付したメールの送信

　ファイルを添付したメールの送信方法を解説します。これまでやってきた流れに少し追記するだけでファイル添付が行えます。

● 単純にファイルを添付する

　たとえば、リスト9.4でのメール送信時にファイル添付処理を追加したい場合は、送信実行部分（$email->send()）より前へattachmentsメソッドを追

記します。たとえば、CakePHPのアーカイブに含まれる app/webroot/img/cake.icon.png を添付してメール送信する場合には、**リスト9.5**のように記述します。

このようにファイル名を指定しておけば、sendメソッドで送信が実行される際にCakeEmailクラス内部で必要な処理が行われて、ファイルが添付されたメールが送信されます。

● **ファイル名を変えて添付する**

ファイルシステム上のファイル名と、メールに添付するファイル名を変えることができます。たとえば、ファイルシステム上ではcake.icon.pngですが、受信者にはmark_of_cake.pngとして送りたい場合には次のように記述します。

```
$email->attachments(array(
    'mark_of_cake.png' => APP . '/webroot/img/cake.icon.png'
));
```

mark_of_cake.pngの代わりに日本語のファイル名を付けたい場合は、自分でファイル名のMIMEエンコードをする必要があります。

```
$ja_file = mb_encode_mimeheader('Cakeのマーク.png', 'UTF-8', 'B');
$email->attachments(array(
    $ja_file => APP . '/webroot/img/cake.icon.png'
));
```

このようにすれば、日本語(マルチバイト)のファイル名を付けて送信できますが、日本語ファイル名の利用はお勧めしません。添付ファイル名の

リスト9.5 単純にファイルを添付する

```
$email->to('suzuki@example.com');

// 追加部分
// APPとはappディレクトリの絶対パスを表すCakePHPの定数
$email->attachments(APP . '/webroot/img/cake.icon.png');

$email->subject('これはテストメールです');
$messages = $email->send('これはテストメールの本文です。');
```

文字コード解釈については、各受信環境(MUA)の実装に大きく依存しており、場合によってはこの方法でも文字化けしてしまうおそれがあります。また、上記の例では文字コードにUTF-8を指定しましたが、送信先のOSによってはShift_JISで送るほうが安定している場合もあります。要件として日本語のファイル名を利用せざるを得ない場合は、各種受信環境を用意して動作テストすることをお勧めします。

● 複数のファイルを添付する

複数のファイルを添付したい場合は、ファイル名の配列を渡します。こちらも同様にsendメソッドの前に指定します。たとえば、リスト9.4を利用する場合は**リスト9.6**のように追記します。

addAttachmentsメソッドを利用して、添付ファイルを増やすことも可能です。

テンプレートを使ったメール送信

CakeEmailクラスでは、テンプレートを使って定型的なメールの送信が行えます。CakePHPのビューの概念を利用しているため、Webアプリケー

リスト9.6 複数のファイルを添付する

```
$email->to('suzuki@example.com');

// 追加部分：複数ファイルを添付する
$email->attachments(array(
    APP . '/webroot/img/cake.icon.png',
    APP . '/webroot/img/cake.power.gif',
));

// 追加部分：複数ファイルを名前を変えて添付する
$email->attachments(array(
    'mark_of_cake.png'     => APP . '/webroot/img/cake.icon.png',
    'powered_by_cake.gif' => APP . '/webroot/img/cake.power.gif',
));

$email->subject('これはテストメールです');
$messages = $email->send('これはテストメールの本文です。');
```

ション部分の知識をそのまま使うことができます。

テキストメール用のレイアウトとビューの保存ディレクトリは次のとおりです。

- app/View/Layouts/Emails/text/
- app/View/Emails/text/

HTMLメール用のレイアウトとビューの保存ディレクトリは次のとおりです。

- app/View/Layouts/Emails/html/
- app/View/Emails/html/

先ほどはテキストメールのサンプルでしたので、今度はテンプレートを使ったHTMLメールを送信してみます。

● レイアウトとビューを作成する

まず、レイアウトとビューを作成します(**リスト9.7**、**リスト9.8**)。

リスト9.7　HTMLメール用のレイアウトファイル

```php
<?php // app/View/Layouts/Emails/html/sample_layout.ctp ?>
<!DOCTYPE html PUBLIC "-//W3C//DTD HTML 4.01//EN">
<html>
  <head>
    <meta http-equiv="Content-Type"
          content="text/html; charset=ISO-2022-JP">
    <title>サンプルレイアウト</title>
  </head>
  <body>

  <?php echo $this->fetch('content'); ?>

  </body>
</html>
```

リスト9.8　HTMLメール用のビューファイル

```php
<?php // app/View/Emails/html/thank_you.ctp ?>
<h3><?php echo h($user); ?>さん、登録ありがとうございました。</h3>
<?php echo $this->Html->link('gihyo.jp', 'http://gihyo.jp'); ?>
```

レイアウトには、HTMLメールの全体(`<html>`〜`</html>`)を記述します。レイアウトの中の`$this->fetch('content')`の部分にビューの内容(今回の場合はthank_you.ctp)が差し込まれます。ビューの中では、変数の埋め込みやヘルパーが利用できます。デフォルトでは、HTMLヘルパーが使えるようになっています。

リスト9.7の中で`charset=ISO-2022-JP`と記述してありますが、このレイアウトファイル自体はISO-2022-JPではなくUTF-8で保存してください。ISO-2022-JPへはメール送信処理の中で変換します。

● メールを送信する

それでは、このレイアウトとビューを使って、CakeEmailクラスでHTML

Column

メソッドチェイン

CakeEmailクラスでは、メソッドチェインと呼ばれる記法を使うこともできます。本章の中では、メール送信に必要な各種設定と送信の実行を次のように行っています。

```
$email = new CakeEmail(); // インスタンス作成
$email->from('suzuki@example.jp');
$email->to('suzuki@example.com');
$email->subject('これはテストメールです');
$email->send('これはテストメールの本文です。');
```

これをメソッドチェイン記法で記述すると次のようになります。

```
$email = new CakeEmail(); // インスタンス作成
$email->from('suzuki@example.jp')
    ->to('suzuki@example.com')
    ->subject('これはテストメールです')
    ->send('これはテストメールの本文です。');
```

紙面の関係で複数行になっていますが、インスタンス作成以降の処理は1行の扱いです。セミコロン(;)が最後の行にしかないことに注目してください。

fromメソッドやtoメソッドなどのメソッドが連続して実行されるので、「メソッドチェイン」(*method chaining*)と呼ばれます。sendメソッド以外の設定メソッドの実行順番は入れ換えてもかまいません。(鈴木)

第9章 CakeEmailクラスを使ったメール送信

メールを送信してみます。コントローラーを**リスト9.9**のように修正します。ビューはリスト9.3のままです。

いくつか新しい設定を加えています。まず、CakeEmailクラスのインスタンス作成時の引数にcharsetの設定を加えています(リスト9.9❶)。この指定により、送信するメールヘッダとメール本文の文字コードを指定できます。なお、charsetにUTF-8以外を指定する場合には、PHPにmbstring拡張モジュールが組み込まれていないと正しく動きません。

templateメソッドには、テンプレート名(例ではthank_you)とレイアウト名(sample_layout)を指定します(リスト9.9❸)。emailFormatメソッドに

リスト9.9　HTMLメール送信用のコントローラー

```php
<?php
// app/Controller/SamplesController.php
App::uses('CakeEmail', 'Network/Email');

class SamplesController extends AppController {

    public function index() {

        $email = new CakeEmail(array(
                                'charset' => 'ISO-2022-JP'
                            )); // ❶
        $email->transport('Debug'); // ❷Debugトランスポート

        $email->from('suzuki@example.jp','すずき');
        $email->to('suzuki@example.com');
        $email->subject('テストメールの件名です');

        $email->template('thank_you', 'sample_layout'); // ❸
        $email->emailFormat('html'); // ❹

        $email->viewVars(array('user' => 'すずき')); // ❺

        $messages = $email->send();

        $this->set('messages', $messages);
    }
}
```

186

htmlを指定することにより、HTMLメールを送信する指定となります（リスト9.9❹）。emailFormatにはデフォルトのtextのほか、bothも指定でき、この場合はテキストとHTMLの2つのコンテンツをマルチパート形式で送信します。

viewVars()は、ビューの変数に値をセットするメソッドです（リスト9.9❺）。ここではビュー内の$userに「すずき」という値をセットしています。

● 動作確認する

では、またhttp://CakePHPを設置したURL/samples/indexへアクセスしてみましょう。図9.3のような画面が表示されたでしょうか？

本文が文字化けしているように見えるのは、charset指定のISO-2022-JPに変換されているからです。「To:」と「From:」が正しければ、DebugトランスポートからMailトランスポートへ書き換えて、再実行してください（リスト9.9❷）。自分の指定したToアドレスへメールが届くはずです。

図9.3 HTMLメールのデバッグ表示

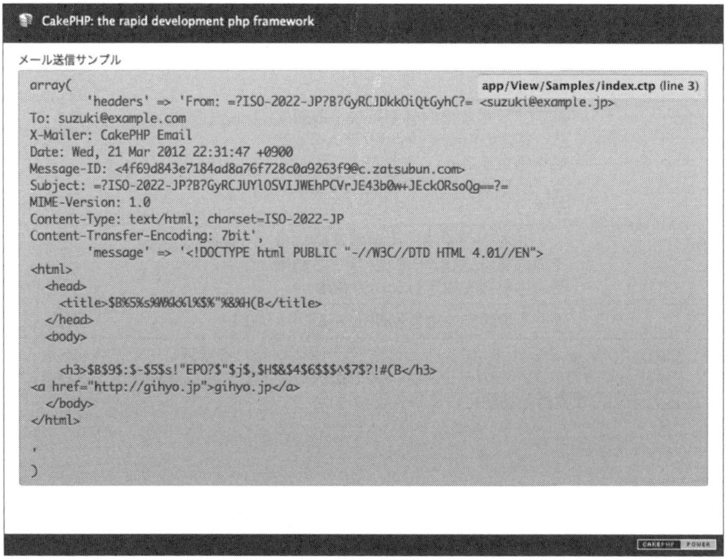

表9.6 CakeEmailクラスの動作に関するメソッド

メソッド	説明	引数
charset	メール本文の文字コードを設定・取得する（2.2で追加）	string $charset
template	テンプレート、レイアウトを設定・取得する	mixed $template, mixed $layout
viewRender	CakeEmailクラスのビューに利用するクラスを設定・取得する	string $viewClass
viewVars	CakeEmailクラスのビューの変数に値を設定・取得する	array('変数名' => '値')の配列
theme	CakeEmailクラスのビューのテーマを設定・取得する（2.2で追加）	string $theme
helpers	CakeEmailクラスのビューで使うヘルパー名を設定・取得する。指定するのはヘルパー名の配列。デフォルトでHTMLヘルパーが指定されている	例：array('Html','Text')
emailFormat	メールの送信形式を設定・取得する	'text'、'html'、'both'のいずれか
transport	送信方法を設定・取得する	'Mail'、'Smtp'、'Debug'のいずれか。デフォルトは'Mail'。カスタムトランスポートの指定も可能
transportClass	トランスポート用のクラス名を設定・取得する	メールの送信に利用するクラス名を設定する
attachments	添付するファイルを設定・取得する	mixed $attachments[※1]
addAttachments	添付するファイルを追加する	mixed $attachments
message	メールの本文を取得する。引数が'text'または'html'の場合にはメール本文の該当部分、省略時には全文を返す	mixed $type
config	設定ファイルの内容を反映・取得する。後述のEmailConfigクラスの変数名を指定すると、その内容を反映する。引数省略時には現在の設定値を返す	mixed $type
send	メールを送信する。引数指定時にはその内容を送信。テンプレート利用時には引数を指定しないで利用	mixed $content
reset	メールの設定内容を初期化する[※2]	なし

※1 詳細は「ファイルを添付したメールの送信」（181ページ）を参照してください。
※2 CakeEmailクラスの1つのインスタンスで複数のアドレス宛に連続送信する場合には、必ずreset()を実行し初期化しましょう。

CakeEmailクラスの動作に関するメソッドのまとめ

ここまでに出てきた、CakeEmailクラスの動作に関するメソッドをまとめます(**表9.6**)。

設定ファイルの利用

ここまで使ってきたfromメソッドやtemplateメソッドなどの各種設定メソッドは、設定ファイル(EmailConfigクラス)として保存することもできます。サンプルとしてapp/Config/email.php.defaultが用意されていますので、参考にしながらapp/Config/email.phpとして保存します(**リスト9.10**)。このように、設定用のEmailConfigクラスにpublic変数を記述します。

この変数名を指定してCakeEmailクラスをインスタンス化してやれば、設定内容が利用されます(**リスト9.11**)。

また、インスタンス化したあとにconfig('設定変数名')を使っても設定内容を利用可能です。

リスト9.10 CakeEmailクラス用の設定ファイル

```php
<?php
// app/Config/email.php
class EmailConfig {

    public $default = array(
        'transport' => 'Mail',
        'charset' => 'ISO-2022-JP',
        'from' => 'suzuki@example.jp',
        'subject' => 'これはテストメールです',
    );
}
```

リスト9.11 設定ファイルを利用したメール送信用コントローラー

```php
<?php
// app/Controller/SampleController.php
App::uses('CakeEmail', 'Network/Email');

class SamplesController extends AppController {

    public function index() {

        // 引数にはEmailConfigの変数名を指定
        $email = new CakeEmail('default');
        $email->to('suzuki@example.com');
        $messages = $email->send('これはテストメールの本文です。');

        $this->set('messages', $messages);
    }
}
```

9.4 まとめ

CakeEmailクラスはメール送信におけるスタンダードな機能を備えていますので、「Webアプリケーションからの通知」のような用途であれば必要十分ですし、簡単に使うことができます。

ただし、メール送信には必ず自分以外が管理するメールサーバやユーザが関係することを忘れないようにしましょう。特に昨今は「迷惑メール」が問題となっていますので、自分が送信するメールが「迷惑メール」と誤解されないように注意が必要です。

迷惑メール対策に関してもっと詳しく知りたい方は、「迷惑メール対策推進協議会」[注3]の「迷惑メール対策ハンドブック」や「送信ドメイン認証技術導入マニュアル」などを参考にするのがよいでしょう。

注3 http://www.dekyo.or.jp/soudan/anti_spam/report.html

第10章
プラグインを使ったフレームワークの拡張

10.1 著名なプラグイン 192
10.2 プラグインを自作する 196
10.3 まとめ 198

第10章 プラグインを使ったフレームワークの拡張

10.1 著名なプラグイン

　ここまでは、主にアプリケーション本体の作り方について解説してきました。本章では少し視点を変えて、多くのアプリケーションで利用可能なCakePHPの共通モジュールであるプラグインについて解説します。

　プラグインとはアプリケーションのサブセットとしてパッケージ化された部品の集まりで、コントローラー、モデル、ビュー、コンソールなどから構成されます。アプリケーションの機能をほかのアプリケーションの一部として動かしたい場合や、ライブラリとして提供する場合など、プラグインのしくみを使うと簡単に利用可能になります。

　CakePHPのプラグインは、本家のWebサイトから探すことができるようになっています。直接URL[注1]にアクセスするか、Webサイト上のナビゲーションメニューにある「Community」から「Plugins & packages」を選択します（**図10.1**）。

　ここでは、CakeDCやコアデベロッパが提供していて、最もよく使う3つのプラグインを紹介します。

注1　http://plugins.cakephp.org/

図10.1 CakePackagesサイト

DebugKit

　DebugKitはCakePHPのアプリケーションを開発するのに必須のプラグインです。アプリケーションページの上部にデバッグバーを表示したり、アプリケーションコードにvar_dump( )関数などでデバッグメッセージを仕込むことなく簡単に必要な情報を閲覧することが可能になります(**図10.2**)。

● インストールする

　GitHubのプロジェクトページ[注2]からダウンロード(またはclone)して、app/Plugin/DebugKitのようなディレクトリ構造になるように展開します。プラグインはapp/Pluginディレクトリの下にプラグイン名のディレクトリができるようにします。

● 利用する

　インストールしたプラグインをアプリケーションから利用するには、bootstrap.php[注3]にロード処理を追加します。

```
// app/Config/bootstrap.php
CakePlugin::load('DebugKit');
```

　もし、Pluginフォルダの下にあるすべてのプラグインをロードしたい場合は、

```
CakePlugin::loadAll();
```

注2　https://github.com/cakephp/debug_kit/
注3　ブートストラップはCakePHPアプリケーション実行時に必ず呼び出される起動スクリプトです。

図10.2 DebugKitバー

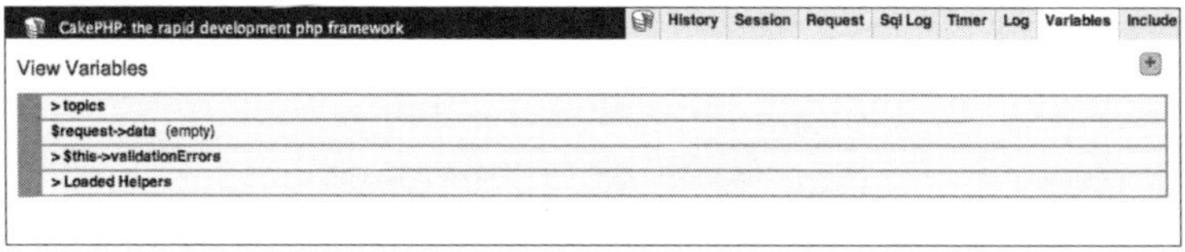

のように指定します。

次に、ページ上にデバッグバーを表示させるコンポーネントをインクルードします。

```
// app/Controller/AppController.php
class AppController extends Controller {
    public $components = array('DebugKit.Toolbar');
    // 省略
}
```

何かアプリケーションページにアクセスしてみてください。ページ上部の右端にCakePHPのロゴマークが出ています。これをクリックすると、図10.2のようなメニューが表示されます。メニューを選択するとデバッグ情報が表示されます。

DebugKitには、ツールバー以外にも**表10.1**の機能があります。

Search plugin

Search pluginは、名前のとおり検索機能を提供するプラグインです。GitHubのプロジェクトページ[注4]からダウンロード（またはclone）して、app/Plugin/searchのようなディレクトリ構造になるように展開します。

モデル、ビュー、コントローラーに少しずつお約束の設定を加えるだけで、一覧表示（たとえばbakeしたindexなど）へ簡単に検索機能を追加できます。

注4　https://github.com/CakeDC/Search

表10.1　DebugKitが持つそのほかの機能

名前	説明
FireCake	Firefox拡張機能のFirebugやFirePHPと連動してログ情報などを出力できる
ベンチマークシェル	ab[※]のようなベンチマークテストを実行するシェル。「cake debug_kit.benchmark -t 1000 -n 10 http://localhost/posts/index」のように指定する
whitespace	phpタグの前後にある空白文字を削除する

※ Apacheに標準で付いているApache Benchというベンチマークツールです。

このプラグインは、Searchableビヘイビア、Prgコンポーネントから構成されています。ページング機能を提供するpaginateメソッドと連携するため、検索条件の並び順変更機能が付いた検索結果をページング付きで表示できます。

プラグインを使うと、**表10.2**のような検索機能が得られます。先ほど紹介したGitHubのページに詳しい組込み方法が書いてあるので、詳しくはそちらを参照ください。

MigrationsPlugin

MigrationsPluginは、データベースのスキーマ情報をバージョン管理するしくみです。データベースの流儀を知らなくても簡単にスキーマ構造を変更できます。

● インストールする

インストール方法はこれまでのDebugKitやSearch pluginと同じで、GitHubのプロジェクトページ[注5]で配布されているものをapp/Plugin/Migrationsのようなディレクトリ構造になるように展開します。

● 利用する

まず初めて使う場合、appディレクトリに移動して、

注5 https://github.com/CakeDC/migrations

表10.2 Search pluginが提供する検索機能

名前	説明
部分一致検索※	LIKE演算子を使ってキーワードが含まれるレコードを検索
完全一致検索※	＝(イコール)演算子を使ってキーワードに一致するレコードを検索
独自検索条件※	LIKEや＝演算子でない検索を実行したい場合(たとえばBETWEENを使った範囲検索など)、指定した検索条件に一致するレコードを検索
サブクエリによる副問い合わせ	IN演算子を使ってサブクエリ結果に含まれるレコードを検索。サブクエリはモデルクラスのgetQueryメソッドで得られる

※関連先の項目も指定可能です。

```
$ Console/cake Migrations.migration generate
```

を実行しておきます。スキーマ情報を変更する前に、

```
$ Console/cake schema generate
```

を実行してスキーマ情報をダンプします。

phpMyAdminなど何かしらのツールを使ってデータベース上のスキーマ定義を更新します。そのあとで再度、

```
$ Console/cake Migrations.migration generate
```

を実行すると、スキーマ情報のダンプ内容と最新のデータベース定義の差分をチェックして、自動的にマイグレーションファイルを生成します。

マイグレーション内容を適用するには、

```
$ Console/cake Migrations.migration all
```

を実行すればよいのですが、マイグレーションの順序などの問題でうまく適用できなくなってしまったら、

```
$ Console/cake Migrations.migration reset
```

を実行してからもう一度allを実行するとうまく適用できるようになります。

直前の修正に戻したい場合にはdownサブコマンド、次のバージョンに進めたい場合はupサブコマンドが用意されています。

10.2 プラグインを自作する

自分でプラグインを作成する場合はどうしたらよいでしょうか？ プラグインはapp/Pluginの下に自分でプラグイン名ディレクトリを作成し、その配下にModel、View、Controllerといったディレクトリを配置します。appディレクトリの下と基本的には同じです。

bakeコマンドでスケルトンを作成

　もちろんこういったディレクトリを手動でゼロから作成するのもよいのですが、bakeコマンドを使ってスケルトンを作成したほうが楽です。

```
$ Console/cake bake plugin プラグイン名
```

　そうすると、ルートのplugins配下に作成するのか、app/Plugin配下に作成するのか確認を求められます。

```
1. /CakePHPを設置したディレクトリ/app/Plugin/
2. /CakePHPを設置したディレクトリ/plugins/
Choose a plugin path from the paths above.
>
```

　希望するパスを選択してください。ディレクトリが正しいか確認されるので、特に問題なければそのまま Enter を押します。

```
Look okay? (y/n/q)
[y] >
```

　すると、appと同じディレクトリ階層が作成されます。また、コントローラーとモデルについては空のクラスも作成されます。

コードの記述方法

　記述するコードは通常のアプリケーションと一緒ですが、プラグインのモデルやコンポーネント、ヘルパーなどを利用する場合はプラグイン名を付けて宣言する必要があります。プラグイン名が「Sample」だった場合、次のようになります。

```
// コントローラーからモデルを使う場合
public $uses = array('Sample.Book');
// モデル間の関連を指定する場合
public $belongsTo = array('Sample.Order');
// コンポーネントを使う場合
public $components = array('Sample.Preview');
// ヘルパーを使う場合
```

```
public $helpers = array('Sample.Mobile');
// ビューからプラグイン内のエレメントを利用する場合
$this->element('cart', array(), array('plugin'=>'Sample'));
```

　プラグインへのURLは、「/プラグイン名/コントローラー/アクション」のようになります。たとえばSampleプラグインのBooksコントローラーのviewアクションだった場合はhttp://CakePHPを設置したURL/sample/books/viewになります。

10.3 まとめ

　アプリケーションを作りはじめの初心者の方にとって、プラグインは利用するだけということがほとんどでしょう。しかしいくつかアプリケーションを作っていくと、コードを再利用したい場面が必ず出てきます。そのときは本章を参考にプラグインを作成してみてください。

　もし作成したプラグインを公開したいと思った場合は、プラグイン名フォルダ配下のControllerやModelといったディレクトリをルートにしてGitHubへアップロードするとよいでしょう。なぜなら、app/Pluginディレクトリでgit cloneしたときに、動作可能なディレクトリ構造になるからです。作成したプラグインと同じ機能を誰かがこれから作ろうとしているかもしれません。もし手元にプラグインがあれば、それを公開してみましょう。

　多くの方がプラグインを公開して、それを使ってお互いにアプリケーションを構築できれば、車輪の再開発をせずより高速な開発が可能になるのではないでしょうか？

第11章

コンソール／シェルの利用

- 11.1 コンソールとは 200
- 11.2 シェルを自作する──掲示板アプリケーションの操作 .. 202
- 11.3 まとめ 213

11.1 コンソールとは

　PHPプログラマの中には、コンソールと聞いてもあまり馴染みのない方もいるかもしれません。多くのプログラムはブラウザ経由でリクエストされ、HTMLなどを返却するように作られています。サーバにデプロイするのも、エディタやGUIツールを使っているかもしれません。

　CakePHPのコンソールとは、ブラウザのようなGUI(*Graphical User Interface*)でなく、コマンドラインやシェルといったCUI(*Character User Interface*)を使って実行するアプリケーションを作るしくみを指します。代表的なアプリケーションの例はバッチプログラムで、定期的にデータを削除(クリーンアップ)したり、電子メールを送信したりする用途が考えられます。またライブラリ開発者であれば、ライブラリが提供するツールも作ることが可能です。たとえばbakeのようなコードやファイルを自動生成する開発ツールのようなものです。

　CakePHPでは、コンソールから実装可能なアプリケーションをシェル(*Shell*)、シェルの間で共通の処理をタスク(*Task*)と呼びます。

コンソールから動かしてみる

　まずコンソールから動かすには、PHPのCLI(*Command line interface*)の実行環境が必須となりますが、PHPがデフォルトオプション(--enable-cli)でコンパイルされていれば、特に注意する必要はないでしょう。

　本章では、CUI環境でPHPのCLIにパスが通っている想定で進めます。

```
$ cd CakePHPのルートディレクトリ/app
$ Console/cake
```

　cakeコマンドを実行すると、次のようなメッセージが表示されます。もし成功しない場合は、PHPにパスが通っていない可能性があるので、環境設定を確認してみてください。

```
～省略
Available Shells:

[CORE] acl, api, bake, command_list, console, i18n, schema, test,
testsuite, upgrade

To run an app or core command, type cake shell_name [args]
To run a plugin command, type cake Plugin.shell_name [args]
To get help on a specific command, type cake shell_name --help
```

CakePHPが用意しているシェル

cakeコマンドを実行すると表示された「Available Shells」が、現在の環境で利用可能なシェルの一覧です(**表11.1**)。[CORE]という表示があるのはCakePHPが用意しているシェルです。

表11.1 CakePHPが用意しているシェル

シェル名	概要
acl	ACL(Access Control List)を管理する。ACLでは、指定したURL操作の許可・拒否を設定できる
api	APIドキュメントを表示できる。たとえば「Console/cake api helper HtmlHelper」のように実行する
bake	すでに存在するテーブルや、テンプレートからアプリケーションの足場(scaffold)を作ることができる。詳しくは3章「bakeによるソースコードの自動生成」(42ページ)を参照
command_list	cakeコマンドを実行したときに表示される「Available Shells」をソートもしくはXMLで出力できる
console	配置されているアプリケーションのコードを実行できるインタラクティブシェル。アプリケーションにデバッグ文を入れることなく、コマンドラインから実行してモデルやルーティングの動作を検証できる
i18n	国際化対応するためのPOTファイルを自動生成できる
schema	データベーススキーマを管理する。現在のデータベース定義のダンプや、データベース定義の差分からマイグレーションできる
test	CIツールなどと連携してCUIからテストを実行するためのシェル。バージョン2.1から採用された。詳しくは12章参照
testsuite	バージョン2.0までのCUIからテストを実行するシェル。互換性保持のため2.1以降も残されている
upgrade	1.3系で作成したアプリケーションのコードを可能な限り2.0系で動作するように書き換える。詳しくは17章「Upgrade shellを使った移行」(340ページ)を参照

各シェルのパラメータは、

```
$ Console/cake シェル名 --help
```

のように実行すると確認できるので、ページ数の都合上本書で触れられないシェルについての詳しい使い方はヘルプを参照してください。

11.2 シェルを自作する──掲示板アプリケーションの操作

本節では、実際にシェルを作成する手順を解説します。

シェルと言っても通常のPHP言語です。出力方法が異なるだけで基本的な記述形式はこれまで学習した内容が役立ちますし、CakePHPのAPIや作成したアプリケーションが利用できます。

作成するシェルは、3章「bakeによるソースコードの自動生成」(42ページ)で作成したCategoryモデルを使ってデータを一覧表示、追加、削除するアプリケーションです。

利用方法として、次のシーンを想定したプログラムを作ってみましょう。

```
$ Console/cake category # ヘルプを表示
$ Console/cake category index # カテゴリを一覧表示
$ Console/cake category add カテゴリ名 # 指定されたカテゴリを追加
$ Console/cake category delete 999 # idが999のカテゴリを削除
```

アプリケーションが利用するシェルは、app/Console/Commandディレクトリの下にPHPファイルを作成します。命名規則は「コマンド名＋Shell.php」ようになっています。

ではまず空のシェルクラスを作ってみましょう。

```
<?php
// app/Console/Command/CategoryShell.php
class CategoryShell extends AppShell {
}
```

cakeコマンドを実行して「Available Shells」に追加されていることを確認しましょう。

```
$ Console/cake
〜省略
Available Shells:

[CORE] acl, api, bake, command_list   〜省略

[app] category   ←追加
〜省略
```

[app]はアプリケーションのシェルであることを表します。たとえばプラグインのシェルであった場合はプラグイン名が表示されます。

カテゴリを一覧表示する処理を作成

シェル名(サンプルではcategory)のあとにindexのようなコマンドを追加するのはとても簡単です。先ほどのCategoryShellクラスにindexというメソッドを追加します。

```
// app/Console/Command/CategoryShell.php
public $uses = array('Category');

public function index() {
    $this->out("id\tname");
    foreach ($this->Category->find('all') as $category) {
        $this->out($category['Category']['id']
            ."\t".$category['Category']['name']);
    }
}
```

シェルからアプリケーションで作成したモデルを参照するには、コントローラーと同じく $uses プロパティを使います。

一覧表示するためにはコンソールに出力しなければなりません。PHPで画面に表示すると言って最初に思い付く方法はechoでしょう。

ただし、シェルから出力する場合はechoでなく $this->out メソッドを使います。outメソッドは**表11.2**の3つのパラメータを受け取ることができます。

では実行してみましょう。

```
$ Console/cake category index
～省略
id  name
1   コンピュータ
2   生活
3   グルメ
```

カテゴリの追加処理を作成

続いて追加処理(add)を作成しましょう。一覧処理の作成方法から想像できるかもしれませんが、CategoryShellクラスにaddというメソッドを定義します。次のコードを追加してください。

```
// app/Console/Command/CategoryShell.php
public function add() {
    $this->Category->create();
    $this->Category->save(array('name'=>$this->args[0]));
    $this->out('登録しました');
}
```

addメソッドはパラメータでカテゴリ名を受け取ります。パラメータへの最も簡単なアクセス方法は、$this->argsプロパティの参照です。「cake category add」のあとに続く部分がパラメータと解釈されて、配列にセットされています。

実際に1件登録してみましょう。

```
$ Console/cake category add 'はじめてのシェル'
～省略
登録しました
```

表11.2 outメソッドが受け取ることができるパラメータ

パラメータ	概要
message	出力する文字列
newlines	messageを出したあとにLFで改行する個数。省略時は1
level	Shell::NORMAL(省略時)、Shell::VERBOSE、Shell::QUIETが指定できる

実際に登録できたかどうか、先ほど作成したindexサブコマンドで確認してみましょう。

```
$ Console/cake category index
～省略
id  name
1   コンピュータ
2   生活
3   グルメ
4   はじめてのシェル
```

最後にカテゴリが追加され、登録できていることが確認できました。

エラーを処理するには

表示処理で解説したoutメソッドのlevelパラメータにはエラーがないことに気がついたでしょうか？ シェルクラスからエラーメッセージを出力する場合は、errメソッドを使います。次のようにoutメソッドと同様の利用方法になります。

```
$this->err('エラーメッセージ');
```

outメソッドはstdout(標準出力)に書き込まれるのに対し、errメソッドはstderr(標準エラー出力)に書き込まれます。これはコンソール実行結果をログファイルにリダイレクトするときに重要となります。

たとえば次の例のように通常の出力はコンソールへ、エラーメッセージはerror.logへ出力したい場合にstderrへ出力しておけば、メッセージを別々に管理できるようになります。

```
$ Console/cake category add 2>error.log
```

もしエラーメッセージを表示してプログラムを終了したい場合は、errorメソッドが利用可能です。

次のように記述すると、タイトルとエラーメッセージをstderrに出力したうえで、プログラムが異常終了します[注a]。(岸田)

```
$this->error('エラータイトル', 'エラーメッセージ');
```

注a　exit(1)が実行されます。exit関数の引数はそのままシェルの戻り値となり、一般的に成功は0、それ以外は異常終了を意味します。

カテゴリの削除処理を作成

削除についても、これまでの追加や表示と同じように作ることが可能です。削除処理と聞いてすぐ思い付く仕様は、

❶削除する対象のデータを表示する
❷削除してよいか確認する

といったところでしょう。❶はoutメソッドでコンソールに出力し、❷はコンソールからの入力を使うことで解決できそうです。

実際に削除(delete)処理を作ってみましょう。次のコードを追加してください。

```
// app/Console/Command/CategoryShell.php
public function delete() {
    $category = $this->Category->findById($this->args[0]);
    $this->out($category['Category']['id']
        ."\t".$category['Category']['name']);
     if(strtolower($this->in('本当に削除してもよろしいですか?',
                          array('y', 'n'), 'n')) == 'n') {
        $this->out('終了します');
        return;
    }
    $this->Category->delete($this->args[0]);
    $this->out('削除しました');
}
```

削除してよいか確認する方法は、inメソッドを使って、

`$this->in('本当に削除してもよろしいですか?', array('y', 'n'), 'n')`

のように記述します。第1パラメータは入力メッセージ、第2パラメータは入力候補がある場合に候補を配列で指定します。第3パラメータは入力のデフォルト値です。

inメソッドはコンソールを入力待ち状態にして、候補がある場合は一致する値が入力されるまで処理は戻りません。

入力値の大文字／小文字は無視されるので、サンプルコードのようにstrtolower関数などで大文字か小文字に寄せておくことが重要です。

CakePHP本体では小文字が使われているので、明確な基準がない場合は小文字にしておくとよいでしょう。

では、削除処理を実行してみましょう。

```
$ Console/cake category delete 4
〜省略
4    始めてのシェル
本当に削除してもよろしいですか？（y/n）
[n] > y ←ここで入力待ちになる
削除しました
```

このように、コンソールプログラムであっても簡単に値を入力させるプログラムが作れるようになっています。

ヘルプを表示する処理を作成

ここまで作成してきたCategoryShellクラスですが、初めての方にはどのように実行してよいかわかりません。

そこでCakePHPのシェルアプリケーションでは、次のようにサブコマンド（メソッド名）を指定しないでシェルを実行した場合、ヘルプを表示するようになっているものがあります。

```
$ Console/cake category
```

> **Column**
>
> ## タスクを使って共通処理を整理する
>
> タスクとは、複数のシェルから利用可能な共通処理をまとめたり、シェルの機能を分割して細分化したりする、シェルクラスの書き方の一種です。タスクは、app/Console/Command/Taskディレクトリの下にファイルを作成します。命名規則は「タスク名＋Task.php」のようになっています。
>
> タスクそのものはシェルクラスなので、AppShellクラスを継承して作成します。タスクをうまく利用している例はbakeです。bakeそのものはシェルですが、実際に自動生成する対象のモデルやビューなどは個別のタスクになっています。このようにシェルのプログラムが複雑だったり大規模になったりする場合はタスク分割を考えてみましょう。（岸田）

第11章 コンソール／シェルの利用

このように、何も指定されなかった場合に使い方を表示してみましょう。コマンドを何も指定しなかった場合に実行されるのはmainメソッドです。まずmainメソッドが呼び出されたときにヘルプを表示するようにしてみましょう。次のコードを追加してください。

```
// app/Console/Command/CategoryShell.php
public function main() {
    return $this->out($this->OptionParser->help());
}
```

`$this->OptionParser->help()`と書くと整形されたヘルプ文字列を取得できるので、outメソッドでコンソールに出力します。

● 作成するヘルプの実行結果

まず作成したいヘルプの実行結果を先に見てみましょう（**図11.1**）。そのあとにどのように設定するのかを解説します。

● getOptionParserメソッドをオーバーライドする

ヘルプを表示するには、getOptionParserメソッドをオーバーライドして、このシェル独自のヘルプを追加します。コードのコメントの丸数字は、図11.1の実行結果に書かれている丸数字に対応しています。

```
// app/Console/Command/CategoryShell.php
public function getOptionParser() {
    $parser = parent::getOptionParser();
    return $parser->description(
            'カテゴリ管理プログラム'     // ❶
    )->addSubcommand('index', array(
        'help' => 'カテゴリの一覧表示',      // ❷
        'parser' => array('description' => array( // ❸
            '登録されているカテゴリをすべて一覧表示します。'))
```

図11.1 作成したいヘルプの実行結果

```
サブコマンドを指定しない実行例
$ Console/cake category
〜省略
```

（次ページへ続く）

11.2 シェルを自作する――掲示板アプリケーションの操作

```
カテゴリ管理プログラム   ←❶

Usage:
cake category [subcommand] [-h] [-v] [-q]

Subcommands:

index    カテゴリの一覧表示 ←❷
add      カテゴリ追加
delete   カテゴリ削除

To see help on a subcommand use `cake category [subcommand] --help`
～省略

 indexサブコマンドを指定した実行例 
$ Console/cake category index --help
～省略
登録されているカテゴリをすべて一覧表示します。   ←❸

Usage:
cake category index [-h] [-v] [-q]
～省略

 deleteサブコマンドを指定した実行例 
$ Console/cake category delete --help
～省略
指定されたカテゴリIDのレコードを削除します。   ←❸

Usage:
cake category delete [-h] [-v] [-q] <id>

Options:

--help, -h      Display this help.
--verbose, -v   Enable verbose output.
--quiet, -q     Enable quiet output.

Arguments:

id  カテゴリID  ←❹
```

```
    ))->addSubcommand('add', array(
        'help' => 'カテゴリ追加',      // ❷
        'parser' => array('description' => array(
            '指定されたカテゴリ名のレコードを追加します。'),
            'arguments' => array(
                'name' => array(
                    'help' => 'カテゴリ名',
                    'required' => true)))
    ))->addSubcommand('delete', array(
        'help' => 'カテゴリ削除',      // ❷
        'parser' => array(
            'description' => array(    // ❸
                '指定されたカテゴリIDのレコードを削除します。'),
            'arguments' => array(      // ❹
                'id' => array(
                    'help' => 'カテゴリID',
                    'required' => true))
    )));
}
```

まず最初にgetOptionParserメソッドでコンソールのオプションパーサ(以降パーサ)を取得します。取得したパーサにこのシェルの説明文をdescriptionメソッドで追加します。

● **addSubcommandメソッドの引数**

続いて3つのサブコマンド(一覧表示、追加、削除)を追加するためにaddSubcommandメソッドを使います。addSubCommandメソッドの第1引数にCategoryShellクラスのメソッド名を指定します。

addSubcommandメソッドの第2引数には、各メソッドの詳細な説明を記述します。これらは、

```
$ Console/cake category delete --help
```

のように、各サブコマンドの詳細な使い方を表示する場合に利用されます。一覧処理などのように、配列で指定すると一括して設定できます。

追加・削除のようにパラメータが必要な場合は'arguments'に列挙します。'required' => trueというオプションを書いておくと、

```
$ Console/cake category delete
```

のようにカテゴリIDを指定しなかった場合、自動的にヘルプが表示されるようになっています。つまりヘルプを作ることで「パラメータが指定されていなかった場合」の実装が必要なくなるのです。

図11.1のコマンドを実行してみてください。それぞれのヘルプが表示されるはずです。

確認メッセージなしで削除できるオプションを追加

シェルで--optionのようなオプションを使いたい場合は、パーサのしくみに組み込む必要があります。

まずシェルのdeleteサブコマンドでオプションを受け取れるようにパーサ定義を変更します。

```
// app/Console/Command/CategoryShell.php
))->addSubcommand('delete', array(
  'help' => 'カテゴリ削除',
  'parser' => array(
    'description' => array(
      '指定されたカテゴリIDのレコードを削除します。'
    ),
    'arguments' => array(
      'id' => array('help' => 'カテゴリID', 'required' => true)
    ),
    'options' => array(
      'force' => array(
        'short' => 'f',
        'help' => '確認メッセージなしで削除する',
        'boolean' => true
      )
    )
)));
```

キー「options」に、オプション名をキーとする配列を設定します。「short」は--forceの代わりに-fと指定できるショートオプションです。「boolean」を指定すると、値を参照したときにオプションが付いている場合true、付

第11章 コンソール/シェルの利用

いていない場合falseのように扱うことができます。

まず実装を変更する前にヘルプを表示させてみましょう。--force, -f が追加されていることがわかります。

```
$ Console/cake category delete --help
～省略
指定されたカテゴリIDのレコードを削除します。

Usage:
cake category delete [-h] [-v] [-q] [-f] <id>

Options:

--help, -h      Display this help.
--verbose, -v   Enable verbose output.
--quiet, -q     Enable quiet output.
--force, -f     確認メッセージなしで削除する   ← 追加されたオプション

Arguments:

id   カテゴリID
```

それでは、CategoryShellクラスのdeleteメソッドを修正しましょう。

```
// app/Console/Command/CategoryShell.php#delete()の一部
$this->out($category['Category']['id']
    ."\t".$category['Category']['name']);
if(!$this->params['force']) {   // ここから修正
    if(strtolower($this->in('本当に削除してもよろしいですか？',
                            array('y', 'n'), 'n')) == 'n') {
        $this->out('終了します');
        return;
    }
}   // ここまで修正
$this->Category->delete($this->args[0]);
```

オプションは$this->paramsの配列に入っています。値は自動的にboolean になっていますので、そのままif文で判定できます。

最後にforceオプションを付けて実行してみましょう。

```
$ Console/cake category delete 3 --force
～省略
3    グルメ
削除しました
```

　このように、単にコンソールに文字列として出力するだけでなく、シェルのしくみに沿ってパーサを設定することで、bakeなどで見慣れたヘルプ画面を表示したり、値のチェックやパラメータの取得などの機能を付けることが可能になります。

11.3 まとめ

　本章では、コンソールアプリケーション構築の方法をサンプルコードを交えて解説しました。CakePHP本体のコマンドを実行することはあっても、自作することはあまりないかもしれません。CakePHP本体やプラグインのコマンド実行に慣れたあとで、初めに自作するなら開発用のツールを作ってみるところから始めるのがよいでしょう。これは利用シーンが容易に想像できるので、構築しやすいと思います。続いてバッチ処理や、プラグインに付属する設定コマンドなど利用範囲を広げていくと、より理解が深まるでしょう。

シェルでもタスクでもない場合

　実際の開発現場では、シェルでもタスクでもないクラスを作成したくなる場面が出てきます。本章で解説したとおりシェルならCommandディレクトリの下、タスクならTaskディレクトリの下でよいのですが、それ以外のクラスはどうしたらよいか悩みます。

　このような場合はCakePHP本体の構造を見るとフレームワークの意図に沿った実装ができるようになります。実際にlib/Cake/Consoleディレクトリの中を見てみましょう。このディレクトリにはコンソールに関するシェルでもタスクでもない(たとえばHelpFormatter.phpのような)クラスが配置されています。さらにCommandの下はシェルだけで、Taskの下がタスクだけであることにも注目してください。

　そこに配置したクラスを利用するには、

```
App::uses('HelpFormatter', 'Console');
```

のようにApp::usesを使って読み込みます。

　このような配置方法はコンソールの下だけに限った話ではありません。CakePHP本体のディレクトリ「lib/Cake」下とアプリケーションディレクトリ「app」下では、「Model」や「View」など同じディレクトリがあるほか、「Network」や「Routing」など本体側にしかないディレクトリも存在します。

　開発現場ではさまざまな要求に応じたクラスを配置する必要がありますが、はじめから用意されているディレクトリ構造で不足を感じる場合は、適切な名前付けでディレクトリやクラスを作成するのほうが混乱を招かないでしょう。
(岸田)

第12章
ユニットテスト

- 12.1 ユニットテストの効率化 ... 216
- 12.2 CakePHPでのユニットテスト ... 216
- 12.3 テストケースの作成 ... 223
- 12.4 継続的インテグレーションとの統合 ... 244
- 12.5 まとめ ... 248

第12章 ユニットテスト

12.1 ユニットテストの効率化

ユニットテストは単体テストとも言います。従来ユニットテストでは、作成したプログラムを手順書をもとに手動で確認していました。このようなやり方では、ソースコードを変更するたび同じ手順を何度もやりなおす必要があり、また手順を間違えるとやりなおしになってしまうなど、効率的ではありませんでした。

本章ではそのような「手動」のテストではなく、テストコードを書いて「自動的」かつ「正確」にテストできるしくみについて解説します。

テストの対象となるクラスには、3章「bakeによるソースコードの自動生成」(42ページ)で作成したアプリケーションのコードをベースに、5章のリスト5.1(81ページ)で修正した内容を利用し、本章ではテストコードを中心に解説します。

なお、本書執筆時点(2012年7月)の最新版であるCakePHP 2.2.0では、ブラウザテストの一部に動作が不安定であったり、うまく動作しない個所があります。これらについてはそれぞれの個所で補足していますので、本章を読み進めていく中でご確認ください[注1]。

12.2 CakePHPでのユニットテスト

CakePHPでは、テスティングフレームワークとしてSimpleTest[注2]を使ってきましたが、2系からはPHPUnit[注3]を利用しています。CakePHPでは標準のPHPUnitを拡張して、CakePHPで作ったアプリケーションがよりテストしやすいようになっています。

まずこの節でどのようにテスティングフレームワークを使うかを解説し、次の節で実際のテストコードの書き方を解説します。

注1 執筆時点よりバージョンが進んでいる場合は、この問題が修正されている可能性もあります。
注2 http://simpletest.org/
注3 https://github.com/sebastianbergmann/phpunit/

PHPUnitのインストール

まずPHPUnitのインストールはpearコマンドを使って行います。もしPEARが利用可能でない(PHPコンパイルオプションが--without-pearであるなどの)場合は、http://pear.php.net/go-pear.pharを保存して、

```
$ php go-pear.phar
```

のように実行するか[注4]、各プラットフォームのパッケージマネージャからインストールしてください。

PEARの準備ができたら、実際にPHPUnitをインストールします。もしすでに最新のPHPUnitがインストール済みである場合は、このステップは省略してください。

```
$ pear upgrade PEAR
$ pear config-set auto_discover 1
$ pear install pear.phpunit.de/PHPUnit
```

本章ではPHPUnit 3.6.10の利用を想定して書かれていますが、PHPUnit 3.6.11でも問題なく動作することを確認しています。

環境整備

● デバッグレベルを確認する

CakePHPでユニットテストを実行する場合は、デバッグレベルが開発モードになっている必要があります。

```
// app/Config/core.phpの35行目付近
Configure::write('debug', 2);
```

第2引数の値が0(プロダクションモード)だとテストを実行できないので注意してください。

注4　Mac OS Xの場合、php -d detect_unicode=0 go-pear.pharのようにオプションを指定してください。

第12章 ユニットテスト

● テスト用データベースを準備する

3章「データベースの接続設定」（36ページ）で解説したのは、通常画面などから操作されたときに利用するデータベース接続設定です。テストではテスト用のデータが登録されたり、何度実行しても結果が変わらないように都度自動的にデータの削除が行われます。このため通常のデータとは別に管理するのが一般的です。database.phpにテスト用のデータベース接続設定を記述します。

```
// app/Config/database.php
public $test = array(
    'datasource' => 'Database/Mysql',
    'persistent' => false,
    'host' => 'localhost',
    'login' => 'root',
    'password' => 'root',
    'database' => 'test_cake2book',
    'prefix' => '',
    'encoding' => 'utf8'
);
```

デフォルトのデータベース設定は$defaultプロパティでしたが、テスト用の設定は$testプロパティに記述してください。指定する配列の内容は$defaultプロパティと同じ書き方で、注意するのはデータベース名（'database'キーの値）が$defaultプロパティと同じにならないようにすることです。

あとはデータベースサーバ上で、テスト用のデータベースを作成しておいてください。テーブルの作成は必要ありません。

ブラウザからのテスト

環境が整ったところでテストを実行してみます。まだ何もテストコードを書いていないので、CakePHP本体のテストを1つ実行してみましょう。

CakePHPでは、ユニットテスト実行に2つのインタフェースを用意しています。

- ブラウザからの実行
- コンソールからの実行

まず、ブラウザからの実行を試してみましょう。http://CakePHPを設置したURL/test.phpにアクセスします。図12.1のようにCakePHPのテストランナー[注5]が実行可能なテストをリストアップします。CakePHPは指定するテストコードディレクトリにあるテストケースを自動的に一覧表示して、テストケースの実行を楽にしてくれます。

では試しにCore Tests(CakePHP本体のテスト)の「Basics」というテストを実行してみましょう。

テストを実行すると図12.2のような画面が表示されます。これは成功の結果を表しています。次の部分がグリーンのバーに表示されています。

```
20/21 test methods complete: 20 passes, 0 fails, 152 assertions and 0 exceptions.
```

xUnit[注6]系のテストではテストの成功を「グリーン」と呼び、このようなグ

注5 テストを実行するプログラム。
注6 さまざまな言語のユニットテストフレームワークを呼ぶときの総称です。「x」の部分が言語ごとに設定され、JUnit、PHPUnitなどのように変化します。

図12.1 ブラウザ表示結果

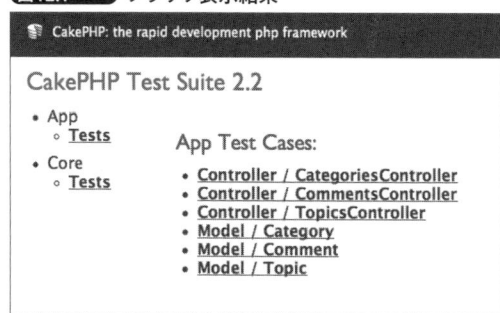

※執筆時点のCakePHP 2.2.0および2.2.1では、bakeしたてで何もテストケースを書いていないテストコード(図12.1ではModelのテスト)をブラウザから実行すると、期待しないエラーになってしまうので注意してください。テストケースが1つもないケースはコンソールでも「No tests found in class "CategoryTest"」のようなエラーになりますが、ブラウザから実行した場合は「Error: Call to undefined method」が出てしまいます。

リーンバーで表示されるのが一般的です。

コンソールからのテスト

ユニットテストをコンソールから実行してみましょう。コンソールの詳しい使い方は11章で解説していますので、ここではコマンドのみ紹介します。

コマンドの利用方法は次のとおりです。

cake test [options] [<category>] [<file>]

[]は省略可能であることを表し、<>は値を入力することを表します。それぞれの意味は**表12.1**のとおりです。

ここではオプションを指定せずに、ブラウザと同じコアのBasicsのテス

図12.2 Basicsユニットテスト実行結果

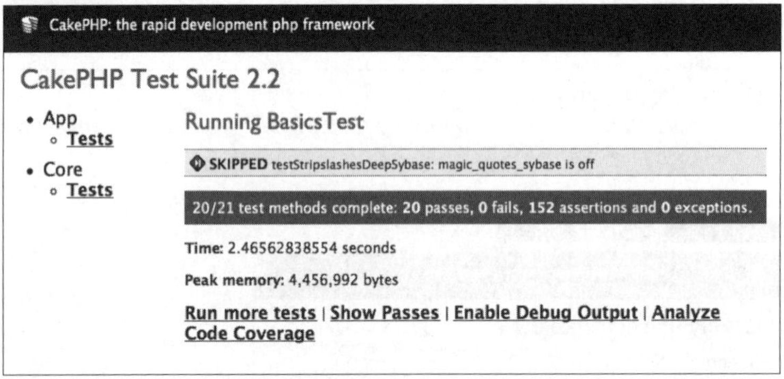

CakePHP: the rapid development php framework

CakePHP Test Suite 2.2

- App
  - **Tests**
- Core
  - **Tests**

Running BasicsTest

⊘ SKIPPED testStripslashesDeepSybase: magic_quotes_sybase is off

20/21 test methods complete: 20 passes, 0 fails, 152 assertions and 0 exceptions.

Time: 2.46562838554 seconds

Peak memory: 4,456,992 bytes

Run more tests | **Show Passes** | **Enable Debug Output** | **Analyze Code Coverage**

表12.1 cake testが取る引数の意味

名前	解説
options	任意指定のテスト実行時オプション[※]
category	テスト対象。core（CakePHP本体）、app（ユーザ作成アプリケーション）またはプラグイン名を指定する。2.1からは省略可能
file	テスト対象のファイル名。HogeTest.phpの場合「Hoge」のようにTest.phpの部分を省略して指定する。ファイル名の指定は任意で、省略した場合はテストランナーが表示するテスト対象一覧から選択する

※本書ではオプションについて詳しくは触れません。詳しくは`Console/cate test --help`を実行して確認してください。

トを実行してみましょう。appディレクトリに移動して、図12.3のコマンドを実行します。

このように、ブラウザ、コンソールどちらで実行しても同じ結果を得ることができます。

カバレッジの確認

カバレッジを見るにはXdebugのインストールが必要です。もしインストールされていない場合は公式サイト[注7]から入手可能です。またXdebugがインストールされていても、php.iniの設定で有効になっていなければなりません。

```
// PHP 5.3系のphp.ini
[xdebug]
zend_extension="/php5.3/lib/php/extensions/xdebug.so"

// PHP 5.2系のphp.ini
[xdebug]
zend_extension_ts="/php5.2/lib/php/extensions/xdebug.so"
```

注7　http://xdebug.org/

図12.3 Basicsユニットテスト実行結果

```
$ Console/cake test core Basics

---------------------------------------------------------------
CakePHP Test Shell
---------------------------------------------------------------
PHPUnit 3.6.10 by Sebastian Bergmann.

....................S.

Time: 2 seconds, Memory: 5.50Mb

OK, but incomplete or skipped tests!
Tests: 21, Assertions: 152, Skipped: 1.
```

コメントになっている場合はコメントを外し、設定がない場合には追加します[注8]。

php.iniの設定を変更したらApacheを再起動します。正しく設定が完了しているか、phpinfo( )で確認できます（**図12.4**）。

● ブラウザから確認する

本手順は執筆時点のCakePHP 2.2系ではうまく動作しないケースがあります。CakePHP 2.2系を利用する場合は、後述の方法でコンソールからカバレッジレポートを生成することを推奨します。

先ほどブラウザで実行したBasicsのユニットテスト実行結果右下に、「Analyze Code Coverage」というリンクが表示されているので、それをクリックします。すぐ下に「Code coverage results」というタイトルと、「Toggle all files」というリンクが表示されるので、後者のリンクをクリックします。

図12.5のような表示になるので、カバレッジを見たいファイルのリンクをクリックします。するとソースコードが表示され、ユニットテストの結果通過した行がグリーン、通過していない行がレッドで表示されます（**図12.6**）。

注8　本書に記載されているxdebug.soのパス、およびファイル名は一例です。

図12.4 phpinfo()表示結果

| Registered Stream Filters | zlib.*, bzip2.*, convert.iconv.*, string.rot13, string.toupper, string.tolower, string.strip_tags, convert.*, consumed, dechunk, mcrypt.*, mdecrypt.* |

This program makes use of the Zend Scripting Language Engine:
Zend Engine v2.3.0, Copyright (c) 1998-2010 Zend Technologies
　　with XCache v1.3.1, Copyright (c) 2005-2010, by mOo
　　with Xdebug v2.1.0, Copyright (c) 2002-2010, by Derick Rethans

Powered By Zend Engine 2

図12.5 カバレッジ選択結果

Code coverage results　　　　　　　　　　　　　　　　　　Toggle all files

CakeTestLoader.php Code coverage: 0%

CakeRequest.php Code coverage: 0%

Inflector.php Code coverage: 9.15%

図12.6 カバレッジ結果。上部がレッドで下部がグリーン

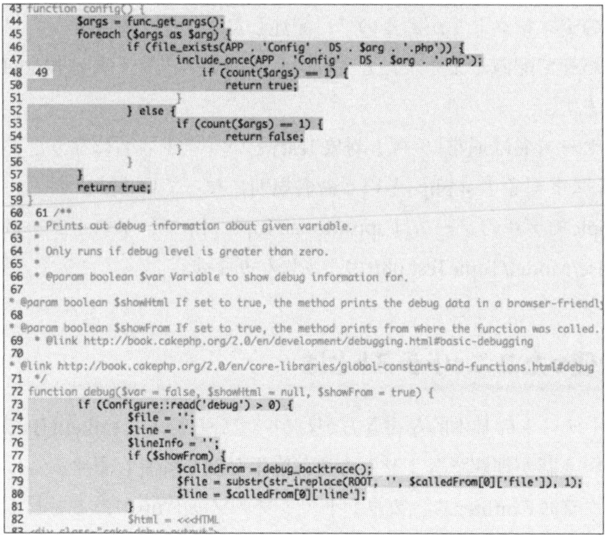

● コンソールから確認する

図12.3のコマンドに `--coverage-html 出力先ディレクトリ`オプションを追加することで、指定したディレクトリにカバレッジレポートを出力します。

```
$ Console/cake test core Basics  --coverage-html webroot/coverage
```

出力されたwebroot/coverage/index.htmlを開くと、テストを実行した結果のカバレッジレポートが見えます。テスト対象となったBasicsは表の最下行にbasics.phpと表示されるので、リンクをクリックすると図12.6のようにソースコードで通過していない行がわかります。

12.3
テストケースの作成

いよいよテストケースを書いていきます。前節でも書いたように、CakePHPでは指定するテストコードディレクトリにあるテストケースを自

第12章 ユニットテスト

動的に識別します。アプリケーションのテストケースはapp/Test/Caseの下にModelなどのディレクトリがあるので、記述したアプリケーションのソース構造と合わせて配置します。たとえばモデルのテストケースはModelの下に記述します。

またテストケース名は通常「テスト対象Test」というクラス名になり、ファイル名は「テスト対象Test.php」という命名規則になっています。たとえば後述するTopicモデルのソースはapp/Model/Topic.phpで、テストケースはapp/Test/Case/Model/TopicTest.phpのようになります。

PHPUnitを使ったユニットテストとは

まずユニットテストの基本的な書き方がわかっていないと、CakePHPでどう書くかという話が理解できませんので、簡単な例で解説します。

カウンタークラスCounterに、カウントアップメソッドupがあるとします。upメソッドの仕様は次のとおりとします。

- 通常は1ずつカウントアップする
- パラメータが指定された場合はその分カウントアップする

実装すると**リスト12.1**のようになります。

このようなケースでは、1アップするケースと、指定された数だけアップするケースがあります。テストはその2つのケースを網羅するように記述します(**リスト12.2**)。

リスト12.1　Counter.php

```php
class Counter {
    private $count = 0;

    function up($value=1) {
        $this->count += $value;
        return $this->count;
    }
}
```

224

テストは、

- 前処理（テストの準備）
- テスト対象の呼び出し
- テスト結果の評価

の3ステップから構成されます。

リスト12.2では、setUpメソッドでテスト対象のインスタンスを生成して、テストを実行するための準備を行っています。

実際のテストケースは「test」で始まるメソッド名で記述して、その中に記述するアサーション[注9]はなるべく1つの目的を持つようにします。たとえばリスト12.2の例でパラメータを指定しない場合と指定する場合のアサーションを1つのテストケースにまとめて書くと、upメソッドを2回呼ぶことになるので適切ではありません。ユニットテストとは、1つの実行に対して1つの結果を評価するのが最適です[注10]。

注9　テスト結果の評価で、「assert」で始まるメソッド。
注10　もちろん処理の連続性（依存関係）に意味がある場合などには、1つのテストケースで書かないといけない場合もあるので、その限りではありません。

リスト12.2 CounterTest.php

```php
require 'Counter.php';
class CounterTest extends PHPUnit_Framework_TestCase
{
    private $counter;
    public function setUp() {
        $this->counter = new Counter();
    }
    public function testカウントアップ() {
        $this->assertEquals(1, $this->counter->up());
    }
    public function test指定した数カウントアップ() {
        $this->assertEquals(2, $this->counter->up(2));
    }
}
```

第12章 ユニットテスト

モデルのテスト

まずモデルのテストコードを書きます。モデルを最初のテストコードにするのは、テストコードが書きやすく、ほかのクラスと依存関係が少ないという理由があります。

ここではTopicモデルを使って、次のテストを書いていきます。

- 入力チェックのテスト
- getLatestメソッドのテスト

● 自動生成されたテストケースのひな型を確認する

bakeを使ってTopicモデルを生成した場合は、テストケースのひな型も合わせて生成されます。3章の内容に従って進んできた場合は、**リスト12.3**のコードが自動生成されているはずです。

まず最初にテスト対象のクラスを宣言します(リスト12.3 ❶)。次にテストケースの宣言はリスト12.3 ❷のようにCakeTestCaseクラスを継承します。

リスト12.3 3章のbakeで自動生成されたTopicモデルのテストケース

```
// app/Test/Case/Model/TopicTest.php
App::uses('Topic', 'Model');         // ❶
class TopicTest extends CakeTestCase {        // ❷
    public $fixtures = array(   // ❸
        'app.topic',
        'app.category',
        'app.comment'
    );

    public function setUp() {    // ❹
        parent::setUp();
        $this->Topic = ClassRegistry::init('Topic');    // ❺
    }
    public function tearDown() {    // ❻
        unset($this->Topic);
        parent::tearDown();
    }
}
```

リスト12.3❸はフィクスチャと言い、テストデータを自動的にロードするしくみを利用する宣言です。テスト対象のモデルだけでなく、関連モデルのテストデータも利用するようになります。

リスト12.3❹❻は各テストケースの前後に呼ばれるメソッドで、setUp( )→作成したテストケース→tearDown( )→setUp( )→作成したテストケース……のように繰り返し続きます。setUpメソッドやtearDownメソッドはCakeTestCaseクラスにも処理があるため、必ずparent::setUp( )のように親クラスのメソッドを呼ぶ必要があります。

もちろんテスト対象のモデルを初期化する必要があります。しかし、

```
$this->Topic = new Topics();
```

のように書くのは、(特にモデルに関して言えば)推奨されません。モデルのテストケースではリスト12.3❺のようにClassRegistry::init()を利用します。なぜなら、この記法を使うとモデルで使うデータベースが$testプロパティで書いたデータベースになるからです。つまりnewしてしまうと$testプロパティでなく$defaultプロパティのデータベースに接続してしまい、期待通りの結果が得られないのです。またテストするデータベースの切り替えといった面倒な処理をしなくてよいというメリットもあります。

● フィクスチャを利用する

リスト12.3❸で出てきたフィクスチャは、次の役割を持っています。

- テストテーブルの定義
- テストデータの定義

テストケースと同様にモデルをbakeで生成した場合は、フィクスチャも合わせて生成されます。Topicsのフィクスチャを見てみましょう(**リスト12.4**)。

テーブル定義は$fieldsプロパティに配列で指定します。bakeでモデルを作成すると自動的に作成されるのですが、この定義を最初から書くのは大変です。

すでにモデルが存在していて、その内容と同じテーブル定義にするのであれば、次のようにします。

第12章 ユニットテスト

リスト12.4 3章のbakeで自動生成されたTopicモデルのフィクスチャ

```php
// app/Test/Fixture/TopicFixture.php
class TopicFixture extends CakeTestFixture {
    public $fields = array(
        'id' => array('type' => 'integer', 'null' => false,
            'default' => null, 'key' => 'primary'),
        'title' => array('type' => 'string', 'null' => false,
            'default' => null, 'collate' => 'utf8_unicode_ci',
            'charset' => 'utf8'),
        'body' => array('type' => 'text', 'null' => false,
            'default' => null, 'collate' => 'utf8_unicode_ci',
            'charset' => 'utf8'),
        'category_id' => array('type' => 'integer', 'null' => false,
            'default' => null),
        'created' => array('type' => 'datetime', 'null' => false,
            'default' => null),
        'modified' => array('type' => 'datetime', 'null' => false,
            'default' => null),
        'indexes' => array(
            'PRIMARY' => array('column' => 'id', 'unique' => 1)
        ),
        'tableParameters' => array('charset' => 'utf8',
            'collate' => 'utf8_unicode_ci', 'engine' => 'MyISAM')
    );

    public $records = array(
        array(
            'id' => 1,
            'title' => 'Lorem ipsum dolor sit amet',
            'body' => 'Lorem ipsum dolor sit amet, aliquet feugiat. ……',
            'category_id' => 1,
            'created' => '2012-03-10 18:50:10',
            'modified' => '2012-03-10 18:50:10'
        ),
    );
}
```

```
public $import = 'Topic';
```

まだモデルがなくテーブルしかない場合は、次のような記述も可能です。

```
public $import = array('table' => 'topics');
```

またマスタファイルなどdatabase.phpの$defaultプロパティで指定されたデータベースに入っているデータをそのまま使いたい場合は、

```
public $import = array('model' => 'Topic', 'records' => true);
public $import = array('table' => 'topics', 'records' => true);
```

のどちらかの記述で、$recordsプロパティに値を書かなくても自動的にdatabase.phpの$defaultプロパティで指定されたデータベースから値をコピーします。

テストデータをコピーせずに自分で定義する場合は$recordsプロパティに配列で指定します。外側の配列で複数レコード分、内側の配列でカラムごとに値を指定します。

● 入力チェックをテストする

では最初のテストコードを書いてみましょう。テストコードは「testテスト名()」のようにtestで始まっていれば、そのあとは日本語でも大丈夫です。テストコードはドキュメントとしての一面も持っているので、テストの内容を適切に表す名前にすることが重要です。

リスト12.5のように追加します。まず画面からPOSTされたりするときと同じように、createメソッドでモデルに値をセットします(リスト12.5❶)。

リスト12.5　Topicモデルのテストに追加するテストケース

```
// app/Test/Case/Model/TopicTest.php
public function testタイトルは必須入力である() {
    $this->Topic->create(array('Topic'=>array('title'=>'')));    // ❶
    $this->assertFalse($this->Topic->validates());               // ❷
    $this->assertArrayHasKey('title',
            $this->Topic->validationErrors);                     // ❸
}
```

次にvalidatesメソッドでモデルの値をチェックします(リスト12.5❷)。入力エラーがあれば結果はfalseになるはずですので、assertFalseメソッドでfalseかどうかチェックします。最後に、$this->Topic->validationErrorsプロパティにバリデーションエラーになった項目が入っているかチェックします(リスト12.5❸)。もちろんキーtitleの値にはエラーメッセージも入っているので、エラーメッセージを評価することも可能です。

このようにPHPUnitではassertで始まるメソッドで結果を評価します。

アサーションには多くの種類が(36も!!)あります。PHPUnit 3.6のアサーションについては、公式ドキュメント[注11]を参照してください。

● 独自に作成した検索処理をテストする

わかりやすいテストにするために、bakeで生成されたフィクスチャのデータを書き換えます(**リスト12.6**、**リスト12.7**)。

getLatestsメソッドはカテゴリID(category_id)が1で、createdが新しい順に5件を取得するので、カテゴリIDが1でそれより多い6件と、カテゴリIDが2のレコードを準備しておきます。

注11 http://www.phpunit.de/manual/3.6/ja/writing-tests-for-phpunit.html#writing-tests-for-phpunit.assertions

リスト12.6 3章のbakeで自動生成されたCategoryモデルのフィクスチャを変更

```
// app/Test/Fixture/CategoryFixture.php
public $records = array(
    array(
        'id' => 1,
        'name' => 'コンピュータ',
        'created' => '2012-02-02 05:14:16',
        'modified' => '2012-02-02 05:14:16'),
    array(
        'id' => 2,
        'name' => 'グルメ',
        'created' => '2012-02-02 05:14:23',
        'modified' => '2012-02-02 05:14:23')
);
```

テストケースは**リスト12.8**のようになります。

　$this->Topic->getLatest メソッドで取得できた結果を assertEquals メソッドで値が等しいか評価します。ここで重要なのは、xUnit系のテスティングフレームワークでは assertEquals メソッドのパラメータは「**期待値，実際の値**」の順に記述することです。テストケースが成功している間はこの違いを気にせず利用していても問題ないのですが、テストが失敗したときに表示

リスト12.7 3章のbakeで自動生成されたTopicモデルのフィクスチャを変更

```
// app/Test/Fixture/TopicFixture.php
public $records = array(
    array(
        'id' => 1, 'category_id' => 1,
        'title' => '新しいパソコン',
        'created' => '2012-02-02 05:15:13'),
    array(
        'id' => 2, 'category_id' => 1,
        'title' => '新しい携帯電話',
        'created' => '2012-02-03 05:15:13'),
    array(
        'id' => 3, 'category_id' => 1,
        'title' => '格好良いスマートフォン',
        'created' => '2012-02-01 05:15:13'),
    array(
        'id' => 4, 'category_id' => 1,
        'title' => 'はじめてのPHP',
        'created' => '2012-02-04 05:15:13'),
    array(
        'id' => 5, 'category_id' => 1,
        'title' => 'はじめてのWindows',
        'created' => '2012-02-05 05:15:13'),
    array(
        'id' => 6, 'category_id' => 1,
        'title' => 'CG入門',
        'created' => '2012-02-06 05:15:13'),
    array(
        'id' => 7, 'category_id' => 2,
        'title' => '好きなお寿司は？',
        'created' => '2012-02-04 15:15:15')
);
```

されるエラーメッセージの期待値と実際の値が逆になっていると混乱するので、パラメータ順に従うようにしましょう。

● テストを実行する

ここではブラウザを使ったテストを実行します。「ブラウザからのテスト」(218ページ)で解説したURLにアクセスして、左側に表示されているAppのTestsをクリックします(図12.1)。

すると作成済みのModelのテストケースが表示される(bakeしているので3つある)ので、「Model / Topic」をクリックします(図12.7)。グリーンバーが出てテストが成功していることがわかります。

● テストがエラーになったら

もちろんテストが必ずしも成功するとは限りません。失敗するとどのよ

リスト12.8 Topicモデルのテストに追加するテストケース

```
// app/Test/Case/Model/TopicTest.php
public function testカテゴリ1の最新5件が取得できること() {
    $latests = $this->Topic->getLatest();
    $this->assertCount(5, $latests);
    $this->assertEquals('CG入門',
                        $latests[0]['Topic']['title']);
    $this->assertEquals('はじめてのWindows',
                        $latests[1]['Topic']['title']);
    $this->assertEquals('はじめてのPHP',
                        $latests[2]['Topic']['title']);
    $this->assertEquals('新しい携帯電話',
                        $latests[3]['Topic']['title']);
    $this->assertEquals('新しいパソコン',
                        $latests[4]['Topic']['title']);
}
```

図12.7 Model/Topicのテスト結果

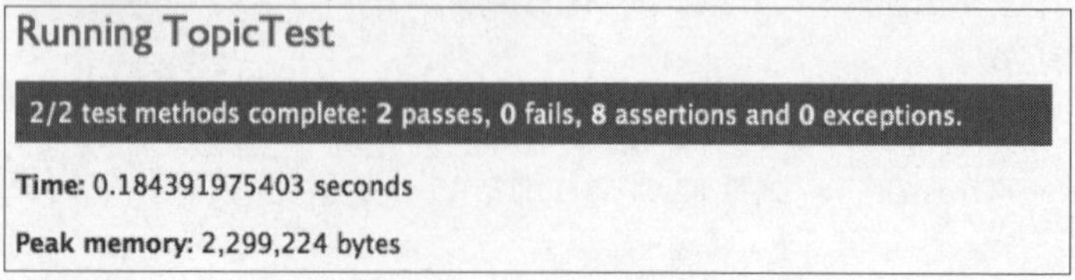

```
Running TopicTest
2/2 test methods complete: 2 passes, 0 fails, 8 assertions and 0 exceptions.
Time: 0.184391975403 seconds
Peak memory: 2,299,224 bytes
```

うな表示になるか確認しておきましょう。4番目に戻ってくるタイトルが「新しい携帯電話」でなく「格好良いスマートフォン」と間違っていた場合を想定します（**リスト12.9**）。

再度ブラウザからテストを実行してみます（**図12.8**）。どのテストケースが失敗したのかと、エラーの理由が表示されます。

続いてコンソールからテストを実行してみます（**図12.9**）。ブラウザ、コンソール両方とも、エラー内容に「-」に続いて期待値、「+」に続いて実際の値が表示されるので失敗の原因がわかりやすくなっています。

CakePHP 2.2.0より前は図12.8の表示には失敗原因が表示されないので、コンソールからの実行がわかりやすくなっています。

コントローラーのテスト

続いてコントローラーをテストしてみましょう。コントローラーはCakePHPに限らず多くのMVCフレームワークで最もテストが困難です。なぜなら、コントローラーはモデルやコンポーネントなどを使って処理する

リスト12.9 リスト12.8の4番目のタイトルが失敗した場合の表示を確認するための例

```
// app/Test/Case/Model/TopicTest.php
$this->assertEquals('格好良いスマートフォン',
                    $latests[3]['Topic']['title']);
```

図12.8 Model/Topicのテストエラー

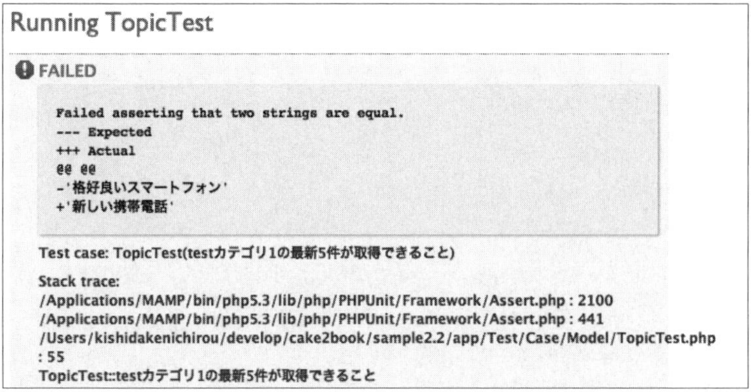

```
Running TopicTest

❶ FAILED

    Failed asserting that two strings are equal.
    --- Expected
    +++ Actual
    @@ @@
    -'格好良いスマートフォン'
    +'新しい携帯電話'

Test case: TopicTest(testカテゴリ1の最新5件が取得できること)
Stack trace:
/Applications/MAMP/bin/php5.3/lib/php/PHPUnit/Framework/Assert.php : 2100
/Applications/MAMP/bin/php5.3/lib/php/PHPUnit/Framework/Assert.php : 441
/Users/kishidakenichirou/develop/cake2book/sample2.2/app/Test/Case/Model/TopicTest.php
: 55
TopicTest::testカテゴリ1の最新5件が取得できること
```

ため、それぞれ依存関係が強く、ユニットテストというよりは結合テストに近いものになるからです。したがって、ブラウザを使って手動でテストを行うことも多いと思います。

しかし、AjaxリクエスH、Web API、RSS配信など、HTML以外を戻す場合では特にユニットテストが有用なケースもあるので、コントローラーのテスト記述を学んでおくと役立ちます。

コントローラーではアクション実行の結果として、次の値を評価することが可能です。

図12.9 コンソールからテストを実行

```
$ Console/cake test Model/Topic.php
〜省略

CakePHP Test Shell
---------------------------------------------------------------
PHPUnit 3.6.10 by Sebastian Bergmann.

.F

Time: 3 seconds, Memory: 9.50Mb

There was 1 failure:

1) TopicTest::testカテゴリ1の最新5件が取得できること
Failed asserting that two strings are equal.
--- Expected
+++ Actual
@@ @@
-'格好良いスマートフォン'
+'新しい携帯電話'

〜省略

FAILURES!
Tests: 2, Assertions: 7, Failures: 1.
```

- setメソッドを使ってビューに渡す値
- レイアウトを除いた部分のHTML
- レイアウトを含んだ完全なHTML
- アクションがHTML描画でなくreturnで終了する場合の戻り値

　コントローラーのテストケースも3章のbakeコマンドで自動生成されています(**リスト12.10**)。

　モデルとは異なり、テスト対象をテストコードからロードすることがないので、クラスの利用宣言は必要ありません。テストクラスはControllerTestCaseクラスを継承します。

　コントローラーのテストケースでもフィクスチャが使えるので、$fixturesプロパティを宣言してテストデータを投入できるようにします。

　testIndex( )、testView( )、testAdd( )、testEdit( )、testDelete( )の空テストケースが作成されていますが、これらは不要であれば削除してしまって問題ありません(本書では削除して進みます)。

● ビューに渡された値を評価する

　コントローラーが$this->setメソッドでビューに引き渡す値を評価するに

リスト12.10 Topicsコントローラーの空テストコード

```php
<?php
// app/Test/Case/Controller/TopicsControllerTest.php
App::uses('TopicsController', 'Controller');

class TopicsControllerTest extends ControllerTestCase {

    public $fixtures = array(
        'app.topic',
        'app.category',
        'app.comment'
    );
    // 省略
}
```

は、**リスト12.11**のようなテストケースを追記します。

コントローラーのアクションをテストするには、$this->testActionメソッドを使用します。第一引数はテスト対象のURLで、第二引数にオプションを指定します。setメソッドで渡された値を取得するには、オプションに'return' => 'vars'と指定します（リスト12.11❶）。すると戻り値がビューに渡す変数の配列になるので、キー名から値を取得（リスト12.11❷）して評価します。

● **HTMLを評価する**

コントローラーの処理結果としてHTMLが描画される場合、その内容を評価することも可能です。**リスト12.12**のようなテストケースを追記します。

testActionメソッドの戻り値はviewになっています。viewを指定した場合はレイアウトを含めないHTMLを戻します。レイアウトを含めた完全なページを戻したい場合はcontentsを指定します。

リスト12.11 Topicsコントローラーのindexアクションのテストケースを追加

```
// app/Test/Case/Controller/TopicsControllerTest.php
public function testトピックを一覧表示できる() {
    $result = $this->testAction(
        '/topics/index', array('return' => 'vars'));  // ❶
    $topics = $result['topics']; // ❷
    $this->assertCount(7, $topics);
    $this->assertEquals('新しいパソコン',
                        $topics[0]['Topic']['title']);
    $this->assertEquals('新しい携帯電話',
                        $topics[1]['Topic']['title']);
    $this->assertEquals('格好良いスマートフォン',
                        $topics[2]['Topic']['title']);
    $this->assertEquals('はじめてのPHP',
                        $topics[3]['Topic']['title']);
    $this->assertEquals('はじめてのWindows',
                        $topics[4]['Topic']['title']);
    $this->assertEquals('CG入門',
                        $topics[5]['Topic']['title']);
    $this->assertEquals('好きなお寿司は？',
                        $topics[6]['Topic']['title']);
}
```

HTMLのタグは、リスト12.12のようにassertTagメソッドで構造を評価できますが、見ての通りあまり使いやすいものではありません。もちろんHTML構造を評価するのが重要なケース、たとえばヘルパーのメソッド評価などであれば有効かもしれませんが、ページを評価するには適していません。どうしてもページの構造をユニットテストで評価したい場合は、DomDocumentクラスを使うか、外部ライブラリのQueryPath[注12]やPHP Simple HTML DOM Parser[注13]などを使って、assertTrueメソッドやassertEqualsメソッドと組み合わせるほうがわかりやすく記述できるでしょう。

● 例外を評価する

bakeしたTopicsControllerのviewアクションでは、存在しないトピックのIDが指定された場合は例外NotFoundExceptionを投げるようになっています。

```
// app/Controller/TopicsController.phpの30行目付近
throw new NotFoundException(__('Invalid topic'));
```

注12 https://github.com/technosophos/querypath
注13 http://simplehtmldom.sourceforge.net/

リスト12.12 TopicsコントローラーのindexアクションでHTMLタグを評価するテストケースを追加

```
// app/Test/Case/Controller/TopicsControllerTest.php
public function testトピック一覧はtableタグで表示する() {
    $result = $this->testAction(
        '/topics/index', array('return' => 'view'));
    $expected = array(
        'tag'=>'div',
        'attributes'=>array('class' => 'topics index'),
        'child' => array(
            'tag' => 'table',
            'children' => array('count'=>8)
        )
    );
    $this->assertTag($expected, $result);
}
```

第12章 ユニットテスト

このようなエラーをテストする場合は、**リスト12.13**のテストケースのように「@」で始まるアノテーション記法を使います。

@expectedExceptionでtestメソッドがこの例外で終了することを期待します。もし指定した例外が投げられない場合はエラーになります。@expectedExceptionMessageで例外を生成したときに指定したメッセージを確認できます。

● リダイレクトを評価する

bakeしたTopicsControllerクラスのdeleteアクションでは、削除が成功するとindexアクションにリダイレクトするようになっています。

```
// app/Controller/TopicsController.phpの98行目付近
$this->redirect(array('action' => 'index'));
```

このようなケースをテストする場合は、**リスト12.14**のようなテストケ

リスト12.13 Topicsコントローラーのviewアクションが例外になるテストケースを追加

```
// app/Test/Case/Controller/TopicsControllerTest.php
/**
 * @expectedException NotFoundException
 * @expectedExceptionMessage Invalid topic
 */
public function test存在しないトピックを表示するとNotFoundになる()
{
    $this->testAction('/topics/view/999');
}
```

リスト12.14 Topicsコントローラーのdeleteアクションがリダイレクトされるテストケースを追加

```
// app/Test/Case/Controller/TopicsControllerTest.php
public function test削除が成功したらindexにリダイレクトする()
{
    $this->testAction('/topics/delete/1', array('method' => 'post'));
    $this->assertRegExp('/topics$/', $this->headers['Location']);
}
```

ースを書きます。

アクションがHTTPメソッドを限定している場合、testActionメソッドのパラメータでpostなどHTTPメソッドを指定します。

また、リダイレクトが呼ばれると、レスポンスヘッダのLocationに絶対パス(たとえばhttp://CakePHPを設置したURL/topicsのような値)が入るので、topicsで終了するパスになっているか正規表現で評価します。

● **フォームのPOSTを評価する**

フォームのPOSTを想定したテストを書きたい場合は**リスト12.15**のようなテストケースになります。

testActionメソッドの第2引数のうち、フォームからPOSTされたのと同じ配列形式でdataキーに値をセットすると、コントローラーから$this->request->dataプロパティとして参照できます。

flashメッセージを評価して、登録できたかどうか判定します。

● **テストを実行する**

これまでに追加したコントローラのテストを実行してみましょう。ここではブラウザを使ったテストを実行します。「ブラウザからのテスト」(218ページ)で解説したURLにアクセスして、左側に表示されているAppのTestsをクリックします(図12.1)。

すると作成済みのControllerのテストケースが表示される(bakeしている

リスト12.15 Topicsコントローラーのaddアクションのテストケースを追加

```
// app/Test/Case/Controller/TopicsControllerTest.php
public function test新しいトピックを追加する() {
    $data = array('Topic' => array('title'=>'新しいトピックタイトル'));
    $this->testAction('/topics/add',
        array('data'=> $data, 'method'=>'post'));
    $this->assertContains('The topic has been saved',
        $this->controller->Session->read('Message.flash'));
}
```

ので3つある)ので、「Controller / TopicsController」をクリックします(**図 12.10**)。グリーンバーが出てテストが成功していることがわかります。

コンポーネントのテスト

　コンポーネントについては、本書では解説を行うためにコアのテストコードを使います。また自作コンポーネントのテストを書く場合にも、コアのテストコードはとても参考になります。コンポーネントはコントローラーとの依存関係が多いもの(たとえばCookieコンポーネント)と、少ないもの(たとえばAclコンポーネント)があります。少ないものについては、モデルのテストケースとほぼ同じように特に依存関係を気にすることなくテストできます。ここでは依存関係が多いものについてCookieコンポーネントを例に解説します。

```
// lib/Cake/Test/Case/Controller/Component/CookieComponentTest.phpの20行目付近
App::uses('Component', 'Controller');
App::uses('Controller', 'Controller');
App::uses('CookieComponent', 'Controller/Component');
```

　まず最初の2行は、コンポーネントのテストケースでは必ず宣言するコアのクラスです。テスト対象のコンポーネントを3行目のように宣言します。

```
// lib/Cake/Test/Case/Controller/Component/CookieComponentTest.phpの30行目付近
class CookieComponentTestController extends Controller {
    public $components = array('Cookie');
    // 省略
}
```

図12.10 Controller/TopicsControllerのテスト結果

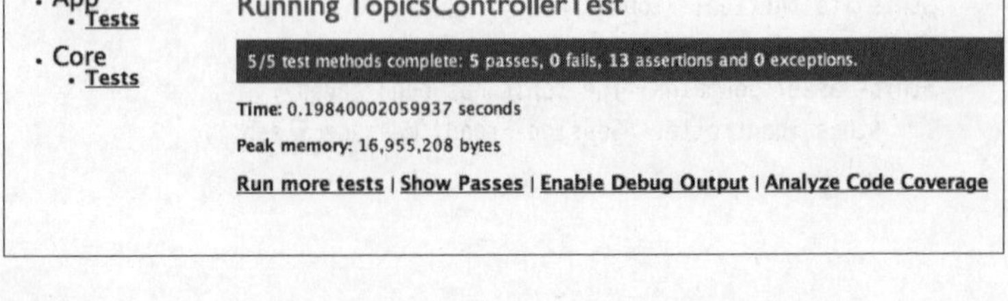

```
CakePHP Test Suite 2.2
・App
  ・Tests
・Core           Running TopicsControllerTest
  ・Tests      5/5 test methods complete: 5 passes, 0 fails, 13 assertions and 0 exceptions.
              Time: 0.19840002059937 seconds
              Peak memory: 16,955,208 bytes
              Run more tests | Show Passes | Enable Debug Output | Analyze Code Coverage
```

次にコンポーネントが利用される想定のテスト用コントローラークラスを作成します。$componentsプロパティにテスト対象のコンポーネントを指定します。

```
// lib/Cake/Test/Case/Controller/Component/CookieComponentTest.phpの60行目付近
class CookieComponentTest extends CakeTestCase {
    public $Controller;
    // 省略
}
```

テストクラスはCakeTestCaseクラスを継承して作成します。テスト対象のコンポーネントを含むテスト用コントローラーのインスタンスを保持する$Controllerプロパティを宣言しておきます。

```
// lib/Cake/Test/Case/Controller/Component/CookieComponentTest.phpの74行目付近
public function setUp() {
    $_COOKIE = array();
    $this->Controller = new CookieComponentTestController(
        new CakeRequest(), new CakeResponse()); // ❶
    $this->Controller->constructClasses();   // ❷
    $this->Cookie = $this->Controller->Cookie;  // ❸

    // 省略

    $this->Cookie->startup($this->Controller);  // ❹
}
```

setUpメソッドでテストの準備を行います。ここでは重要な部分のみ抜き出しました。まずテスト用のコントローラーを生成します(❶)。次に、コントローラーの依存クラスを初期化するためconstructClassesメソッドを呼び出します(❷)。ここではお約束と思ってください。

続いて、テスト対象のコンポーネントを読みやすいように$this->Cookieプロパティに入れておきます。(❸)。最後に必ずstartupメソッドを呼び出します(❹)。後は実際のテストコードです。

```
// lib/Cake/Test/Case/Controller/Component/CookieComponentTest.phpの136行目付近
public function testCookieName() {
    $this->assertEquals('CakeTestCookie', $this->Cookie->name);
}
```

このように $this->Cookieから参照できるメソッドやpublicプロパティなどをassertメソッドで評価します。

ヘルパーのテスト

　ヘルパーについても、コアのテストコードが役に立ちます。ヘルパーはビューで利用するHTMLタグなどを出力しますが、必要な値はパラメータで取得していることが多く、依存関係は少ないように感じます。まずはじめにTextヘルパーを例に解説します(**リスト12.16**)。

　まずリスト12.16❶のようにテストに必要なクラスの利用を宣言します。最低限必要なのはビュークラスとテスト対象のヘルパークラスです。

　テスト対象のクラスをリスト12.16❷のように初期化します。あとはtestAutoLinkEmailInvalidメソッドのように直接ヘルパーのメソッドを呼び出して、結果を評価します(リスト12.16❸)。

● ヘルパーがほかのヘルパーを利用している場合

　テスト対象のヘルパーはnewでインスタンス化するのですが、これではそのヘルパーが自身の $helpersプロパティで定義しているヘルパーまでは初期化されません。

　たとえばJsヘルパーはHtmlヘルパーとFormヘルパーを利用しています(**リスト12.17**)。

　もし自作したヘルパーでほかのヘルパーを利用する場合は、**リスト12.18**のように記述する必要があります。

　リスト12.18❶でテスト対象のヘルパーを初期化したら、リスト12.18❷❹のように利用するヘルパーも初期化して、リスト12.18❶の配下にセットします。リスト12.18❷❹で必要な初期パラメータがあれば、リスト12.18❸のように設定することも重要です。

リスト12.16 CakePHP本体のTextヘルパーのテストコード

```
// lib/Cake/Test/Case/View/Helper/TextHelperTest.php
App::uses('View', 'View');
App::uses('TextHelper', 'View/Helper');       // ❶
// 省略
class TextHelperTest extends CakeTestCase {
    // 省略
    public function setUp() {
        parent::setUp();
        $this->View = new View(null);
        $this->Text = new TextHelper($this->View);   // ❷
    }
    public function tearDown() {
        unset($this->View);
        parent::tearDown();
    }
    // 省略
    public function testAutoLinkEmailInvalid() {    // ❸
        $result = $this->Text->autoLinkEmails(
                'this is a myaddress@gmx-de test');
        $expected = 'this is a myaddress@gmx-de test';
        $this->assertEquals($expected, $result);
    }
}
```

リスト12.17 CakePHP本体のJsヘルパーのコード

```
// lib/Cake/View/Helper/JsHelper.php
class JsHelper extends AppHelper {
    // 省略
    public $helpers = array('Html', 'Form');
    // 省略
}
```

リスト12.18 CakePHP本体のJsヘルパーのテストコード

```
// lib/Cake/Test/Case/View/Helper/JsHelperTest.php
App::uses('HtmlHelper', 'View/Helper');
App::uses('JsHelper', 'View/Helper');
// 省略
App::uses('FormHelper', 'View/Helper'); // 利用するヘルパーも宣言
// 省略
class JsHelperTest extends CakeTestCase {
    // 省略
    public function setUp() {
        // 省略
        $this->Js = new JsHelper($this->View, 'Option');      // ❶
        $request = new CakeRequest(null, false);
        $this->Js->request = $request;
        $this->Js->Html = new HtmlHelper($this->View);        // ❷
        $this->Js->Html->request = $request;                  // ❸
        $this->Js->Form = new FormHelper($this->View);        // ❹
        $this->Js->Form->request = $request;                  // ❺
        $this->Js->Form->Html = $this->Js->Html;              // ❻
        // 省略
    }
    // 省略
}
```

12.4 継続的インテグレーションとの統合

　ユニットテストの書き方はわかったところで、そのテストはいつ動かしたらよいでしょうか？ ソースコードをバージョン管理システムにコミットしたタイミングや、毎日決まった時間であったり、プロジェクトや規模によってさまざまでしょう。これを手動でハンドリングしていては、テストを自動化したとは言えません。

　継続的インテグレーション（Continuous Integration、以降CI）とは、このような面倒で忘れがちな手間を自動化し、常にコードをクリーンな状態に保つためにお勧めな方法です。もしCIでテストがエラーになったのならば、それを見過ごさずに対応することで、問題の発見が早くなりいつリポジト

りからコードを取得してもバグがない状態を保つことができます。

Jenkins

Jenkins[注14]はもともとHudsonと呼ばれていたCIツールで、このようなツールの中で最も利用されています。さまざまなプラットフォーム用のパッケージが配布されているので、簡単にインストール可能です。

本書では、Jenkinsの詳しい使い方までは解説できませんが、本書と同じ実践入門シリーズ『Jenkins実践入門』[注15]で詳しく解説されているので、参照してください。

● テストジョブを追加する

Jenkinsは省略時8080ポートで起動するので、http://localhost:8080/のようなURLでアクセスします（図12.11）。

作成したユニットテストを実行するジョブを作ってみましょう。

注14 http://jenkins-ci.org/
注15 川口耕介監修／佐藤聖規監修・著／和田貴久、河村雅人、米沢弘樹、山岸啓著『Jenkins実践入門 ── ビルド・テスト・デプロイを自動化する技術』技術評論社、2011年

図12.11 Jenkinsトップ画面

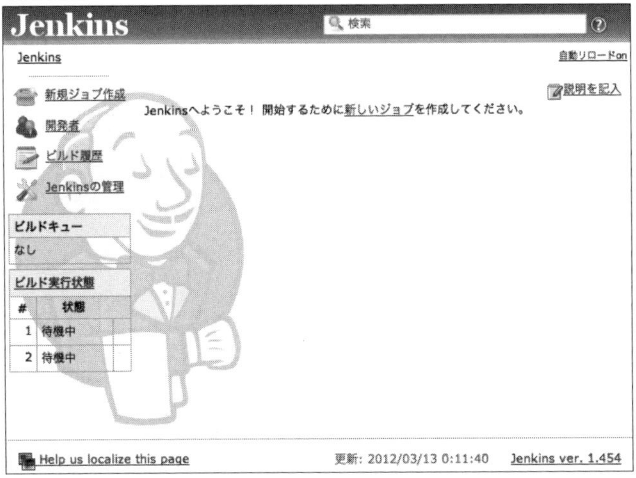

第12章 ユニットテスト

まず「新規ジョブ作成」リンクをクリックして、ジョブを作成します。今回はとりあえずフリースタイルを選択します(**図12.12**)。

「ビルド手順の追加」から「シェルの実行」を選択します(**図12.13**)。するとシェルスクリプトの入力画面になります(**図12.14**)。

実行するシェルスクリプトは、

- PHPへPATHを設定(デフォルトで通っていなければ)
- アプリケーションルートディレクトリへ移動
- cakeコマンドでテストを実行

から構成され、たとえば**リスト12.19**のような内容を入力します。

● 全テスト実行クラスを作成する

リスト12.19のシェルスクリプトでAllTestsという指定がありましたが、

図12.12 Jenkinsジョブ作成画面

図12.13 Jenkinsビルド手順の追加画面

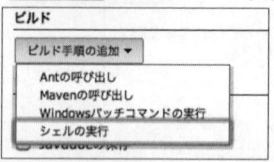

図12.14 Jenkinsビルドシェルの設定画面

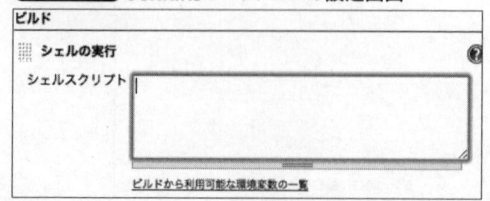

これはまだ作成していません。AllTestsのように複数のテストケースを一括で実行するためのクラスをテストスイートと呼びます。**リスト12.20**のようなファイルを作成してください。

CakeTestSuiteクラスのインスタンスを生成したら、ファイル単位の追加（addTestFileメソッド）またはディレクトリ単位の追加（addTestDirectoryメソッド）で実行するテストケースを追加できます。

● ビルドを実行する

Jenkinsのジョブ作成画面で保存ボタンを押してプロジェクトのトップページが表示されたら、「ビルド実行」リンクをクリックします。

うまくテストが成功すれば、左側のビルド履歴に青い丸アイコンと太陽アイコンが表示され、ビルドが安定していることを教えてくれます（**図12.15**）。

ビルドを実行した結果、「junit.xmlが書き込み可能ではない」というエラーに遭遇するかもしれません。これはアプリケーションコードの所有者とJenkinsの実行ユーザが異なる場合に起きる現象で、特にバージョン管理シ

リスト12.19 Jenkinsビルドシェルの設定例

```
PATH=/usr/local/bin/php5.3:$PATH
cd /CakePHPを設置したディレクトリ/app
Console/cake test app AllTests --stderr --log-junit junit.xml
```

リスト12.20 アプリケーションのすべてのテストケースを実行するテストスイートの例

```
<?php
// app/Test/Case/AllTestsTest.php
class AllTests extends PHPUnit_Framework_TestSuite {
    public static function suite() {
        $suite = new CakeTestSuite('アプリケーション全テスト');

        $suite->addTestFile(
            APP_TEST_CASES . DS . 'Model' . DS . 'TopicTest.php');
        $suite->addTestDirectory(APP_TEST_CASES . DS . 'Controller');
        return $suite;
    }
}
```

図12.15 Jenkinsビルド成功画面

ステムを使わない場合などに発生します。この場合はjunit.xmlの書き込み権限を追加してください。

12.5 まとめ

テストコードはプログラマにとって安心を得る道具

本章では、CakePHPで作ったアプリケーションでどのようにテストを書くか、という視点で解説してきました。テストコードはCakePHPでアプリケーションを作るために必須なものではなく、かつこれですべての品質を担保するものでもありません。

ではテストコードは役に立たない、ただ時間が余分にかかるだけの無駄なものでしょうか？

もしプログラムがプロトタイプであったり、1人で作り上げて一生面倒をみるものであれば必要ないかもしれません。しかし実際の開発現場では、チームで開発していたり、担当者が変わったり、あなたがオープンソース

として公開したり、さまざまな場面で自分以外の人がコードに触れる可能性があります。その際、プログラムが正しく動くのか、どういう意図で作成されているのかを、よりプログラマ視点で伝える方法がテストコードであると考えます。もちろんそのためにはテストコードは簡潔でなければなりません[注16]。

もしほかの人が書いたプログラムを変更しなければならないとき、テストコードがないと更新されていないかもしれないドキュメントを読んだり、修正個所の呼び出し元をすべて調べて影響範囲をチェックしたりしなければなりません。その際、もし間違えて修正してしまったら……など、プログラマの心配のタネは尽きません。

しかしテストコードがあれば、メソッドが何を期待するのか、修正したことによって何か失敗する個所がないのかをより簡単に知ることができ、安心してコードを修正できるようになります。

また、フレームワークの脆弱性対応などでバージョンアップをしなければならないときも、作成したアプリケーションが動作するのか確認するのにもテストコードは役立つはずです。

今回はユニットテストに絞って解説しましたが、実際にはブラウザ操作を含めた結合テストや受け入れテストも自動化できるようになっています。PHPUnitはSelenium[注17]を使ったテストをサポートしているので、Ajaxを含んだページのテストもできるようになっています。また、Symfony[注18]のコンポーネントを使ったBDD（*Behavior Driven Development*、振舞駆動開発）フレームワークBehat[注19]なども使うと、さらに自動テストの幅が広がっていくでしょう。

注16 ここで言う簡潔とはケースに考慮漏れがあってもよいという意味でなく、1つのテストケースのコード量が少なければ理解しやすいという意味です。
注17 http://seleniumhq.org/
注18 http://symfony.com/
注19 http://behat.org/

テストシェルのオプション

「コンソールからのテスト」(220ページ)に書いたとおりオプションについて詳しくは触れられないのですが、その要因はPHPUnit本体に依存しているので非常に数が多いからです。Cookbookに「通常のPHPUnitコマンドラインツールで使えるオプションが利用可能」と書いていることからもわかるように、極力互換性を保とうとしています。

試しに2つのコマンドを実行してみてください(パスはappディレクトリに移動していることを想定しています)。

```
# CakePHPテストシェルのオプションを表示
$ Console/cake test --help

# PHPUnitのオプションを表示
$ phpunit --help
```

どうでしょうか？ 2つの結果は出る順序はともかく、ほとんど同じであることに気が付くでしょう。

ではCakePHPにはあって、PHPUnitにはないオプションを指定したらどうなるか確認してみましょう。

```
$ Console/cake test app Model/Topic --syntax-check
～省略
-----------------------------------------------
CakePHP Test Shell
-----------------------------------------------
PHPUnit 3.6.10 by Sebastian Bergmann.

unrecognized option --syntax-check
```

--syntax-checkというオプションはPHPUnit 3.6にはないので(PHPUnitの)エラーになります。これはどういうことかと言うと、PHPUnit 3.5のときは存在したオプションなのです。PHPUnit 3.5のマニュアル[a]を参照すると--syntax-checkがあるのがわかるでしょう。

つまり、オプションはPHPUnitに対して透過的であるので、詳しくはPHPUnitのマニュアルを見て理解することが可能です。オプションについて詳しく知りたい場合は、インストールしてあるバージョンのPHPUnitマニュアルを参照するとよいでしょう。(岸田)

注a　http://www.phpunit.de/manual/3.5/ja/textui.html

第13章

セキュリティ

13.1 なぜセキュリティに気を配る必要があるのか 252
13.2 代表的な攻撃を防ぐ 252
13.3 CakePHP特有の問題を防ぐ 269
13.4 まとめ 277

第13章 セキュリティ

13.1 なぜセキュリティに気を配る必要があるのか

個人情報の漏洩やデータ改ざんなど、Webシステムのセキュリティに関する話題がよくニュースになります。セキュリティに関する問題が発生すると、どういったリスクがあるのでしょうか。まずシステムが利用できなくなれば利用者へ損害を与えます。さらに、もし情報漏洩が発生すると、情報が悪用されるなど、より深刻な損害となります。そういった状況まで進まなくても、サイト改ざんなどが発生すれば、サイト、そして運営者、作成者の信用が失われます。これは最終的には経済的損失へとつながります。またセキュリティの問題を放置しておくと、別のサイトへ攻撃を行う踏み台とされたり、サーバがマルウェア[注1]に感染した場合は利用者のPCにマルウェアが感染する可能性もあります。

喜ばしい状況ではないですが、インターネットに公開するWebシステムでは常にこういったリスクは抱えることになります。本章では、こういったセキュリティの問題に、CakePHPではどのように対応すればよいかを見ていきます。なお本書では問題の詳細には触れず、概要とその対策を記しています。セキュリティの問題についてより深く学ぶのであれば、IPAが公開している資料[注2]や専門書[注3]がお勧めです。ぜひご一読ください。

13.2 代表的な攻撃を防ぐ

データベーステーブルとサンプルデータの作成

本章ではリスト13.1のようなデータベーステーブルとサンプルデータを利用します。phpMyAdminやMySQLクライアントから作成してください。

[注1] コンピュータウィルスなど有害な動作を行う悪意のあるソフトウェアのことです。
[注2] 「安全なウェブサイトの作り方」http://www.ipa.go.jp/security/vuln/websecurity.html
[注3] 徳丸浩著『体系的に学ぶ 安全なWebアプリケーションの作り方——脆弱性が生まれる原理と対策の実践』ソフトバンク クリエイティブ、2011年

SQLインジェクション

SQLインジェクションは、データベースに対して外部から任意の操作を許してしまう問題です。データベースへ直接攻撃をしかけることができるので、影響が非常に大きく、情報漏洩やデータ改ざんなど深刻な事態を招きます。

SQLインジェクションが発生する主な原因は、外部から送信される値をエスケープせずに直接SQL文へ含めてしまうことです。

実際にSQLインジェクションが発生する例が**リスト13.2**です。このPHPスクリプトでは簡易的にユーザ認証を行います。フォームからメールアドレスとパスワードが送信され、usersテーブルに適合するレコードがあるかどうかを調べます。合致するレコードがあれば認証完了とします。

このフォームに次のようにメールアドレスとパスワードを入力して送信してみましょう。

`email` a@example.com
`pass` pass01

フォームを送信すると次のようなSQL文が発行されます。入力値がシングルクォートで囲まれており、正常に動作しているように見えます[注4]。

注4　リスト13.2で発行されたSQL文が見えるようにvar_dump()で画面に出力しています。

リスト13.1 本章で利用するテーブルとサンプルデータ

```
CREATE TABLE `users` (
`id` int(11) NOT NULL,
`name` tinytext COLLATE utf8_unicode_ci NOT NULL,
`email` tinytext COLLATE utf8_unicode_ci NOT NULL,
`pass` tinytext COLLATE utf8_unicode_ci NOT NULL
) ENGINE=MyISAM DEFAULT CHARSET=utf8 COLLATE=utf8_unicode_ci;

INSERT INTO `users`
(`id`, `name`, `email`, `pass`) VALUES
(1, 'Mike', 'a@example', 'password'),
(2, 'Jun', 'b@example', 'password');
```

リスト13.2 SQLインジェクションが発生する例

```php
<?php
// app/webroot/sql.php
if (!empty($_POST['email']) && !empty($_POST['pass'])) {
    $conn = mysql_connect('127.0.0.1', 'user', 'pass');
    mysql_select_db('dbname', $conn);

    $sql = "SELECT * FROM users WHERE email='"
        .$_POST['email']."' AND pass='".$_POST['pass']."' LIMIT 1";
    var_dump($sql);
    $result = mysql_query($sql, $conn);

    if ($result) {
        $user = mysql_fetch_assoc($result);
    }
}
?>
<!DOCTYPE html>
<html lang="ja">
<head>
    <meta charset="UTF-8">
</head>

<body>
<?php if (!empty($user)): ?>
    <h1>Hello!!</h1>
<?php else: ?>
  <form action="" method="post">
    email:<input type="input" name="email" /><br />
    pass:<input type="input" name="pass" /><br />
    <input type="submit" name="submit" />
  </form>
<?php endif; ?>
</body>
</html>
```

```
SELECT * FROM users WHERE email='a@example.com' AND
pass='pass01' LIMIT 1;   実際は1行
```

それでは、フォームに次のような値を入力して送信してみましょう。パスワードにシングルクォートを含めた特殊な値になっています。

email a@example.com
pass pass01' OR 1=1--   ←最後に半角スペース

フォームを送信すると、次のようなSQL文が発行されます。

```
SELECT * FROM users WHERE email='a@example.com' AND
pass='pass01' OR 1=1-- ' LIMIT 1;   実際は1行
```

先ほど入力したパスワードに含まれるシングルクォートやOR句がそのままSQL文として発行されています。実際にこのSQL文を実行すると、OR句の「1=1」の部分が常に真となるため、メールアドレスとパスワードがレコードの内容に一致しなくてもusersテーブルのレコードが取得されます。つまり誰もが他人のアカウントでログイン可能な状態となります。

● 対策1：モデルのメソッドを使う

CakePHPアプリケーションでデータベースを操作する際は、通常モデルのメソッド（findメソッドなど）を利用します。自分でSQL文を構築せずにこのメソッドを利用していれば、フレームワークが適切に値をエスケープするのでSQLインジェクションを防ぐことができます。

SQLインジェクションが発生するフォームをCakePHPで書き直した例が**リスト13.3**、**リスト13.4**、**リスト13.5**です。リスト13.3 ❶の個所でフォームからの入力値を検索条件に指定して、UserモデルのfindメソッドでSQL文を発行しています。

ブラウザでhttp://CakePHPを設置したURL/sqlにアクセスして、フォームから前項でSQLインジェクションが発生した内容を送信してみましょう。

email a@example.com
pass pass01' OR 1=1--   ←最後に半角スペース

第13章 セキュリティ

リスト13.3 モデルのメソッドでSQLインジェクションを防ぐ

```php
<?php
// app/Controller/SqlController.php
App::uses('AppController', 'Controller');

class SqlController extends AppController {
    public $uses = array('User');

    public function index() {
        if ($this->request->is('post')) {
            $conditions = array(
                'email' => $this->request->data['User']['email'],     ──┐
                'pass'  => $this->request->data['User']['pass'],        ├❶
            );                                                        ──┘
            $user = $this->User->find('first', compact('conditions'));

            $this->set('user', $user);
        }
    }
}
```

リスト13.4 Userモデル

```php
<?php
// app/Model/User.php
App::uses('Model', 'AppModel');

class User extends AppModel {
}
```

リスト13.5 Sqlビューファイル

```php
<!-- app/View/Sql/index.ctp -->
<h1>SQL Injection</h1>
<?php if (!empty($user)): ?>
<p>Hello!</p>
<?php else: ?>
<?php echo $this->Form->create('User'); ?>
<?php echo $this->Form->input('email'); ?>
<?php echo $this->Form->input('pass'); ?>
<?php echo $this->Form->end('submit'); ?>
<?php endif; ?>
```

フォームを送信すると次のようなSQL文が発行されます。

```
SELECT * FROM `users` AS `User` WHERE `email` = 'a@example.com' AND
`pass` ='pass01\' OR 1=1-- ' LIMIT 1  実際は1行
※実際のSQL文を一部加工しています。
```

passの値(太字の個所)を見ると、シングルクォートの部分がバックスラッシュでエスケープされていることがわかります[注5]。これにより、直後のOR句がSQLではなく、単なる文字列として処理されています。結果として、不正な入力値によるSQLインジェクションが無効となっています。

このようにモデルのメソッドを利用することでSQLインジェクションを防ぐことができます。

● 対策2：DataSourceクラスのfetchAllメソッドを使う

アプリケーションで独自のSQL文を発行したいときは、DataSourceクラスのfetchAllメソッドを使います。

fetchAllメソッドの第一引数には、発行するSQL文を指定します。ここで指定するSQL文にはプレースホルダ[注6]を利用できます。WHERE句などで外部から送信された値を利用する場合は、値の部分にプレースホルダとして「?」を記述します。

第二引数には、第一引数でプレースホルダで指定した個所にバインドする値を連想配列で指定します。

次のコードでは、fetchAllメソッドの第一引数にプレースホルダ付きSQL文を指定しています。第二引数にはプレースホルダの位置にバインドする値として、emailにa@example.com、passにpass01' OR 1=1--を指定しています。

```
// app/Model/User.php
$ds = $this->getDataSource();
$ds->fetchAll("SELECT * FROM users WHERE email=? AND pass=? LIMIT 1",
              array("a@example.com", "pass01' OR 1=1-- "));
```

この処理を実行すると、次のようなSQL文が発行されます。

注5　これはMySQLの例です。データベースによってエスケープの方法は異なります。
注6　SQL文の一部分を別の文字列で置き換えること。本文では、本来emailやpassの値を指定する部分を「?」という文字列で置き換えており、この「?」をプレースホルダと呼びます。

```
SELECT * FROM users WHERE email = ? AND pass = ? LIMIT 1 ,
params[ a@example.com, pass01&#039; OR 1=1-- ]  実際は1行
```

プレースホルダ付きSQL文とバインドされた値が表示されています。この方法ではバインドした値によってSQL文が変更される恐れがないため、SQLインジェクションを防ぐことができます。

クロスサイトスクリプティング（XSS）

クロスサイトスクリプティング（XSS：*Cross-Site Scripting*）は、ユーザ入力値などのシステムから動的に出力する値をビューで表示する場合に、HTMLタグやスクリプトを構成する記号（メタ文字）を適切にエスケープしていないために、Webページ改ざんや意図しないスクリプトの実行を許してしまう問題です。XSSはそれ単体でも問題となりますが、悪用されると「クロスサイトリクエストフォージェリ」（後述）対策を無効にしたり、「セッションハイジャック」（後述）などを引き起こす可能性があります。

● ケース1：変数の値をビューファイルで出力する

リスト13.6のビューファイルは、変数の値をビューファイルで出力してXSSが発生する例です。リスト13.7では、HTMLタグが含まれる文字列「<script>alert('Hello');</script>」をnameデータとしてビューファイルに渡しています（リスト13.7❶）。リスト13.6のビューファイルでは$nameをechoで出力しています。

ブラウザでhttp://CakePHPを設置したURL/xssにアクセスすると、図13.1のようなアラートが表示されます。これはリスト13.6で$nameに含まれる<script>タグをそのまま出力しているので、JavaScript（alertメソッド）が実行されるためです。

リスト13.6　XSSが発生するビューファイル

```
<!-- app/View/Xss/index.ctp -->
<h1>XSS</h1>
<?php echo $name; ?>
```

13.2 代表的な攻撃を防ぐ

●ケース1の対策:h()関数を使う

ビューファイルで変数の値を出力するときは、h()関数を利用して変数に含まれるHTMLタグのメタ文字[注7]をエスケープして、ブラウザがHTMLとして解釈しないようにします。

リスト13.8ではh()関数を使用してHTMLタグをエスケープしています。この画面をブラウザで開くと、変数の値が下記のようにエスケープされて

[注7] 表示や動作に影響する特別な文字。本文の場合、「<」「>」「&」などがあります。

リスト13.7 Xssコントローラー

```php
// app/Controller/XssController.php
<?php
App::uses('AppController', 'Controller');

class XssController extends AppController {
    public $uses = array();

    public function index() {
        $this->set('name', "<script>alert('Hello');</script>"); // ❶
    }
}
```

図13.1 JavaScriptが実行されている

リスト13.8 h()関数でXSSを防ぐ

```
<!-- app/View/Xss/index.ctp -->
<h1>XSS</h1>
<?php echo h($name); ?>
```

出力されます。これにより<script>タグが無効となり、文字列として$nameの内容が表示されています（**図13.2**）。

<script>alert('Hello');</script>

● **ケース2：フォームに変数の値を出力する**

フォームは変数の値をHTMLタグの属性値として出力することが多いので、XSSが起こりやすい個所です。例として、**リスト13.9**、**リスト13.10**のように記述してください。リスト13.10では、変数$nameの値をHTMLタグの属性値としてそのまま出力しています。

ブラウザでhttp://CakePHPを設置したURL/xss/formにアクセスするとフォームが表示されます。テキストボックスに**リスト13.11**の内容を入力して送信すると、XSSが発生して**図13.3**のようなアラートが表示されます。

テキストボックス部分のHTMLが次のコードです。

```
<input type="text" name="name" value=""><script>alert('Hello');</script>" />
```

図13.2　HTMLタグがエスケープされている

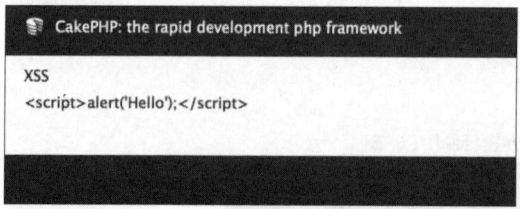

CakePHP: the rapid development php framework

XSS
<script>alert('Hello');</script>

リスト13.9　Xssコントローラーにformアクションを追加

```php
// app/Controller/XssController.php
<?php
class XssController extends AppController {
    public $uses = array();

    // 省略

    public function form() {
    }
}
```

出力された文字列($nameの値)の先頭にある">によってvalue属性とinputタグが閉じられるため、以降に続く<scirpt>タグがHTMLタグとして有効になります。これによりJavaScript(alertメソッド)が実行されます。

● ケース2の対策：Formヘルパーを使う

フォームを作成するときは、Formヘルパーを使えば変数の値をエスケープしてXSSを防ぐことができます。リスト13.10のビューファイルをFormヘルパーを使って修正したのが**リスト13.12**です。

このフォームをブラウザで表示して、テキストボックスにリスト13.11の

リスト13.10 XSSが発生するフォーム

```
<!-- app/View/xss/form.ctp -->
<h1>XSS Form</h1>
<form action="" method="post">
<input type="text" name="name"
       value="<?php echo $this->Form->value('name'); ?>" />
<input type="submit" />
</form>
```

リスト13.11 XSSを引き起こす文字列

```
"><script>alert('Hello');</script>
```

図13.3 JavaScriptが実行されている

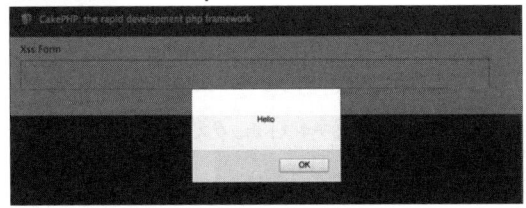

リスト13.12 FormヘルパーでXSSを防ぐ

```
<!-- app/View/Xss/form.ctp -->
<h1>Xss Form</h1>
<?php echo $this->Form->create(false); ?>
<?php echo $this->Form->input('name'); ?>
<?php echo $this->Form->end('submit'); ?>
```

内容を入力して送信すると、**図13.4**のようにアラートは表示されなくなりました。送信された文字列はそのままテキストボックスの中に表示されています。

テキストボックス部分のHTMLが次のコードです。

```
<input name="data[name]" value="&quot;&gt;&lt;script&gt;
alert(&#039;Hello&#039;);&lt;/script&gt;" type="text" id="name"/>
```
実際は1行

これを見ると、文字列の内容がエスケープされており、value属性の値として格納されていることがわかります。

クロスサイトリクエストフォージェリ（CSRF）

クロスサイトリクエストフォージェリ（CSRF：*Cross-Site Request Forgeries*）は、ユーザが気づかぬ間にWebシステムへのリクエストを送信して、処理を実行させられる問題です。この問題を悪用すると、ユーザが気づかぬ間に記事投稿や商品購入、パスワード変更といった処理を実行させられる可能性があります。

そこでCSRF対策では、正規ユーザの意図したリクエストと判別できるようにトークンによる識別処理を行います。

図13.4 HTMLタグがエスケープされているテキストボックス

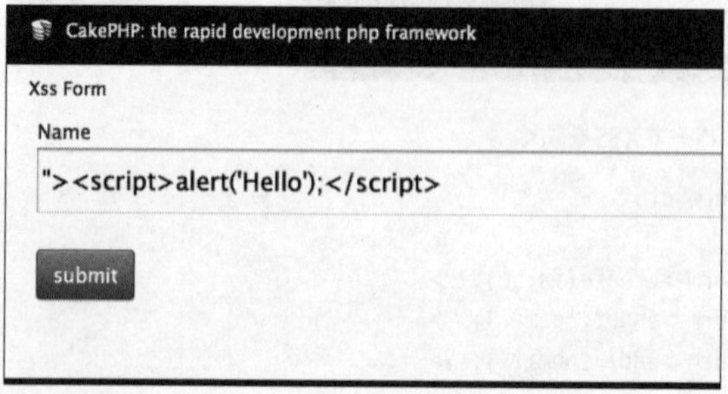

CakePHP: the rapid development php framework

Xss Form
Name
"><script>alert('Hello');</script>

submit

● CSRFが発生する例

実際にCSRFが発生する例を見てみましょう。ここではCSRFによって実行される処理として「POST OK!」というメッセージを表示します。**リスト13.13 ❶**でメッセージを表示する処理を行います。ビューファイルは**リスト13.14**のようにします。

ブラウザでhttp://CakePHPを設置したURL/csrfにアクセスすると**図13.5**のような画面が表示されます。「submit」ボタンをクリックすると「POST

リスト13.13 Csrfコントローラー

```php
<?php
// app/Controller/CsrfController.php
App::uses('AppController', 'Controller');

class CsrfController extends AppController {
  public $uses = array();
  public $helpers = array('Form');

  public function index() {
      if ($this->request->isPost()) {
          $this->Session->setFlash('POST OK!'); // ❶
      }
  }
}
```

リスト13.14 Csrfビューファイル

```
<!-- app/View/Csrf/index.ctp -->
<h1>CSRF</h1>
<?php echo $this->Form->create(false); ?>
<?php echo $this->Form->end('submit'); ?>
```

図13.5 フォーム

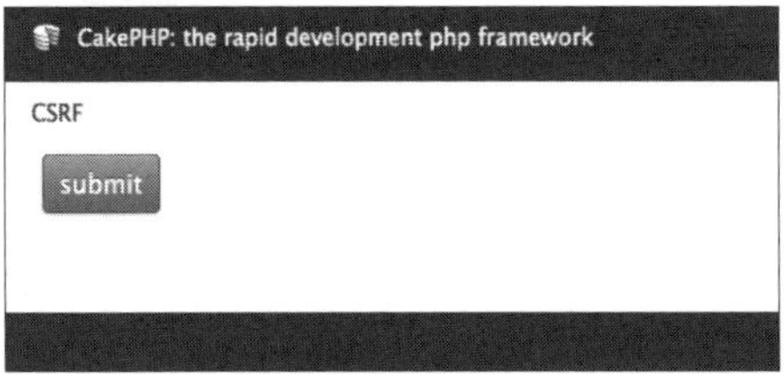

OK!」というメッセージが表示され、処理が実行されたことがわかります（**図13.6**）。

ではCSRFを発生させてみましょう。**リスト13.15**がCSRFを発生させる罠ページとなります[注8]。http://CakePHPを設置したURL/csrf.htmlにアクセスすると一瞬罠ページが表示されますが、自動でリスト13.13のコントローラーへPOST送信され、図13.6のように「POST OK!」が表示されます[注9]。つ

注8 通常、CSRFを引き起こすための罠ページは攻撃者のサイトに設置されます。
注9 リスト13.15 ❶にあるaction属性の値は環境に応じて変更してください。

図13.6　処理が実行された

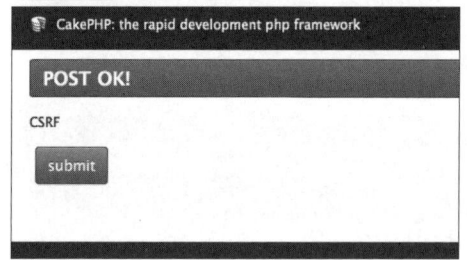

POST OK!

CSRF

submit

リスト13.15　CSRF攻撃に誘導する罠ページ

```html
<!-- app/webroot/csrf.html -->
<!DOCTYPE html>
<html lang="ja">
<head>
  <meta charset="UTF-8">
</head>

<body>
  <h1>罠ページ</h1>
  <form action="/csrf" method="post"> <!-- ❶ -->
    <input type="submit" />
  </form>
  <script>
    document.forms[0].submit();
  </script>
</body>
</html>
```

まり罠ページにアクセスしただけで処理が実行されてしまいました。

もしこの罠ページのURLがメールやSNSなどで配布された場合、URLをクリックしただけでCSRFが発生して、処理が実行される危険性があります。

● 対策：Securityコンポーネントを使う

Securityコンポーネントを使うと、トークンを利用してCSRF対策を簡単に行うことができます。

CSRF対策を行いたいコントローラーでSecurityコンポーネントを指定するだけです（**リスト13.16 ❶**）。コンポーネントは$componentsプロパティで指定されている順序で実行されるので、一番先頭で指定するのがよいでしょう[注10]。

リスト13.15の罠ページにアクセスすると**図13.7**のような画面が表示されます。これはCSRFによる不正アクセスをCakePHPが感知してエラーを表示している画面[注11]です。この画面には「POST OK!」は表示されていない

注10　Authコンポーネントによる認証を実施している場合は、Authコンポーネントの後になります。
注11　CSRF以外でもSecurityコンポーネントが不正アクセスなどによるエラーを検知した場合、このエラー画面が表示されます。

リスト13.16 SecurityコンポーネントでCSRF対策

```
<?php
// app/Controller/CsrfController.php
App::uses('AppController', 'Controller');

class CsrfController extends AppController {
    public $uses = array();
    public $components = array('Security'); // ❶
    public $helpers = array('Form');
```

図13.7 罠ページからの不正アクセスを防いだ

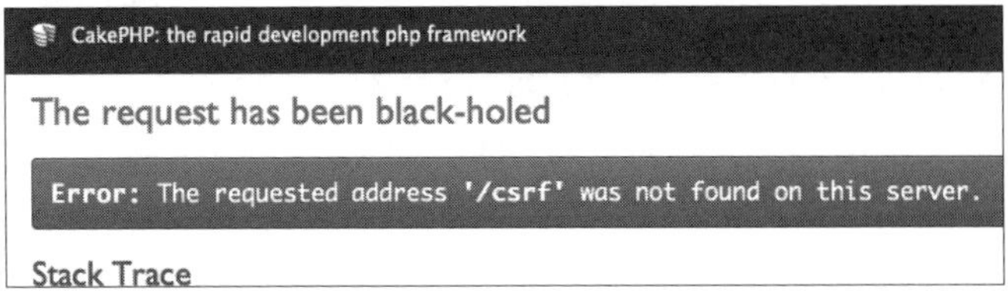

CakePHP: the rapid development php framework

The request has been black-holed

Error: The requested address **'/csrf'** was not found on this server.

Stack Trace

ため、処理が実行されていないことがわかります。

　Securityコンポーネントを使ってCSRF対策を行う場合は、次のような注意点があります。

●注意点1：フォームを作成する場合

　Securityコンポーネントでは、送信されてきたリクエストが、正規のリクエストか罠ページなどからの不正なリクエストかを判定するためにトークン情報を利用しています。つまり、このトークンが送信されていないと正規のフォームから送信されたリクエストでも不正リクエストと判定されてしまいます。このトークンは、Formヘルパーのcreateメソッドもしくはpost Linkメソッドにてhiddenフィールドとして出力されるので、SecurityコンポーネントによるCSRF対策を行う場合はFormヘルパーでフォームを作成するようにしましょう。

●注意点2：JavaScriptでフォーム要素を動的に変更する場合

　Securityコンポーネントでは、CSRF対策に合わせてフォームが改ざんされていないかをチェックしています。JavaScriptを使ってフォーム要素を動的に追加・削除する場合は、正規リクエストであってもこのフォーム改ざんチェックに引っかかりエラーになる場合があります。こういった場合はSecurityコンポーネントのフォーム改ざんチェックを無効化にして、CSRF対策のみを実行するようにします。

　Securityコンポーネントのフォーム改ざんチェックを無効化するには、Securityコンポーネントの$validatePostプロパティにfalseを設定します（**リスト13.17❶**）。ただしこの設定をfalseにすると、後述する「細工をしたフォームによる意図しないデータ更新」（271ページ）を許してしまう可能性がありますので、「対策2：登録するパラメータだけを抽出する」（274ページ）で対策を行ってください。

●注意点3：Ajaxで画面遷移を伴わずPOSTリクエストを送る場合

　SecurityコンポーネントがCSRF対策で利用するトークンは、リクエストごとに異なる値が生成されます。トークンは一度使用すると破棄されるため、同じトークンを繰り返し送信するとエラーとなります。Ajaxを使って

ページ遷移を伴わずにPOSTリクエストを送信する場合、毎回同じトークンを送信してしまいエラーになることがあります。

同じトークンを繰り返し使えるようにするには、Securityコンポーネントの$csrfUseOnceプロパティにfalseを設定します（**リスト13.18 ❶**）。

セッションハイジャック

セッションハイジャックとは、攻撃者が第三者のセッションIDを入手することによりログインセッションなどを乗っ取り、別ユーザへのなりすま

リスト13.17 フォーム改ざんチェックを無効化する

```
<?php
// app/Controller/CsrfController.php
App::uses('AppController', 'Controller');

class CsrfController extends AppController {
    public $uses = array();
    public $components = array('Security');
    public $helpers = array('Form');

    public function beforeFilter() {
        $this->Security->validatePost = false; // ❶
    }
```

リスト13.18 トークンを繰り返し使う

```
<?php
// app/Controller/CsrfController.php
App::uses('AppController', 'Controller');

class CsrfController extends AppController {
    public $uses = array();
    public $components = array('Security');
    public $helpers = array('Form');

    public function beforeFilter() {
        $this->Security->csrfUseOnce = false;  // ❶
    }
```

第13章 セキュリティ

しが可能となる問題です。この問題への対応としては、クロスサイトスクリプティングなどでセッションIDが漏洩しないようにすることが大切です。

それに加えて、もしセッションIDが攻撃者に知られても被害が発生する可能性を低くするように、セッションIDを変更する方法で対策を行います。

● 対策1：セッションIDを自動で変更する

セッションIDを自動で更新するには、ConfigureクラスのwriteメソッドMethods使ってセッションの設定を変更します。セッション設定でautoRegenerateをtrueにすると、10回リクエストごとにセッションIDを自動更新するようになります。**リスト13.19 ❶**では、autoRegenerateをtrueにしています。

セッションIDを更新するリクエスト回数を変更するには、CakeSessionクラスの$requestCountdownプロパティにセッションIDを更新するリクエスト回数を設定します。リスト13.19 ❷では$requestCountdownプロパティに1を設定して、リクエストごとにセッションIDを更新するようにしています。

● 対策2：セッションIDを任意のタイミングで変更する

セッションIDの更新を任意のタイミングで実行するには、SessionコンポーネントもしくはCakeSessionクラスのrenewメソッドを実行します。ログイン処理でユーザ情報をセッションに格納した場合はセッションIDを変更しておきます。

リスト13.19 セッションIDを自動更新する

```
// app/Config/bootstrap.php
Configure::write('Session', array(
    'defaults' => 'php',
    'autoRegenerate' => true, // ❶
));

App::uses('CakeSession', 'Model/Datasource');
CakeSession::$requestCountdown = 1; // ❷
```

```
// Sessionコンポーネントの場合
$this->Session->renew();

// CakeSessionクラスの場合
App::uses('CakeSession', 'Model/Datasource');
CakeSession::renew();
```

なお、renewメソッドを実行する前にセッションへの操作を行っていないとセッションIDが変更されません。この場合、renewメソッドの前にCakeSessionクラスのstartメソッドを実行しておきます(❶)。

```
App::uses('CakeSession', 'Model/Datasource');
CakeSession::start(); // ❶
$this->Session->renew();
```

13.3
CakePHP特有の問題を防ぐ

意図しないコントローラーメソッドの実行

デフォルトのURLルーティングでは、アクセスされたURLから実行するコントローラーとアクションメソッドを自動で決定します。これは便利な機能なのですが、この動きを理解しておかないとコントローラーに記載しているアクションメソッド以外のメソッドを外部から実行される可能性があります。

リスト13.20のSecurityActionMethodコントローラーには、アクションメソッド以外にsomething()というメソッドがあります。このメソッドはコントローラー内部で利用するつもりで実装しているのですが、http://CakePHPを設置したURL/security_action_method/somethingというURLにアクセスするとsomethingメソッドが直接実行されてしまいます。

こういったコントローラーで外部から実行されたくないメソッドを記載する場合は、次のいずれかの方法で対応します。

● 対策1：メソッドのアクセス制御子をprotectedかprivateにする

メソッドのアクセス制御子をprotectedもしくはprivate[注12]にします。こうすると、URL指定で外部から直接メソッドを実行することはできません。

```
protected function something() {
    // 何かの処理
}
```

● 対策2：メソッド名をアンダースコアから始める

メソッド名の先頭に「_」(アンダースコア)を付けます。こうすると、URL指定で外部から直接メソッドを実行することはできません。

```
public function _something() {
    // 何かの処理
}
```

注12 protectedはメソッドを定義したクラスと継承したクラスから実行できます。privateはメソッドを定義したクラスからのみ実行できます。

リスト13.20 意図しないコントローラーメソッドが呼ばれる例

```php
<?php
// app/Controller/SecurityActionMethodController.php
App::uses('AppController', 'Controller');

class SecurityActionMethodController extends AppController {
    public $uses = array();

    public function index() {
        $this->something();
    }

    /**
     * 外から呼ばれたくない
     */
    public function something() {
        // 何かの処理
    }
}
```

細工をしたフォームによる意図しないデータ更新

FormヘルパーでPOST送信された値は、CakeRequestクラスの$dataプロパティに連想配列として格納されます[注13]。この$dataプロパティをそのままモデルのsaveメソッドに渡すと、不正なパラメータが送信された場合、想定外のカラムやレコードが更新される可能性があります。

この現象がどのように発生するか見てみましょう。ここでは、名前（name）をフォームで入力して、usersテーブルに新規登録（INSERT）する処理を想定しています。

リスト13.21が名前を入力するフォームです。このフォームではnameフィールドが入力できるようになっています（**図13.8**）。このフォームから送信された値を処理するのが**リスト13.22**のSecurityDataコントローラーです。リスト13.22 ❶の個所で、フォームから送信された値をUserモデルのsaveメソッドに渡しています。saveメソッドでは与えられた値に従ってデータベースへ登録を行います。

注13 コントローラーでは $this->request->data で参照します。

リスト13.21 想定しているフォームのコード

```
<!-- app/View/SecurityData/index.ctp -->
<h1>SecurityData</h1>
<?php echo $this->Form->create('User'); ?>
<?php echo $this->Form->input('name'); ?>
<?php echo $this->Form->end('submit'); ?>
```

図13.8 想定しているフォームの画面

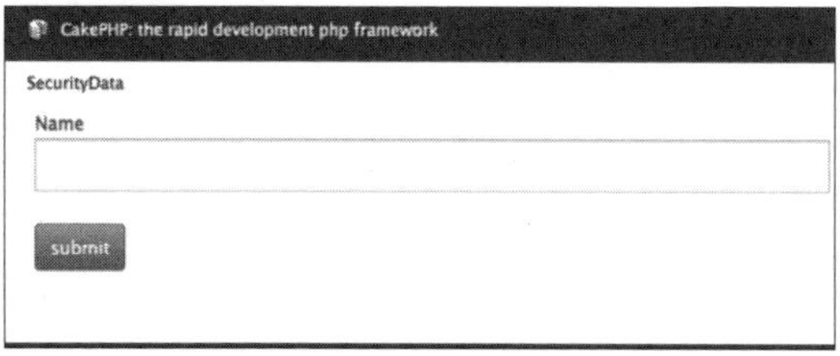

第13章 セキュリティ

ブラウザで http://CakePHP を設置した URL/security_data にアクセスして、テキストボックスに「cake」を入力して送信すると、**リスト13.23**のようなSQL文が発行されて、usersテーブルにレコードがINSERTされました。これにより、想定どおり動作していることが確認できました。

次にこの問題を確認するために、**リスト13.24**のような細工をしたフォームを作成します。想定していないパラメータとしてidとemailを指定しています(リスト13.24 ❶❷)。ではこのフォーム(http://CakePHPを設置したURL/security_data.php)から次のようなデータを送信してみましょう。

- name cake
- ID 1
- email a@example.com

細工をしたフォームからデータを送信すると、**リスト13.25**のようなSQL文が実行されました。リスト13.23で実行されたSQL文とは大きく異なっています。中でも4行目ではINSERT文ではなくUPDATE文が発行されています。

リスト13.22 nameを新規登録する想定のコントローラー

```php
<?php
// app/Controller/SecurityDataController.php
App::uses('AppController', 'Controller');

class SecurityDataController extends AppController {
    public $uses = array('User');
    public $helpers = array('Form');

    public function index() {
        if (!empty($this->request->data)) {
            $this->User->save($this->request->data); // ❶
        }
    }
}
```

リスト13.23 想定どおり発行されたSQL

```
INSERT INTO `users` (`name`) VALUES ('cake')
```

※実際のSQL文を一部加工しています。

想定していた処理は「nameの値を持つ新規レコードをINSERT文で追加する」なのですが、実際は「idで指定された既存レコードのnameとemailをUPDATE文で更新する」という処理になっています。この問題の影響は大きく、今回の例のようにまるでSQLインジェクションのようにデータベースの任意のデータを操作される危険性があります。

● 対策1：Securityコンポーネントを使う

Securityコンポーネントのフォーム改ざんチェックを有効にすると、フォームの改ざんによるパラメータ追加、変更ができなくなります。つまり

リスト13.24 想定していないパラメータを送信する細工をしたフォーム

```
<!-- app/webroot/security_data.php -->
<!DOCTYPE html>
<html lang="ja">
<head>
  <meta charset="UTF-8">
</head>
<html>

<body>
  <h1>SecurityData</h1>
  <form action="/security_data/index" method="post">
    name:<input type="text" name="data[User][name]" /><br />
    ID:<input type="text" name="data[User][id]" /><br />    <!--❶-->
    email:<input type="text" name="data[User][email]" /><br /> <!--❷-->
    <input type="submit" />
  </form>
</body>
</html>
```

リスト13.25 想定外のSQL

```
SELECT COUNT(*) AS `count` FROM `users` AS `User` WHERE `User`.`id` = 1
SELECT COUNT(*) AS `count` FROM `users` AS `User` WHERE `User`.`id` = 1
SELECT COUNT(*) AS `count` FROM `users` AS `User` WHERE `User`.`id` = 1
UPDATE `users` SET `name` = 'cake', `id` = 1, `email` = 'a@example.com'
WHERE `users`.`id` = '1'   実際は1行
```

※実際のSQL文を一部加工しています。

第13章 セキュリティ

細工をしたフォームから送信された値は受け付けられません。Securityコンポーネントでフォーム改ざんチェックを有効にするには、$validatePostプロパティをtrueにします。このプロパティはデフォルトではtrueになっていますので、変更していなければそのままで有効となっています(**リスト13.26**)。

先ほどの細工をしたフォームから値を送信すると**図13.9**のようにSecurityコンポーネントがフォーム改ざんを検知したエラーが表示され、登録処理は実行されません。

なお、Securityコンポーネントによるフォーム改ざんチェックを行うにはFormヘルパーでフォームを作成する必要があります。

● 対策2:登録するパラメータだけを抽出する

フォームから送信されてきたパラメータのうち、登録処理に必要なパラメータだけを抽出します。これは単純な方法ですが、とても効果的です。$this->request->dataプロパティから必要なパラメータの値を取り出して、新たに作成する空の連想配列に入れ直します(**リスト13.27❶**)。これにより、新しい連想配列($data)には、想定したパラメータだけが含まれていることになります。そしてUserモデルのsaveメソッドには$dataを渡します(リス

リスト13.26 Securityコンポーネントでフォーム改ざんチェック

```
<?php
// app/Controller/SecurityDataController.php
App::uses('AppController', 'Controller');

class SecurityDataController extends AppController {
  public $components = array('Security'); // 追加
```

図13.9 Securityコンポーネントでフォーム改ざんを検知

```
 CakePHP: the rapid development php framework

The request has been black-holed

  Error: The requested address '/security_data/index' was not found on
  this server.
```

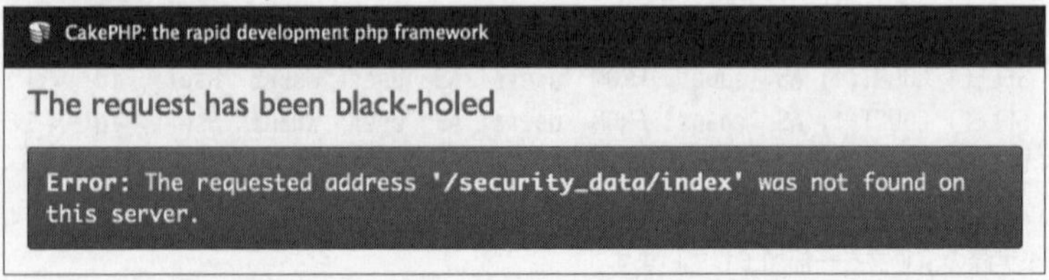

ト13.27❷)。

こうすることで、細工をしたフォームから想定外のパラメータが送信されても、想定したパラメータのみを処理できます。

細工をしたフォームから値を送信すると、リスト13.23と同じSQL文が発行されます。つまり、想定したパラメータだけを処理していることがわかります。

● **不十分な対策：モデルのsaveメソッドで更新パラメータを指定する**

対策2と似た機能として、モデルのsaveメソッドには第三引数に更新対象のパラメータ(カラム)をホワイトリストとして指定できるようになっています。こちらは更新対象のパラメータは制限できるのですが、テーブルの主キー(通常id)がパラメータに含まれる場合に、その値が更新対象のレコードを示す値として利用されてしまいます。つまり、任意のレコードを更新することが可能となります。

この対策が不十分である点を検証してみましょう。**リスト13.28**ではsave

リスト13.27 登録するパラメータだけを抽出する

```
// app/Controller/SecurityDataController.php
public function index() {
    if (!empty($this->request->data)) {
        $data = array(
            'name' => Set::extract($this->request->data,
                                    'User.name'),// ❶
        );
        $this->User->save($data); // ❷
    }
}
```

リスト13.28 saveメソッドの第三引数で更新パラメータを指定する

```
// app/Controller/SecurityDataController
public function index() {
    if (!empty($this->request->data)) {
        $this->User->save($this->request->data, true, array('name')); // ❶
    }
}
```

メソッドの第三引数にnameパラメータを更新対象パラメータに指定しています(リスト13.28❶)。

細工をしたフォームから値を送信すると**リスト13.29**のようなSQL文が発行されました。リスト13.25と同様にUPDATE文が発行されています。更新対象カラムはnameのみとなっていますが、任意のレコードのnameを自由に変更できてしまいます。

このようにsaveメソッドの更新対象パラメータ指定だけでは対策としては不十分なので、「対策1」もしくは「対策2」の方法で対応するようにしましょう。筆者のお勧めは、手間はかかりますが、更新対象カラムを明確にして誤動作の危険性がない「対策2」です。

認証をかけているつもりでも処理が動作してしまう

SecurityコンポーネントやAuthコンポーネントによってセキュリティ対策や認証を行っていても、処理の順番によっては認証がかからずに処理が動作してしまう場合があります。具体的には、Securityコンポーネント、Authコンポーネントのどちらも認証処理はstartupメソッドで実行されます。つまりstartupメソッドが実行される前の処理は、認証がかかっていても無条件に実行されます。

アプリケーション側でこのことを注意しておく必要があるのは次の個所です。

● **要注意個所1：コントローラーのbeforeFilterメソッド**

コントローラーのbeforeFilterメソッドは、コンポーネントのstartupメソッドより先に実行されます。beforeFilterメソッドでは、Securityコンポーネントや Authコンポーネントの設定を記述することが多いですが、認証後

リスト13.29 不十分な対策によって発行されたSQL

```
SELECT COUNT(*) AS `count` FROM `users` AS `User` WHERE `User`.`id` = 1
SELECT COUNT(*) AS `count` FROM `users` AS `User` WHERE `User`.`id` = 1
SELECT COUNT(*) AS `count` FROM `users` AS `User` WHERE `User`.`id` = 1
UPDATE `users` SET `name` = 'cake' WHERE `users`.`id` = '1'
```

※実際のSQL文を一部加工しています。

に実行するべき処理は記述しないようにしましょう。

● 要注意個所2：$componentsプロパティで指定しているコンポーネント

　コントローラーの$componentsプロパティで指定しているコンポーネントは、記述した順序でメソッドが実行されます。たとえば次のコードのように指定しているとします。

```
public $components = array('Sample', 'Security', 'Auth');
```

　この場合、次の順番でそれぞれのstartupメソッドが実行されます。

❶ Sampleコンポーネント
❷ Securityコンポーネント
❸ Authコンポーネント

　つまり、Sampleコンポーネントのstartupメソッドは、SecurityコンポーネントやAuthコンポーネントの認証処理の前に実行されることになります。

　そこで、次のように認証処理を扱うコンポーネントを先に定義しておけば、認証処理のあとにSampleコンポーネントのstartupメソッドが実行されるようになります。

```
public $components = array('Auth', 'Security', 'Sample');
```

13.4 まとめ

　本章ではセキュリティについて見てきました。セキュリティは地道な作業ですが、インターネットに公開されているシステムでは常に意識しておく必要があります。インターネットに公開するということは誰からもアクセスされることを意味し、常にセキュリティホールを突かれる可能性があるということです。「アクセスがあまりないし大丈夫だよ」と思わずにしっかりと対策を行いましょう。

アクションごとにモデルを作る

CakePHPを使って開発をしていくと、モデルが肥大化していきます。ビジネスロジックはコントローラーのアクションメソッドではなくモデルに書くのが定石なのでこれは良い傾向です。ただ「1テーブル＝1モデル」というルールでモデルを作ると、複数のアクションでモデルを共有することになり、特にバリデーションなどでそれぞれのアクションに対応した実装が必要となります。

そこで筆者が行っているのが、アクションごとにモデルを作る方法です。たとえばUserコントローラーのindexアクション用のモデルであればActionUserIndexというモデルを作ります。

ActionUserIndexモデルは次のように定義します。基本は通常のモデルと同じですが、ポイントは$useTableプロパティでテーブルを指定しているところです。ここではusersを指定してるので、findやsaveメソッドを利用してusersテーブルにアクセスできます。また、$useTableプロパティをfalseにしてバリデーションのみを行うモデルを作ることもできます。

```
class UserIndexAction extends AppModel {
    public $useTable = 'users';
}
```

このモデルをコントローラーで使うときは、次のようにClassRegistry::init()でモデルのインスタンスを取得します。アクション用のモデルは、コントローラー全体で共有する必要がないのでコントローラーの$usesプロパティでは指定しません。

```
class UserController extends AppController {
    public $uses = array();

    public function index() {
        $Action = ClassRegistry::init('ActionUserIndex');
        $data = $Action->find('all');
    }
}
```

このようにアクションごとにモデルを作ることで、それぞれのアクションで必要な処理、バリデーションをモデルに閉じ込めることができます。これはチームで開発するときに有効で、各自が実装するアクションの影響を別アクションに及ぼさないようにできます。

なお、各モデルの処理を共通化するときは、AppModelや共通化用モデル（Userなど）、ビヘイビアを筆者は利用しています。（新原）

第14章

公開環境の設定とデプロイ

- **14.1** 動作環境切り替えの必要性 280
- **14.2** 動作環境の切り替え 280
- **14.3** データベースの切り替え 282
- **14.4** 公開環境構築時の注意点 286
- **14.5** デプロイ 290

14.1
動作環境切り替えの必要性

1つのWebアプリケーションでも、開発環境、ステージング環境[注1]、本番環境、はたまたCI用の環境など複数の異なる環境上での動作が必要になるケースが多いと思います。これらの環境はまったく別のサーバ上に構築されている場合や、いくつかの環境が同一サーバに同居しているなど、サービスの規模や予算などの要因で多くのバリエーションがありえます。このような場合、環境ごとに設定情報を切り替える必要性に迫られるでしょう。

それらの管理を簡略化し設定ミスなどを防ぐためには、すべての環境でまったく同一のソースファイルで動作を切り替えることが望ましいです。

また、Webアプリケーションの場合、機能追加によるプログラムのデプロイ作業が比較的短い間隔で行われます。規模が小さい間はあまり問題にならないことが多いですが、規模が拡大し複数台のサーバで運用するような構成になった場合には、デプロイを自動化しておくことも設定ミスや更新漏れなどを原因とする不具合を防ぐために非常に重要です。

14.2
動作環境の切り替え

ホスト名による切り替え

Webアプリケーションの場合、環境が異なればアクセスする際のホスト名は異なるものを利用しているはずです。この特性を利用して、アクセスされているホスト名を利用して動作環境を切り替える方法です。具体的には、Webサーバによって生成される $_SERVER['SERVER_NAME'] を利用します（**リスト14.1**）。

この方式は切り替えのために特別な設定を記述する必要がないためとても簡単ですが、コンソール／シェルを使用した場合にはホスト名が設定さ

注1　本番環境とほぼ同等な最終確認を行う環境のことです。

れないため別途考慮が必要になります。

環境変数による切り替え

　動作環境ごとに異なる環境変数を設定し、それをもとに動作環境を切り替える方法です。**リスト14.2**では、Apacheの設定に`WEB_APP_ENV`という名称の環境変数を設定しています。

　PHPのプログラム上から環境変数を取得するには、env関数を利用します（**リスト14.3**）。

　この方式の場合、次のようにシェル上で環境変数を設定できるため、コンソール／シェルを使用した場合にも簡単に対応が可能です。

リスト14.1 ホスト名を利用して動作環境を切り替える方法

```php
<?php
if ($_SERVER['SERVER_NAME'] === 'www.example.com') {
    // 本番環境の設定を行う
} else if ($_SERVER['SERVER_NAME'] === 'staging.example.com') {
    // ステージング環境用の設定を行う
} else {
    // 開発環境用の設定を行う
}
```

リスト14.2 Apacheの設定で環境変数を設定する

```
<Directory "/path_to_webroot">
    Options FollowSymLinks Includes
    AllowOverride All

    Order Allow,Deny
    Allow from all

    # 本番環境用の設定
    SetEnv WEB_APP_ENV "production"
</Directory>
```

リスト14.3 環境変数を利用して動作環境を切り替える方法

```php
<?php
$env = env('WEB_APP_ENV');
if ($env === 'production') {
    // 本番環境の設定を行う
} else if ($env === 'staging') {
    // ステージング環境用の設定を行う
} else {
    // 開発環境用の設定を行う
}
```

```
# bashの場合
# 次のコマンドを実行するか、.bash_profileなどに記述しておく
export WEB_APP_ENV='production'
```

この方式を使用するにはApacheの設定を変更する権限が必要です。.htaccessで設定することも可能ですが、その場合AllowOverrideディレクティブでFileInfoの上書き許可が設定されている必要があります。.htaccessでの設定に制限があると、利用できない場合があるので注意が必要です。

14.3 データベースの切り替え

動作環境によってデータベースを切り替える代表的な2つの方式を紹介します。

AppModelによる切り替え

AppModelで切り替える場合、**リスト14.4**のようにdatabase.phpに環境ごとのデータベース設定を記述しておきます。

データベース設定は、モデル内でuseDbConfigに、database.phpで定義した設定名を指定することで切り替え可能です。**リスト14.5**ではAppModelのコンストラクタでuseDbConfigの設定をしています。

リスト14.4 database.phpに環境ごとの設定を記述

```php
<?php
// app/Config/database.php
class DATABASE_CONFIG {
    public $development = array(
        'datasource' => 'Database/Mysql',
        'persistent' => false,
        'host' => 'localhost',
        'login' => 'root',
        'password' => '',
        'database' => 'development_db',
        'prefix' => '',
        'encoding' => 'utf8',
    );

    public $production = array(
        'datasource' => 'Database/Mysql',
        'persistent' => false,
        'host' => 'db.example.com',
        'login' => 'mysql_user_name',
        'password' => 'mysql_password',
        'database' => 'production_db',
        'prefix' => '',
        'encoding' => 'utf8',
    );
}
```

database.phpによる切り替え

database.phpでデータベース設定を切り替える場合も、環境ごとのデータベース設定を記述する点はAppModelを利用する場合と同じです。**リスト14.6**では、DATABASE_CONFIGがPHPのクラスであることを利用し、コンストラクタ内でデータベース設定を切り替えています。

切り替えの具体的な方法は、使用するWebアプリケーションの仕様や好みにも左右されますので、今回紹介した方法を参考に最適な方法を選択してください。

リスト14.5 AppModelでのデータベース設定の切り替え

```
<?php
// app/Model/AppModel.php
class AppModel extends Model {
    public function __construct(
                        $id = false,
                        $table = null,
                        $ds = null) {

        parent::__construct($id, $table, $ds);

        $env = env('WEB_APP_ENV');
        if ($env === 'production') {
            $this->useDbConfig = 'production';
        } else {
            $this->useDbConfig = 'development';
        }
    }
}
```

リスト14.6 database.phpでのデータベース設定の切り替え

```php
<?php
// app/Config/database.php
class DATABASE_CONFIG {
    public $default = null;

    public $development = array(
        'datasource' => 'Database/Mysql',
        'persistent' => false,
        'host' => 'localhost',
        'login' => 'root',
        'password' => '',
        'database' => 'development_db',
        'prefix' => '',
        'encoding' => 'utf8',
    );

    public $production = array(
        'datasource' => 'Database/Mysql',
        'persistent' => false,
        'host' => 'db.example.com',
        'login' => 'mysql_user_name',
        'password' => 'mysql_password',
        'database' => 'production_db',
        'prefix' => '',
        'encoding' => 'utf8',
    );

    public function __construct() {
        $env = env('WEB_APP_ENV');
        switch ($env) {
        case 'production':
            $this->default = $this->production;
            break;
        default:
            $this->default = $this->development;
            break;
        }
    }
}
```

14.4
公開環境構築時の注意点

デバッグレベルの設定

CakePHPで作成したWebアプリケーションを公開する場合、デバッグレベルを0に設定しておく必要があります。

CakePHPには、未定義のコントローラーやアクションなどが呼び出された場合に具体的に何が不足しているかなど開発に役立つ情報を表示してくれる機能があります(**図14.1**)。

開発中には非常に便利な機能ですが、公開環境でこのような表示がされてしまうとセキュリティリスクになってしまいます。デバッグレベルを0に設定することでこの表示を抑制できます。**リスト14.7**の例では「環境変

図14.1 未定義のコントローラーが呼び出された場合

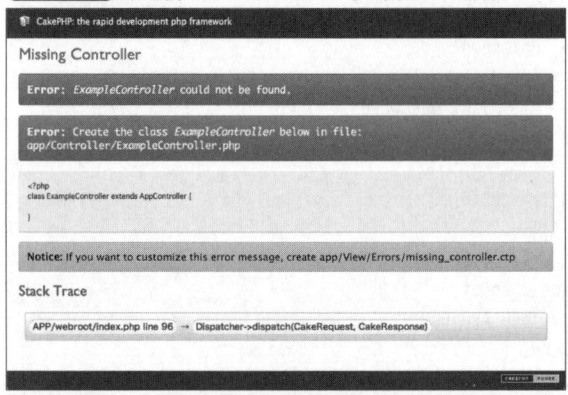

リスト14.7 デバッグレベルの切り替え

```
// app/Config/core.phpの35行目付近
// Configure::write('debug', 2);
if ( env('WEB_APP_ENV') === 'production' ) {
    Configure::write('debug', 0);
} else {
    Configure::write('debug', 2);
}
```

数による切り替え」(281ページ)で解説した方法でデバッグレベルを切り替えています。

デバッグレベルによる動作の違いは**表14.1**の通りです。

test.phpの無効化

CakePHPには、ブラウザ上からユニットテストを実行できるtest.phpというスクリプトが標準で含まれています(**図14.2**)。

ブラウザ上から簡単にテストを実行できるため非常に便利な機能ですが、この機能も公開環境で実行できてしまうとセキュリティリスクになってしまいます。公開環境ではデプロイ時にtest.phpを含まないようにするか、次のようにApacheの設定でアクセス制限をかけるなど意図しないユーザに実行されないように制限をかける必要があります。

Apacheの設定でtest.phpへのアクセスを制限する
```
<LocationMatch ^/test.php$>
    order deny,allow
    deny from all
    allow from 許可するIPアドレス
</LocationMatch>
```

表14.1 デバッグレベルによる動作の違い

デバッグレベル	解説
0	公開環境用、メッセージなどは出力されない
1	エラーやワーニングなどのメッセージが出力される
2	デバッグレベル1に加えて、デバッグメッセージと実行されたSQLクエリが出力される

図14.2 test.phpのトップ画面

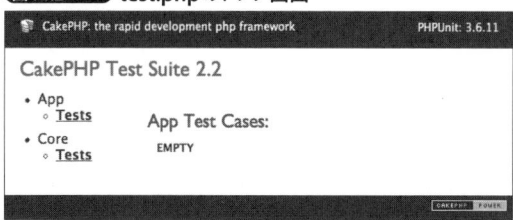

アプリケーションログの運用

アプリケーション公開後も、エラーや何らかの状態をアプリケーションログに出力している場合も多いのではないでしょうか？ このような場合、長期間運用することになるWebアプリケーションでは考慮が必要です。CakePHP標準のログ出力はdebug.logやerror.logのようにログの種類に応じてファイルに出力されます。このまま運用してしまうと、ログファイルのサイズが膨大になってしまい、ストレージ容量を圧迫するだけでなくログの閲覧も大変です。また、32ビット系のLinuxを利用している場合はファイルサイズが2GBに制限されるため、2GBを超えてログに書き込もうとするとエラーになり、アプリケーションの動作にも影響します。

公開環境では、**表14.2**のようなライブラリやプラグインを使用して、syslog経由で出力したり独自にローテートするなどの考慮をしておきましょう。

バージョンアップ時のキャッシュ削除

CakePHPは性能向上のためアプリケーションに関するさまざまな情報をキャッシュしています。非常に有用なキャッシュ機能ですが、Webアプリケーションをバージョンアップする際は注意が必要です。

開発中はキャッシュに関してはあまり意識しなくても問題ありませんが、デバッグレベルを0にした場合、標準ではキャッシュの有効期限が999日に設定されています（**リスト14.8**）。

プログラムを差し替えても古いキャッシュを参照してしまうと、最新のプログラムとキャッシュされた情報に不整合が発生し、予測不能なトラブルが発生する可能性があります。デプロイ時にはapp/tmp以下のキャッシュファイルを削除しておきましょう。

表14.2 ログ出力用のライブラリ／プラグイン

名前	解説	URL
log4php	PHP用のロギング処理フレームワーク	http://logging.apache.org/log4php/
Yalog	CakePHP用ログ出力処理プラグイン（CakePHP 2.x用は2.0ブランチ）	https://github.com/k1LoW/yalog/

なお、CakePHP2ではAPC[注2]が有効な場合、APCのデータ領域にキャッシュデータを保存しますので注意が必要です。APCのキャッシュデータはApacheを再起動すれば初期化されますが、再起動が許されない場合は独自にAPC上のキャッシュデータをクリアする必要があります。APCのデータ領域をクリアするには**リスト14.9**のようにAPC関数を呼び出します。

faviconのカスタマイズ

favicon（ファビコン）は、Webサイトに関連付けられたアイコンのことで、ブラウザのロケーションバーやタブ、そしてブックマークしたときなどに表示されます。CakePHPでは**図14.3**のような標準のfaviconが用意されて

注2 *Alternative PHP Cache* の略。
http://php.net/manual/ja/book.apc.php

リスト14.8 core.phpの248行目付近

```
// app/Config/core.php
// In development mode, caches should expire quickly.
$duration = '+999 days';
if (Configure::read('debug') >= 1) {
    $duration = '+10 seconds';
}
```

リスト14.9 APCデータ領域のクリア

```
<?php
    apc_clear_cache('user');

    // 省略
```

図14.3 CakePHP標準のfavicon

います。

CakePHPユーザにはお馴染みのこのアイコンですが、Webアプリケーションを一般公開する場合には独自のアイコンを用意するか標準のfaviconを削除しておいたほうがよいでしょう。faviconはICO形式の画像を用意し、app/webroot/直下にfavicon.icoという名称で配置します。

14.5 デプロイ

デプロイ（デプロイメント）とは、WebアプリケーションなどをWebサーバやアプリケーションサーバで利用可能な状態に設置／配備することを指します。通常、アプリケーションを構成するソースコードなどのファイル群は、GitやSubversionなどのバージョン管理システムで管理します。さまざまな環境に手動でデプロイすることも可能ですが、人為的なミスによるサービスの中断などが発生しないようにするためにも、デプロイのプロセスを自動化することはとても重要です。また、公開環境だけでなくステージング環境などすべての環境に対して同様の方法でデプロイができることが望ましいです。

このような環境を開発の初期段階から構築し、Webアプリケーションを継続的にデリバリすることで、迅速に開発作業を進めることができます。

シェル＋rsyncを使用したデプロイ

シェルスクリプトとrsyncを組み合わせて使用すると、簡易的な自動デプロイのしくみを作成できます。**リスト14.10**では複数台のWebサーバに対し、rsyncを用いてデプロイできます。

このスクリプトを次のように実行すると、実際には転送されずに、転送対象のファイルの一覧が表示されます。

```
$ ./deploy.sh
```

意図しないファイルがデプロイされないか確認したうえで、次のように

スクリプトを実行すると実際に転送が行われます。

```
$ ./deploy.sh exec
```

リスト14.10 シェル+rsyncを使用したデプロイのサンプル（deploy.sh）

```bash
#!/bin/bash
# rsyncのオプション
RSYNC_OPTIONS='-azv -c --force --delete -e ssh'
# デプロイ先のサーバ名（空白区切り）
HOSTS='web01 web02'
# 接続ユーザ
DEPLOY_USER='deploy'
# デプロイ対象外にするファイル（空白区切り）
EXCLUDES='.DS_Store .git .svn app/tmp'
# コピー元のディレクトリ
SRC_DIR='/path/to/source/dir/'
# デプロイ先のディレクトリ
DST_DIR='/path/to/webapp'

EXCLUDE_OPTION=""
for EXCLUDE in $EXCLUDES; do
    EXCLUDE_OPTION=$EXCLUDE_OPTION" --exclude="$EXCLUDE
done;

CMD=$1
for HOST in $HOSTS; do
    case $CMD in
        exec)
            rsync $RSYNC_OPTIONS --progress $EXCLUDE_OPTION \
                $SRC_DIR $DEPLOY_USER@$HOST:$DST_DIR
        ;;
        *)
            rsync $RSYNC_OPTIONS --dry-run $EXCLUDE_OPTION \
                $SRC_DIR $DEPLOY_USER@$HOST:$DST_DIR
        ;;
    esac
done;
```

Capistranoを使用したデプロイ

Capistrano[注3]はRubyで作成されたデプロイツールです。Capistranoを実行したマシンから複数のサーバに対してSSHを利用してコマンドを実行することが可能です。もちろん、GitやSubversionと連携してファイルを配置することも可能です。接続先のサーバ上でコマンドを実行できるため、デプロイ時に必要なさまざまな処理を自動化できます。

CapistranoはRubyのパッケージ管理ツールRubyGemsを使用してインストールするため、RubyおよびRubyGemsがインストールされていない場合は別途インストールが必要です。

Capistranoを使うと、次のようなことができます。

❶ SCM（*Software Configuration Management*、ソフトウェア構成管理）と連携してファイルを配置
❷ Webサーバの起動／停止／再起動などの操作
❸ キャッシュの削除
❹ メンテナンス状態の切り替え
❺ 以前のバージョンへのロールバック

本節では、図14.4のようなCakePHP標準構成のアプリケーションをGitで管理していることを想定し、Capistranoでのデプロイ方法を紹介します。

● Capistranoをインストールする

本書では、CakePHP用のCapistrano機能拡張capcake[注4]を利用します。次のようにCapistranoとcapcakeをインストールします。

```
$ sudo gem install capistrano capcake
```

● capifyでデプロイに必要なファイルを生成する

capifyコマンドを使用して、Capistranoでのデプロイに必要なファイルを生成します。

注3 https://github.com/capistrano/capistrano
注4 https://github.com/jadb/capcake

```
$ cd （アプリケーションのディレクトリ）
$ capify .
[add] writing './Capfile'
[add] making directory './config'
[add] writing './config/deploy.rb'
[done] capified!
```

capifyコマンドを実行すると、次の2つのファイルが生成されます。

- ./Capfile
- ./config/deploy.rb

生成されたCapfileは基本的に修正することはありません。configディレクトリに作成されるdeploy.rbをアプリケーションの構成やデプロイ方法に合わせてカスタマイズします。

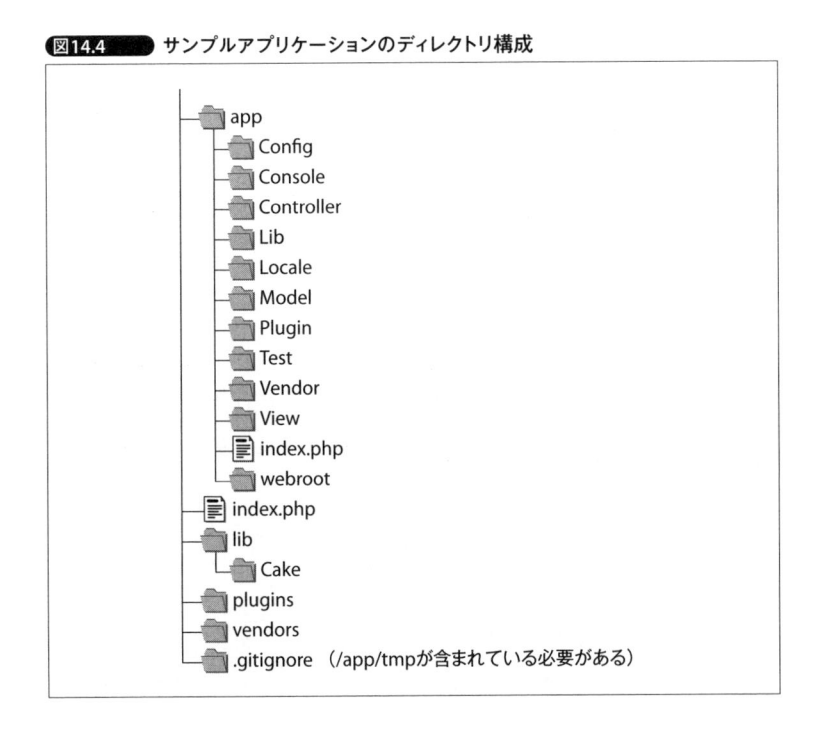

図14.4 サンプルアプリケーションのディレクトリ構成

```
app
    Config
    Console
    Controller
    Lib
    Locale
    Model
    Plugin
    Test
    Vendor
    View
    index.php
    webroot
index.php
lib
    Cake
plugins
vendors
.gitignore  （/app/tmpが含まれている必要がある）
```

● capcake用の処理を追加する

capifyコマンドが自動生成するスクリプトは、そのままではcapcakeには対応していないのでdeploy.rbを次のように修正しcapcakeに対応させます。

```
# config/deploy.rbの先頭に次の行を追加
require 'rubygems'
require 'capcake'

# config/deploy.rbの末尾に次の行を追加
capcake
```

追加が正常に行われているか、**図14.5**のコマンドで実行可能なタスクの確認をしてみましょう。

正しく設定されていれば、実行可能なタスクにcake:cache:clearなどcapcakeのコマンドが表示されます。

● deploy.rbをカスタマイズする

アプリケーションの構成に合わせてdeploy.rbを修正します。capcakeの標準設定では、アプリケーションとCakePHP本体を別々のリポジトリで管

図14.5 実行可能なタスクの確認

```
$ cap -vT
cap cake:cache:clear         # Clears CakePHP's APP/tm ...
cap cake:database:config     # Generates CakePHP datab ...
cap cake:database:create     # Creates MySQL database, ...
cap cake:database:schema     # Creates database tables ...
cap cake:database:symlink    # Creates required CakePHP ...
cap cake:logs:clear          # Recursively finds all fi ...
cap cake:logs:tail           # By default, the files ar ...
cap cake:setup               # Prepares server for depl ...
cap cake:update              # Force CakePHP installati ...
cap deploy                   # Deploys your project.
～省略
cap staging                  #

Extended help may be available for these tasks.
Type `cap -e taskname' to view it.
```

理する構成となっています。今回はアプリケーションとCakePHP本体を1つのリポジトリで管理する構成をとるため、併せて一部の設定を修正します。**リスト14.11**の**太字**で表記されている個所を環境に合わせて修正してください。

リスト14.11 deploy.rbのカスタマイズ

```
require 'rubygems'
require 'capcake'

set :application, "example.com" # アプリケーション名

set :scm, :git
set :branch, "master"
set :repository, "gituser@git.example.com:yourproject.git"
    # リポジトリ
set :app_base, "/var/www"

set :keep_releases, 5

set :user, "deployuser" # デプロイ先のアカウント名
set :deploy_to,
    "#{app_base}/dev.#{application}" # デプロイ先ディレクトリ
set :logs_files, %w(debug.log error.log)

role :web, "web01", "web02" # デプロイ先ホスト名

task :staging do
    set :deploy_to, "#{app_base}/staging.#{application}/"
    set(:branch) { Capistrano::CLI.ui.ask("Branch to stage: ") }
end

task :production do
    set :deploy_to, "#{app_base}/www.#{application}/"
    set :branch, "production"
end

namespace :deploy do
  task :setup, :except => { :no_release => true } do
    set :shared_children, %w(tmp)
```

（次ページへ続く）

```
    dirs = [deploy_to, releases_path, shared_path]
    dirs += shared_children.map { |d| File.join(shared_path, d) }
    tmp_dirs = tmp_children.map { |d| File.join(tmp_path, d) }
    tmp_dirs += cache_children.map { |d| File.join(cache_path, d) }
    run "#{try_sudo} mkdir -p #{(dirs + tmp_dirs).join(' ')} &&
      #{try_sudo} chmod -R 777 #{tmp_path}" if (!user.empty?)
    set :git_flag_quiet, "-q "
  end

  task :symlink, :except => { :no_release => true } do
    on_rollback do
      if previous_release
        run "rm -f #{current_path};
          ln -s #{previous_release} #{current_path}; true"
      else
        logger.important "no previous release to rollback to,
          rollback of symlink skipped"
      end
    end
    run "rm -rf #{latest_release}/tmp" if
      (!remote_file_exists?("#{latest_release}/tmp/empty"))
    run "ln -s #{shared_path}/tmp #{latest_release}/app/tmp";
    run "rm -f #{current_path} &&
      ln -s #{latest_release} #{current_path}"
  end
end

capcake
```

● デプロイを準備する

デプロイの前に次のコマンドを実行し、デプロイ先の設定を行います。

```
$ cap タスク名 deploy:setup
 * executing `deploy:setup'
～省略
   command finished in 179ms
```

タスク名は、何も指定しないとデフォルトの動作になります。今回のスクリプトではステージング環境（staging）と本番環境（production）を指定できます。

コマンドが正常に実行されると、デプロイ先に**図14.6**のようなディレクトリが生成されます。生成されたshared/tmpディレクトリのシンボリックリンクがappディレクトリに向けられるようになっているので、アプリケーションを再デプロイしても継続してtmpディレクトリ以下のファイルを使用できるよう考慮されています。

● デプロイを実行する

アプリケーションをデプロイするには**図14.7**のコマンドを実行します。デプロイが完了すると、デプロイ先は**図14.8**のような状態になります。

最後にデプロイされたアプリケーションがcurrentディレクトリにリンクされるので、current/app/webrootディレクトリがドキュメントルートになるよう、Webサーバを設定することになります。

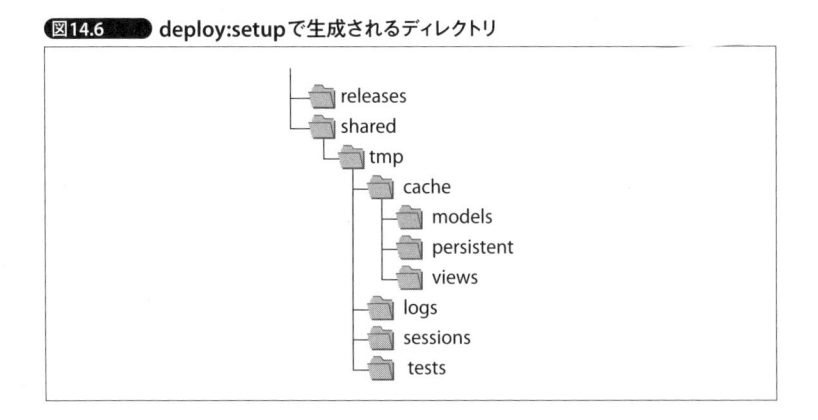

図14.6 deploy:setupで生成されるディレクトリ

```
releases
shared
  tmp
    cache
      models
      persistent
      views
    logs
    sessions
    tests
```

第14章 公開環境の設定とデプロイ

● 便利な機能

Capistranoやcapcakeには、デプロイ以外にもさまざまな便利な機能が用意されています。代表的な機能を紹介します（**表14.3**）。

Capistranoを利用することで、複雑なデプロイ手順も自動化できますので、ぜひ一度試してみてください。

図14.7 アプリケーションのデプロイ

```
$ cap (タスク名) deploy
  * executing `deploy'
  * executing `deploy:update'
 ** transaction: start
  * executing `deploy:update_code'
〜省略
    command finished in 78ms
 ** transaction: commit
```

図14.8 デプロイ実行後のディレクトリ構成

```
current    (releases/20120327060141のシンボリックリンク)
releases
    20120327060141
        app
            tmp    (shared/tmpのシンボリックリンク)
            〜省略
            webroot
        index.php
        lib
        plugins
        vendors
shared
```

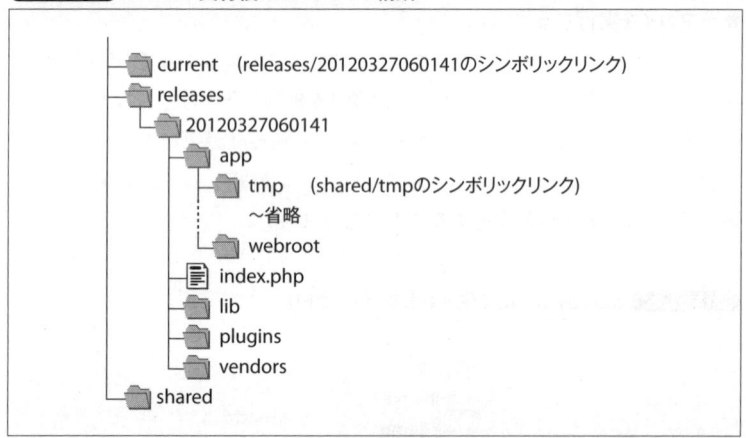

表14.3 Capistrano、capcakeの便利な機能

コマンド	説明
deploy:rollback	一世代前のリリースにロールバックする
cake:logs:tail	最新のログデータを取得する
cake:logs:clear	ログファイルを削除する
cake:cache:clear	キャッシュデータを削除する

第15章
キャッシュによる パフォーマンス改善

- **15.1** パフォーマンスが悪い 300
- **15.2** ボトルネックの調査 300
- **15.3** Cacheクラスを使ったパフォーマンスの改善 306
- **15.4** ビューキャッシュを使ったパフォーマンスの改善 310
- **15.5** まとめ 315

第15章 キャッシュによるパフォーマンス改善

15.1 パフォーマンスが悪い

　開発したCakePHPアプリケーションをインターネット上に公開しました。アクセスが少ないころは問題なく動作していましたが、アクセス数やユーザ数が増加するにつれて次第にレスポンスが遅くなってきます。こういった問題は、アクセス数が少ない開発環境でのテストでは、なかなか知ることができない現象です。本章では、パフォーマンスを改善する方法を見ていきます。まずパフォーマンスを計測してボトルネックを探します。そしてキャッシュを利用してパフォーマンスを改善してみましょう。

15.2 ボトルネックの調査

　パフォーマンスチューニングを行うときに大事なことは、パフォーマンスを計測して、パフォーマンスが遅い個所(ボトルネック)を特定することです。やみくもに局所的な改善を行って部分的にはパフォーマンスが改善されても、アプリケーション全体で見ると大きな効果が得られないことがあります。まずはボトルネックを特定するためにパフォーマンスを計測してみましょう。

計測する方法を考える

　PHPアプリケーションのパフォーマンスを計測するツールは、Xdebug[注1]とXHProf[注2]が代表的です。これらのツールはとても有用なのですが、利用するにはPHP拡張のインストールを行う必要があります。また、計測できる項目が多岐に渡るため、使いこなすにはある程度の経験が必要となります。

　ここでは簡易的に実行時間を記録するBenchmarkコンポーネントを作成

注1 http://xdebug.org/
注2 https://github.com/facebook/xhprof

して、パフォーマンスを計測してみましょう(**リスト15.1**)[注3]。

注3 Benchmarkコンポーネントに記述している__FILE__や__LINE__はPHPで自動的に定義される定数です。__FILE__はファイルパス、__LINE__は行番号を表します。

リスト15.1 Benchmarkコンポーネント

```php
<?php
// app/Controller/Component/BenchmarkComponent.php
App::uses('Component', 'Controller');

class BenchmarkComponent extends Component {
    protected $_marks = array();
    protected $_start = null;

    /**
     * __construct
     */
    public function __construct() {
        $this->_start = microtime(true);
        $this->mark(__FILE__, __LINE__, 0);
    }

    /**
     * __destruct
     */
    public function __destruct() {
        $this->mark(__FILE__, __LINE__);

        foreach ($this->_marks as $v) {
            $this->log(sprintf('[%05f] %s:%d'
                    , $v['time'], $v['file'], $v['no']), 'bench');
        }
    }

    /**
     * mark
     *
     * @param string $file
     * @param string $no
     * @param float $time
     */
```

(次ページへ続く)

```php
    public function mark($file, $no, $time = null) {
        if (is_null($time)) {
            $time = microtime(true) - $this->_start;
        }

        $this->_marks[] = array(
            'time' => $time,
            'file' => $file,
            'no' => $no,
        );
    }
}
```

Benchmarkコンポーネントは、パフォーマンスを計測したいコントローラーの$componentsプロパティに記述すると有効になります。

```
public $components = array('Benchmark');
```

Benchmarkコンポーネントを有効にすると、app/tmp/logs/bench.logというファイルにログが出力されます。記録されるログ内容は次のとおりです。

```
……Bench: [0.000000] app/Controller/Component/BenchmarkComponent.php:13
……Bench: [0.008156] app/Controller/Component/BenchmarkComponent.php:20
```
※以降のbench.logの内容は、紙面レイアウトの都合上一部加工しています。

ログファイルの内容は、左から、記録された日時、実行時間([]で囲まれている個所)、記録されたファイル名、行番号となります。実行時間はBenchmarkコンポーネントのコンストラクタが実行された時間を0として、その時点からの経過時間です。

ログではBenchmarkコンポーネントのコンストラクタとデストラクタでログが記録されており、実行時間に0.008156秒かかっていることがわかります。コントローラーやビューの処理はこの間で実行されるので、アプリケーションの実行時間を記録できます。

Benchmarkコンポーネントのmarkメソッドを使うと、任意の個所で実行時間を記録できます。markメソッドの第一引数にはファイル名(__FILE__)を、第二引数には行番号(__LINE__)を指定します。

```
$this->Benchmark->mark(__FILE__, __LINE__);
```

計測用アプリケーションを作る

パフォーマンスを計測するアプリケーションとして、コントローラー(Slowコントローラー)、モデル(Slowモデル)、ビュー(Slowビューファイル)で構成される単純なアプリケーションを用意します(**リスト15.2**、**リスト15.3**、**リスト15.4**)。このアプリケーションではボトルネックとなる処

リスト15.2 Slowコントローラー

```php
<?php
// app/Controller/SlowController.php
App::uses('AppController', 'Controller');

class SlowController extends AppController {
    public $uses = array('Slow');

    public function index() {
        $data = $this->Slow->doSomething();
        $this->set('data', $data);
    }
}
```

リスト15.3 Slowモデル

```php
<?php
// app/Model/Slow.php
App::uses('AppModel', 'Model');

class Slow extends AppModel {
    public $useTable = false;

    public function doSomething() {
        // 何かの処理
        sleep(5);

        $ret = array('time' => date('Y:m:d H:i:s'));
        return $ret;
    }
}
```

第15章 キャッシュによるパフォーマンス改善

理を擬似的に再現するために、SlowモデルのdoSomethingメソッドでsleep(5)を実行して5秒処理を停止しています。

では、このアプリケーションが正常に動作するか、ブラウザでhttp://CakePHPを設置したURL/slowにアクセスしてみましょう。ブラウザでアクセスすると、5秒間表示が止まり、現在時刻が表示されます(**図15.1**)。これでアプリケーションのパフォーマンスが遅くなっている状態を擬似的に再現できました。

パフォーマンスを計測する

アプリケーションのパフォーマンスを計測するために、Slowコントローラーの$componentsプロパティにBenchmarkコンポーネントを指定します。

```
// app/Controller/SlowController.php
class SlowController extends AppController {
    $components = array('Benchmark');
```

Slowコントローラーのindexメソッドで実行しているSlowモデルのdoSomethingメソッドの前後にBenchmarkコンポーネントのmarkメソッドを記述して、実行時間を記録します(**リスト15.5 ❶❷**)。

これで、Benchmarkコンポーネントを使ってパフォーマンスを計測する準備が整いました。ブラウザからhttp://CakePHPを設置したURL/slowにア

リスト15.4 Slowビューファイル

```
<!-- app/View/Slow/index.ctp -->
<h1>Benchmark Test</h1>
<p><?php echo h($data['time']) ?></p>
```

図15.1 サンプルアプリケーション

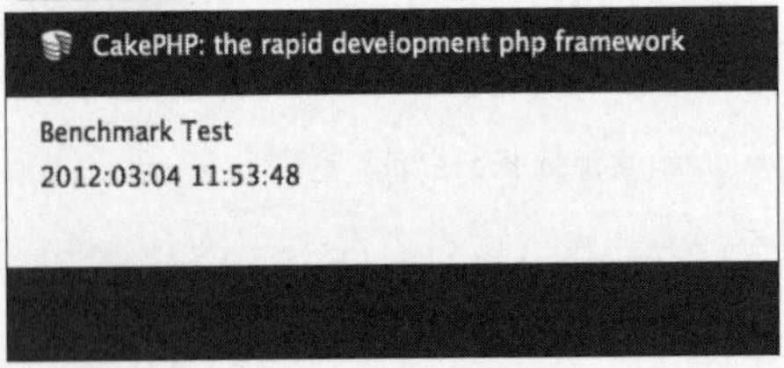

> CakePHP: the rapid development php framework
>
> Benchmark Test
> 2012:03:04 11:53:48

クセスすると、app/tmp/logs/bench.logに図15.2のようなログが記録されます。

ログを見ると、図15.2❶から❷の間で、実行時間に5.001946秒かかっています。これは❶と❷の間ではSlowモデルのdoSomethingメソッドを実行しているためです。SlowモデルのdoSomethingメソッドでは、sleep(5)で処理を5秒止めているので、それが実行時間として記録されています。リクエスト全体の実行時間が5.024056秒の中で❶と❷の間で実行時間が5.001946秒ですので、この部分がボトルネックであることがログからも読み取ることができます。

このようにボトルネックを探すときは、まず計測を行います。そして計測結果から数字で客観的にボトルネックを特定します。こうしておけば今後パフォーマンスを改善していく際もその都度計測を行い、その効果を数字で確かめることができます。

リスト15.5 Benchmarkコンポーネントで計測する

```
// app/Controller/SlowController.php
public function index() {
    $this->Benchmark->mark(__FILE__, __LINE__); // ❶

    $data = $this->Slow->doSomething();

    $this->Benchmark->mark(__FILE__, __LINE__); // ❷

    $this->set('data', $data);
}
```

図15.2 実行時間ログ

```
Bench: [0.000000] app/Controller/Component/BenchmarkComponent.php:13
Bench: [0.000208] app/Controller/SlowController.php:9    ❶
Bench: [5.002154] app/Controller/SlowController.php:13   ❷
Bench: [5.024056] app/Controller/Component/BenchmarkComponent.php:20
```

15.3 Cacheクラスを使ったパフォーマンスの改善

ここではパフォーマンスを改善する方法としてキャッシュを利用します。

キャッシュとは

ボトルネックを改善する方法としては、大きく分けて2つの方法があります。

1つはボトルネックとなる処理を変更する方法です。これにはコードを修正する、パラメータをチューニングするなどの方法があります。「パフォーマンスチューニング」という言葉から思い浮かべるのはおそらくこちらでしょう。この方法はボトルネックとなる処理を直接修正するので、その効果は大きく、直感的です。しかしコードを変更するのには多くの工数がかかったり、変更に伴って不具合が生じるリスクがあります。

もう1つの方法がキャッシュを使う方法です。ボトルネックとなる処理を実行して、処理結果をキャッシュに保存します。次回以降に同じ処理を実行するときはキャッシュから値を取り出して、取り出した値を処理結果として利用します。つまりボトルネックとなっている処理のパフォーマンスはそのまま(遅いまま)ですが、キャッシュを使って処理を回避することにより、パフォーマンスを向上させます。この方法であれば、ボトルネックとなる処理には変更を加えませんので、手軽に導入でき、不具合が生じるリスクもぐっと少なくなります。

本章では、後者のキャッシュを使う方法でパフォーマンスを改善していきます。

キャッシュの設定

キャッシュにはさまざまな設定項目があります。設定項目を指定することにより、キャッシュの動作を柔軟に変更できます。**表15.1**は、キャッシュの保存先をファイルとした場合の設定項目です。

キャッシュの設定は、app/Config/core.phpに記載します。具体的には

15.3 Cacheクラスを使ったパフォーマンスの改善

Cacheクラスのconfigメソッドにて設定を行います。第1引数には設定の名称を文字列で指定します。第2引数にはキャッシュの設定を連想配列で指定します。連想配列のキーには設定項目を指定します。次の例ではdefaultという設定にキャッシュエンジンとしてFileエンジンを指定しています。defaultは名前のとおりデフォルトで利用される設定です。

```
Cache::config('default', array('engine' => 'File'));
```

configメソッドの第1引数に任意の設定名を指定して、複数のキャッシュ設定を作成できます。次の例では、キャッシュの有効期間を1時間にした「hour」と、有効期間を1日にした「day」という設定を作成しています。キャッシュの読み込み、書き込みといった操作をする際に設定名を指定すると作成した設定が適用されます。

```
Cache::config('hour', array(
    'engine' => 'File',
    'duration' => '+1 hour',
));

Cache::config('day', array(
    'engine' => 'File',
    'duration' => '+1 day',
));
```

表15.1 キャッシュの設定項目（ファイル）

設定項目	内容	デフォルトの値
engine	キャッシュエンジン	File
duration	キャッシュの有効期間。秒で指定	3600
path	キャッシュファイルの保存パス	CACHE（通常は/path/to/app/tmp/cache）
prefix	キャッシュファイルのプレフィックス	cake_
probability	キャッシュのGCを行う確率	100
serialize	キャッシュする値をシリアライズするか	true
lock	キャッシュ保存時にファイルをロックするか	true

Cacheクラスの操作

CacheクラスはキャッシュのE読み込み、書き込みといったキャッシュの操作を汎用的に行うクラスです。Cacheクラスを使うには、AppクラスのusesメソッドでCacheクラスを読み込みます。

```
App::uses('Cache', 'Cache');
```

● キャッシュを書き込む

キャッシュを書き込むには、Cacheクラスのwriteメソッドを使います。writeメソッドには3つの引数を指定します。第1引数にはキャッシュを識別するキー、第2引数にはキャッシュする値、第3引数にはキャッシュの設定を指定します。第3引数は省略でき、その場合はdefaultが指定されます。

```
Cache::write($key, $value, $config = 'default');
```

● キャッシュを読み込む

キャッシュを読み込むには、Cacheクラスのreadメソッドを使います。readメソッドには2つの引数を指定します。第1引数にはキャッシュを読み込む対象のキー、第2引数にはキャッシュの設定を指定します。第2引数を省略するとdefaultが指定されます。

readメソッドを実行すると、キャッシュの中からキーに合致した値が戻ります。キャッシュが存在しない場合、キャッシュの有効期間が切れている場合、キャッシュ読み込みでエラーが発生した場合は、falseが戻り値となります。

```
$value = Cache::read($key, $config = 'default');
```

● キャッシュを削除する

キャッシュを削除するには、Cacheクラスのdeleteメソッドを使います。deleteメソッドには2つの引数を指定します。第1引数にはキャッシュを削除する対象のキー、第2引数にはキャッシュの設定を指定します。第2引数を省略するとdefaultが指定されます。

```
Cache::delete($key, $config = 'default');
```

Cacheクラスを実際に使ってみる

　Cacheクラスを使って、SlowモデルのdoSomethingメソッドの処理結果をキャッシュしてみましょう（**リスト15.6**）。

● 設定を行う

　まずAppクラスのusesメソッドで、Cacheクラスを読み込みます（リスト15.6 ❶）。次にdoSomethingメソッドでキャッシュの読み込みを行います（リスト15.6 ❷）。キャッシュが存在する場合はキャッシュの値を返して処理を終了します。キャッシュが存在しない場合はそのまま処理を続行します。処理が完了したら、処理結果をキャッシュに保存します（リスト15.6 ❸）。これにより次回doSomethingメソッドを実行する際はキャッシュの値が利用されます。

リスト15.6 Cacheクラスでキャッシュする

```php
<?php
// app/Model/Slow.php
App::uses('Cache', 'Cache'); // ❶

class Slow extends AppModel {
    public $useTable = false;

    public function doSomething() {
        $ret = Cache::read('Slow_something'); // ❷
        if ($ret !== false) {
            return $ret;
        }

        // 何かの処理
        sleep(5);

        $ret = array('time' => date('Y:m:d H:i:s'));
        Cache::write('Slow_something', $ret); // ❸

        return $ret;
    }
}
```

図15.3 キャッシュが存在する場合

```
Bench: [0.000000] app/Controller/Component/BenchmarkComponent.php:13
Bench: [0.000203] app/Controller/SlowController.php:9    ❶
Bench: [0.002254] app/Controller/SlowController.php:13   ❷
Bench: [0.008340] app/Controller/Component/BenchmarkComponent.php:20
```

● 動作確認する

　では、http://CakePHPを設置したURL/slowをブラウザで開いて、キャッシュの効果を見てみましょう。キャッシュの効果を確かめるために2回アクセスします。これは1回目のアクセスではキャッシュが存在せず、キャッシュの効果がわからないためです。

　1回目のアクセスでは現在時刻がブラウザに表示されます。2回目のアクセスでも1回目と同じ時刻が表示されます。これは、1回目で保存したキャッシュの値が利用されているためです。

　キャッシュの効果を見るためにapp/tmp/logs/bench.logを確認します。図15.2では❶と❷の間で5.001946秒かかっていた処理が、**図15.3**ではわずか0.002051秒に短縮されているのがわかります。リクエスト終了までの時間も、5.024056秒から0.008340秒となっています。これで、キャッシュの利用によりパフォーマンスを改善できることが確認できました。

15.4 ビューキャッシュを使ったパフォーマンスの改善

　ビューキャッシュはビュー出力全体をキャッシュします。Cacheクラスとは違い、ビューの出力に特化したキャッシュ機能です。Cacheクラスでは、キャッシュの読み込み、書き込みといった処理はアプリケーションで記述する必要がありました。ビューキャッシュではいくつかの設定を行えば、コードを書かなくてもフレームワークが自動でキャッシュの操作を行ってくれます。ビューの出力のみという制約はありますが、手軽にキャッシュ機能を使うことができます。

ビューキャッシュを有効に

ビューキャッシュはデフォルトでは無効となっています。まずapp/Config/core.phpにある次の行がコメントアウトされているので、コメントを外します。

```
Configure::write('Cache.check', true); // コメントを外す
```

次に、ビューキャッシュを使うコントローラーの$helpersプロパティにCacheヘルパーを指定します。これでビューキャッシュを使う準備が整いました。

```
public $helpers = array('Cache');
```

ビューキャッシュの設定

ビューキャッシュの設定はコントローラーで行います。コントローラーの$cacheActionプロパティにキャッシュの設定を指定します。キャッシュ設定は連想配列で指定します。連想配列のキーにはビューキャッシュを行うアクションメソッド名を指定します。キーに対応する値にはキャッシュの有効期間を秒数もしくはstrtotime関数で指定できる形式('+1 hour'、'+1 day'など)で指定します。

次の例では、indexアクションによるビュー出力をキャッシュします。キャッシュの有効期間は1時間となります。

```
public $cacheAction = array('index' => '+1 hour');
```

複数のアクションを指定することもできます。次の例では、indexアクションのほかにviewアクションを10分間キャッシュします。

```
public $cacheAction = array(
    'index' => '+1 hour',
    'view' => '+10 minute',
);
```

コントローラーにあるすべてのアクションでキャッシュする場合は、キ

ーを指定せずにキャッシュの有効期間を $cacheAction プロパティに設定します。

```
public $cacheAction = array('+1 day');
```

一部分をビューキャッシュの対象から除外

　ビューキャッシュでは、ビュー出力全体をキャッシュします。ページによっては部分的にリクエストごとに表示を変えたい個所がある場合があります。その場合はビューファイルで、リクエストごとに表示を変えたい個所を<!--nocache--><!--/nocache-->で囲むと、その個所についてはキャッシュを行わず、リクエストごとに表示処理が実行されます。

```
<!--nocache-->
キャッシュしてほしくない個所
<!--/nocache-->
```

ビューキャッシュの削除

　ビューキャッシュが削除されるケースとしては次の3つがあります。

- ビューキャッシュの有効期間を経過した場合
- モデルのsaveメソッドもしくはdeleteメソッドを実行した場合
- clearCache関数を実行した場合

● ビューキャッシュの有効期間を経過した場合

　そのビューキャッシュを出力しようとした際にビューキャッシュが自動で削除されます。このとき、ビューキャッシュの出力は行われず、対象のアクションが実行されます。そのあと、ビューキャッシュの設定に応じて再度キャッシュの生成が行われます。

　この処理はConfigure::read('Cache.check')がtrueのときのみ実行されます。

● モデルのsaveメソッドもしくはdeleteメソッドを実行した場合

　自動でビューキャッシュが削除されます。削除されるビューキャッシュはモデルの名前（正確にはモデルの$aliasプロパティ）に合致するビューキャッシュです。たとえばSlowモデルのsaveメソッドを実行するとSlowコントローラーのビューキャッシュが削除されます。

　これはデフォルトのURLルーティングの場合に行われるもので、app/Config/routes.phpにてURLルーティングを変更している場合は削除が行われない場合があります。

　この処理はConfigure::read('Cache.check')がtrueのときのみ実行されます。

● clearCache関数を実行した場合

　clearCache関数を使うと、任意でビューキャッシュを削除できます。clearCache関数の第1引数には、削除対象のコントローラー名を指定します。たとえばSlowコントローラーのビューキャッシュを削除する場合は「slow」を指定します。

```
clearCache('slow');
```

　第一引数を指定せずにclearCache関数を実行するとすべてのビューキャッシュが削除されます。

```
clearCache();
```

　URLルーティングを変更している場合は、指定したURLの第一ディレクトリを指定します。たとえば、次のように「/hoge/アクション名」というURLでSlowコントローラーを起動する場合、ビューキャッシュをクリアするにはclearCache関数に「hoge」を指定します。

```
// app/Config/routes.php
Router::connect('/hoge/:action/*', array('controller' => 'slow'));

clearCache('hoge');
```

ビューキャッシュを実際に使ってみる

ビューキャッシュを使ってSlowコントローラーの出力をキャッシュしてみましょう。

● 設定を行う

まずapp/Config/core.phpでビューキャッシュを有効にしておきます。次に、Slowコントローラーでビューキャッシュの設定を行います(**リスト15.7**)。$helpersプロパティにCacheヘルパーを指定します(リスト15.7 ❶)。$cacheActionプロパティにはキャッシュ対象としてindexを、キャッシュ有効期間を1時間と指定しています(リスト15.7 ❷)。

● 動作確認する

ではhttp://CakePHPを設置したURL/slowにブラウザからアクセスしましょう。ここでもキャッシュの効果を見るために2回アクセスします。

1回目のアクセスでは現在時刻が表示されます。2回目のアクセスでも1回目と同じ時刻が表示されます。これは1回目で保存したキャッシュの値が利用されているためです。

キャッシュの効果を見るためにapp/tmp/logs/bench.logを確認します。しかし2回目のアクセスについてはログが記録されていません。これはビューキャッシュの出力がアプリケーションの実行前に行われるためです。つまりビューキャッシュに出力するキャッシュが存在する場合は、アプリケーションを実行することなくキャッシュの出力のみを行います。このため、よりパフォーマンスが改善されます。

なお、ビューキャッシュでキャッシュが出力され、かつデバッグレベル

リスト15.7 ビューキャッシュでキャッシュする

```
// app/Controller/SlowController.php
class SlowController extends AppController {
    public $helpers = array('Cache'); // ❶
    public $cacheAction = array('index' => '+1 hour');  // ❷
    // 省略
```

が1以上の場合、出力ページのフッタに実行時間が秒数で記録されます。ブラウザでHTMLソースを表示してみると、次のように実行時間が表示されます。

```
</html><!-- Cached Render Time: 0.0033s -->
```

ここではページを出力するのに0.0033秒かかっていることがわかります。Cacheクラスを使った図15.3ではリクエスト終了まで0.008340秒となっていましたので、よりパフォーマンスが改善しています。

15.5 まとめ

　本章ではパフォーマンスを改善するために、ボトルネックを探してキャッシュを利用する方法を見てきました。キャッシュの機能は手軽に導入できるので、パフォーマンスに問題が出たときはまず導入を検討してみるとよいでしょう。まずはキャッシュでパフォーマンスを改善したあとに、じっくりボトルネックとなっているコードをチューニングしていくというアプローチもあります。

　キャッシュを導入する際には注意すべき点があります。それはユーザ認証などを行って、ユーザ個別の内容を表示するページへのキャッシュの導入は慎重に検討する必要があることです。こういったページに安易にキャッシュを利用すると、あるユーザの情報が含まれるキャッシュをほかのユーザへ表示してしまうといった事態が考えられます。キャッシュを導入するのは容易ですが、その影響は把握しておく必要があります。

　キャッシュはサイト全体で同じ表示を行い、表示頻度が高いページで大きな効果を発揮します。キャッシュをうまく利用して、パフォーマンスを改善しましょう。

エラー時の処理とカスタマイズ

たとえば、http://www.example.com/posts/view/9999のようなデータが存在しないURLにアクセスされた場合、どのように処理をしていますか？ bakeで生成されるviewアクションのコードは次のようになっています。

```php
public function view($id = null) {
    $this->Post->id = $id;
    if (!$this->Post->exists()) {
        throw new NotFoundException(__('Invalid post'));
    }
    $this->set('post', $this->Post->read(null, $id));
}
```

NotFoundExceptionを投げることでレスポンスコード404が返されエラー表示用のテンプレートが出力されます。CakePHPでは代表的なエラーに関して対応する例外処理クラスが定義されており、エラー処理を簡潔に記述できます。**表15.a** が標準で定義されている例外処理です。

エラー時に使用されるビューファイルはapp/View/Errors以下にあるファイルが利用されるので、必要に応じてカスタマイズが可能です。また、app/ErrorディレクトリにExceptionRendererのサブクラスを作成し、エラー例外発生時の処理をカスタマイズすることも可能です。独自のExceptionRendererを使用する場合、次のようにcore.phpで設定を行います。

```php
// app/Config/core.php
Configure::write('Exception', array(
    'handler' => 'ErrorHandler::handleException',
    'renderer' => 'MyExceptionRenderer',
    'log' => true
));
```

このようにエラー時に例外を使用することで処理の中断を簡潔に実装できますので、エラー内容に対応する例外を適宜使用するとよいでしょう。（渡辺）

表15.a 例外クラス一覧（lib/Cake/Error/exceptions.php内で定義）

例外クラス名	エラーコード
BadRequestException	400
UnauthorizedException	401
ForbiddenException	403
NotFoundException	404
MethodNotAllowedException	405
InternalErrorException	500

第16章
ソーシャル連携

16.1 WebサービスとSNSを連携させる重要性 318
16.2 OAuthの概要 318
16.3 著名なプラグインの紹介 323
16.4 TwitterKitを使ってみよう 324

16.1 WebサービスとSNSを連携させる重要性

近年Webサービスを作る際、サービスごとにIDとパスワードを管理しなくてよいことや、複数のサービスに与える権限をまとめて管理できること、サービス開始時にソーシャルグラフを活用してサービスを広めたいなどの理由から、Twitter[注1]やFacebook[注2]などのSNS（*Social Networking Service*）と連携させることが重要な要素になっています。本章では、SNSとの連携のために必要な基礎知識や著名なプラグインを紹介します。

16.2 OAuthの概要

TwitterやFacebookなどのSNSと連携する場合、OAuth（オーオースまたはオース）というセキュアにAPIを承認するためのプロトコルを使用します。現在利用されているOAuthには1.0と2.0の2つのバージョンが存在しています。本章では、アプリケーション連携するための手順やOAuth 1.0、2.0それぞれのプロトコルの詳細について解説します。

アプリケーションの登録

OAuthを使用して連携するアプリケーションは、TwitterやFacebookなどサービス提供元サイト（OAuthサービスプロバイダ）にアプリケーション登録を行います。通常、この手続きはサービス提供元の開発者向けページ上でオンラインで行います（表16.1）。

アプリケーション登録の際には、アプリケーション名や説明文などアプリケーション自身の情報のほかに、アプリケーションが利用するAPIの範囲を指定します（図16.1）。Twitterにアプリケーション登録する際「Callback

---

注1 https://twitter.com/
注2 http://www.facebook.com/

URL」を指定しないと、自動的にクライアントアプリケーションとして認識され、以降で解説するブラウザアプリケーション用の認証を利用できなくなってしまいます。「Callback URL」は認証時に別途指定できるため、登録時は仮のURLでかまいませんので必ず入力しておきましょう。

アプリケーション登録をすると、アプリケーションを識別するための「コンシューマキー」とアクセス時の署名に利用する「コンシューマシークレッ

表16.1 主要SNSの技術者向け開発者向けページ

名前	URL
Twitter Developers	https://dev.twitter.com/
Facebook DEVELOPERS	https://developers.facebook.com/
mixi Developer Center	http://developer.mixi.co.jp/

図16.1 Twitterのアプリケーション登録画面

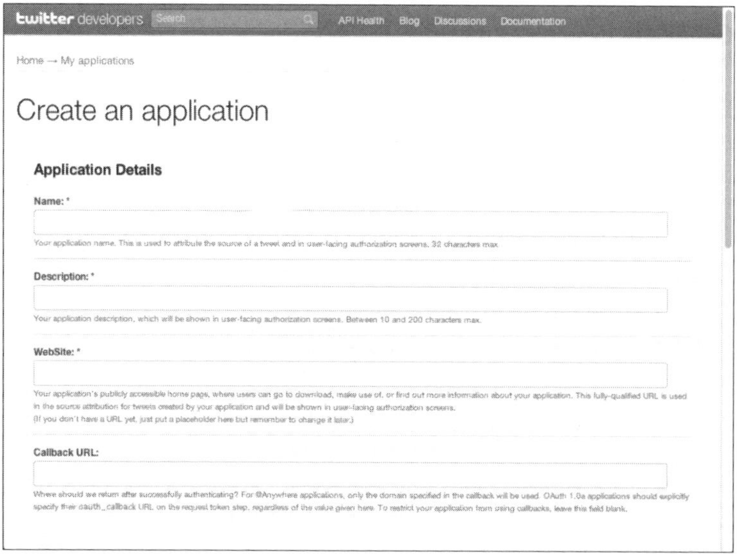

ト」の2つが発行されます（**図16.2**）。この2つの値はAPIを利用する際に使用します[注3]。

OAuth 1.0のアプリケーション承認の流れ

OAuth 1.0を利用してユーザがアプリケーションを利用する際は、アプリケーションとOAuthサービスプロバイダ間では**図16.3**のようなやりとりが行われます。

図中の鍵マークのついているリクエストには、OAuthの仕様に従い署名を付与する必要があります。署名の作成は非常に複雑なため本書では具体的な方法は取り上げません。CakePHPでOAuthを利用する場合、CakePHPコアライブラリのHttpSocketクラスを拡張しOAuthに対応させたhttp_socket_oauth[注4]というクラスが公開されていますので、これを利用すると

[注3] 「コンシューマキー」と「コンシューマシークレット」は認証に利用する識別コードと鍵の役目を果たしています。第三者に知られないように注意してください。

[注4] https://github.com/neilcrookes/http_socket_oauth

図16.2 Twitterのアプリケーション情報画面

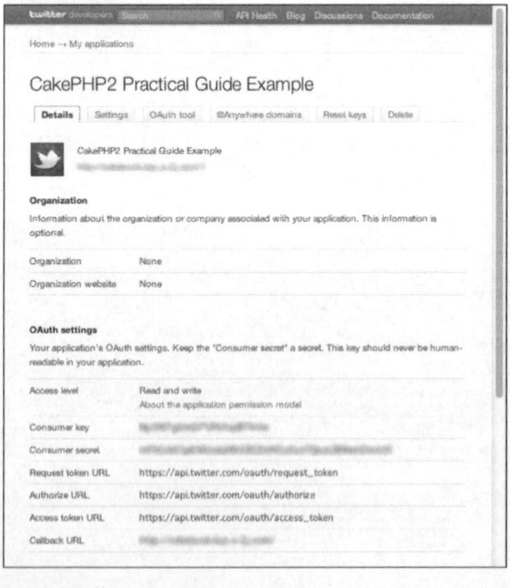

よいでしょう。次節で紹介するTwitterKitもhttp_socket_oauthを使用しています。

執筆時点でTwitterはOAuth 1.0を利用しています。

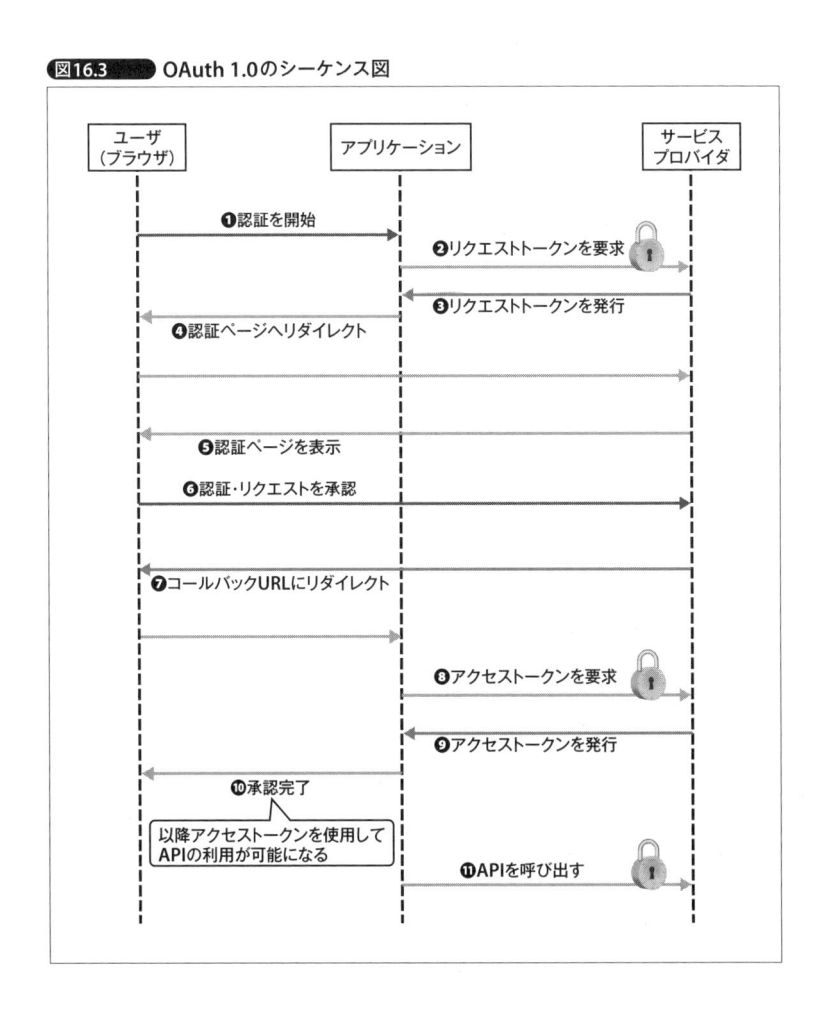

図16.3 OAuth 1.0のシーケンス図

```
ユーザ                アプリケーション          サービス
（ブラウザ）                                プロバイダ
  │                      │                    │
  │──❶認証を開始────────▶│                    │
  │                      │──❷リクエストトークンを要求──▶│🔒
  │                      │◀─❸リクエストトークンを発行──│
  │◀─❹認証ページへリダイレクト─│                    │
  │─────────────────────────────────────────▶│
  │◀──❺認証ページを表示────────────────────────│
  │──❻認証・リクエストを承認──────────────────▶│
  │                      │                    │
  │◀─❼コールバックURLにリダイレクト─│          │
  │─────────────────────▶│                    │
  │                      │──❽アクセストークンを要求──▶│🔒
  │                      │◀─❾アクセストークンを発行──│
  │◀──❿承認完了─────────│                    │
  │ 以降アクセストークンを使用して │              │
  │ APIの利用が可能になる   │──⓫APIを呼び出す──▶│🔒
```

第16章 ソーシャル連携

OAuth 2.0のアプリケーション承認の流れ

　OAuth 2.0のWebサーバプロファイルを利用してユーザがアプリケーションを利用する際は、アプリケーションとOAuthサービスプロバイダ間では**図16.4**のようなやりとりが行われます。OAuth 2.0では署名の盗聴を防ぐためにすべての通信にHTTPS通信を使用することが必須となっています。

　OAuth 2.0では、1.0にあるリクエストトークン取得部分の処理と、署名

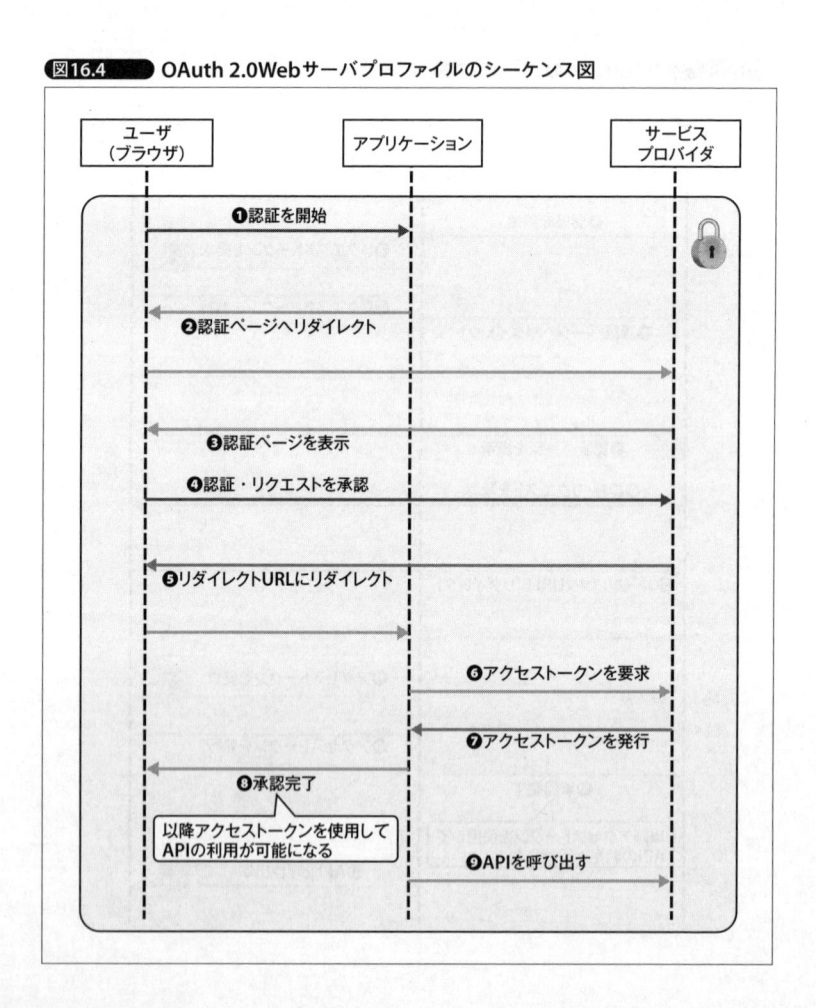

図16.4　OAuth 2.0Webサーバプロファイルのシーケンス図

（ユーザ（ブラウザ）、アプリケーション、サービスプロバイダ間のシーケンス）

❶認証を開始
❷認証ページへリダイレクト
❸認証ページを表示
❹認証・リクエストを承認
❺リダイレクトURLにリダイレクト
❻アクセストークンを要求
❼アクセストークンを発行
❽承認完了
　以降アクセストークンを使用してAPIの利用が可能になる
❾APIを呼び出す

を付与する処理を行う必要がなくなったためにとてもシンプルなプロトコルになっています。

執筆時点ではFacebookのGraphAPI、mixi Graph APIはこの方式を使用しています。

16.3 著名なプラグインの紹介

TwitterKit

TwitterKitはイラスティックコンサルタンツ株式会社[注5]により開発されたプラグインです。OAuth認証やAPIへのアクセスなどに必要な機能が含まれており、TwitterKitが提供するコンポーネントやデータソースを使用することでとても簡単にTwitter連携を実現できます。

執筆時点ではmasterブランチはCakePHP 1.3系用となっていますが、2.0ブランチ[注6]でCakePHP2対応版の開発が進められています。

CakePHP Facebook Plugin

CakePHP Facebook Pluginは、Nick Baker氏によって開発されたプラグインです。Facebook Connect APIをCakePHP標準のAuthコンポーネントと連携して利用できるConnectコンポーネントや、Facebook APIへのアクセス用のApiコンポーネントなどの機能が含まれています[注7]。

注5 http://elasticconsultants.com/
注6 https://github.com/elstc/twitter_kit/tree/2.0
注7 https://github.com/webtechnick/CakePHP-Facebook-Plugin/

16.4 TwitterKitを使ってみよう

設定手順

●導入する

まずは、プラグインディレクトリにTwitterKitを設置します(**図16.5**)。

CakePHP 2.0以降プラグインの読み込みが自動で行われなくなったため、TwitterKitを読み込むよう app/Config/bootstrap.php の最後に次のように設定してください。

```
CakePlugin::load('TwitterKit');
```

●Twitterデータソースを設定する

TwitterKitではAPIアクセスなどの処理をデータソースとして実装していますので、Twitterデータソースの設定をします。**リスト16.1**では「twitter」という名称のデータソースを定義しています。「YOUR_CONSUMER_KEY」「YOUR_CONSUMER_SECRET」の部分にそれぞれ「コンシューマキー」と「コンシューマシークレット」を設定してください。

図16.5 TwitterKitの設置

```
$ cd app/Plugin
$ git clone http://github.com/elstc/twitter_kit.git TwitterKit
$ cd TwitterKit
$ git checkout -b 2.0 origin/2.0
```

リスト16.1 TwitterSourceの設定

```
// app/Config/database.php
public $twitter = array(
'datasource'            => 'TwitterKit.TwitterSource',
'oauth_consumer_key'    => 'YOUR_CONSUMER_KEY',
'oauth_consumer_secret' => 'YOUR_CONSUMER_SECRET',
// TwitterKitに用意されているコールバックを指定
'oauth_callback'        => '/twitter_kit/oauth/callback/',
);
```

16.4 TwitterKitを使ってみよう

● **Twitterユーザ用のテーブルを作成する**

次に Twitter ユーザ用のテーブルを作成します。

```
$ Console/cake schema create TwitterKit --plugin TwitterKit
```

● **AppController.phpに設定を追加する**

app/Controllers/AppController.php を **リスト 16.2** のように修正します。

リスト16.2 AppControllerに利用するコンポーネントを追加

```php
<?php
// app/Controllers/AppController.php
class AppController extends Controller {
    public $components = array(
        'Session',
        'Auth' => array(
            // ❶認証の設定
            'authenticate' => array(
                'all' => array(
                    'fields' => array(
                        'username' => 'username',
                        'password' => 'password',
                    ),
                ),
                'TwitterKit.TwitterOauth',
            ),
            // ❷ログインURL
            'loginAction' => array(
                'plugin' => 'twitter_kit',
                'controller' => 'users',
                'action' => 'login',
            ),
            // ❸ログイン完了後に遷移するURL
            'loginRedirect' => array(
                'plugin' => 'twitter_kit',
                'controller' => 'users',
                'action' => 'login',
            ),
        ),
        'TwitterKit.Twitter',
    );
}
```

Authコンポーネントでの認証にTwitterKitを使用するためリスト16.2❶を設定し、ログイン/ログイン完了後に遷移するURLなどを設定します(リスト16.2❷❸)。

● jQueryを読み込む設定

このサンプルではjQueryを使用しているので、デフォルトのビューでjQueryを読み込むように設定します(**リスト16.3**)。

動作確認

● ログインする

これでTwitterの認証/承認までの準備は完了です。http://CakePHPを設置したURL/twitter_kit/users/loginにアクセスしてみてください。

設定に問題がなければ、**図16.6**のような画面が表示されます。この時点で内部的にはTwitterからリクエストトークンを取得しています。「ツイッターでログイン」をクリックして承認を開始してください。

Twitterのアプリケーション承認画面に遷移します(**図16.7**)。認証に成功するとログインが完了し、**図16.8**のようにログイン後のページに遷移します。

ログインが完了した時点で、twitter_usersテーブルに認証時にTwitterから取得したアクセストークンが保存されています。以降、API使用時にはこのアクセストークンを使用してアクセスすることになります。

16.4 TwitterKitを使ってみよう

リスト16.3 デフォルトレイアウトでjQueryを読み込む

```
<!-- app/Views/Layouts/default.ctp -->
<head>
<!-- 省略 -->
<script type="text/javascript"
 src=
  "https://ajax.googleapis.com/ajax/libs/jquery/1.6.4/jquery.min.js">
</script>
</head>
```

図16.6 ログインページ

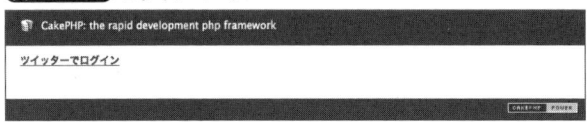

図16.7 アプリケーションの承認画面

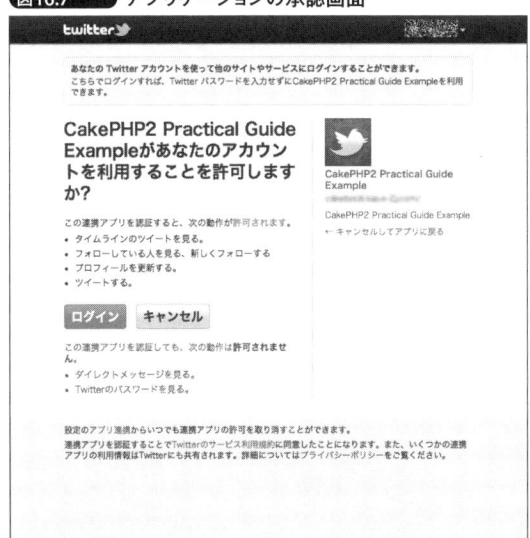

図16.8 ログイン完了ページ

第16章 ソーシャル連携

● ホームタイムラインを取得する

では、次にホームタイムラインを取得してみましょう(**図16.9**)。

リスト16.4がタイムライン取得処理のサンプルです。このコントローラーでは次の処理を行っています。

❶ ログイン中のユーザ情報を取得
❷ Twitterデータソースを取得
❸ ユーザ情報に保存されている「アクセストークン」をTwitterデータソースに設定
❹ APIに対応したメソッドを呼び出し、タイムラインを取得
❺ 取得した情報をビュー変数に設定

リスト16.5がタイムライン表示ビューです。ビュー変数にはTwitterから取得したデータが連想配列形式でセットされていますので、通常のビューと同様にHTMLを組み立てます。

図16.9 タイムライン表示サンプル

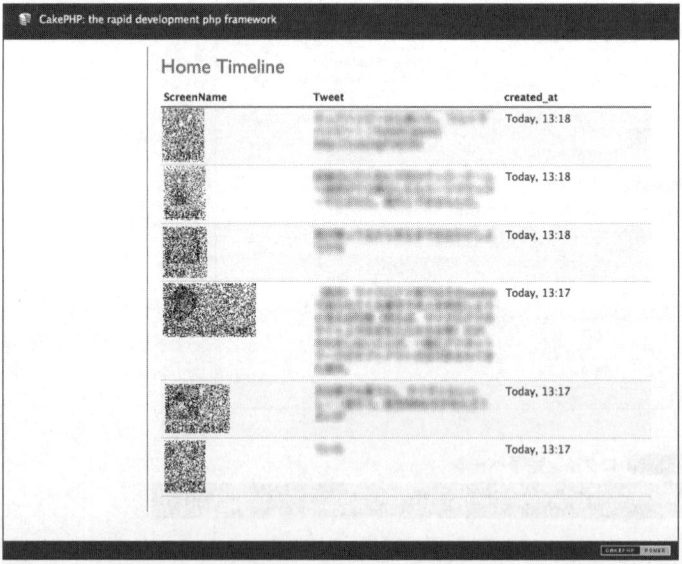

328

ここまでを実施後にhttp://CakePHPを設置したURL/timelineにアクセスすると最新のタイムラインが表示されます。

以上のように、TwitterKitを使うとTwitter APIを非常に簡単に利用できますので活用してみてください。

リスト16.4 タイムライン取得用コントローラー

```php
<?php
// app/Controller/TimelineController.php
App::uses('AppController', 'Controller');
class TimelineController extends AppController {
    public $helpers = array('Time');

    public function index() {
        // ログイン中のユーザ情報を取得
        $user = $this->Auth->user();
        if (empty($user)) {
            return ;
        }
        // Twitterデータソースを取得
        $ds = $this->Twitter->getTwitterSource() ;
        // アクセストークンをTwitterデータソースに設定
        $ds->setToken($user['TwitterUser']);
        // タイムラインを取得
        $timeline = $ds->statuses_home_timeline();
        // 取得した情報をビュー変数に設定
        $this->set(compact('timeline'));
    }
}
```

第16章 ソーシャル連携

リスト16.5 タイムライン表示用ビューファイル

```php
<!-- app/View/Timeline/index.ctp -->
<div class="timeline index">
<?php if (!empty($timeline)): ?>
  <h2><?php echo __('Home Timeline');?></h2>
  <table cellpadding="0" cellspacing="0">
  <tr>
  <th width="200px">ScreenName</th>
  <th>Tweet</th>
  <th width="200px">created_at</th>
  </tr>
  <?php foreach($timeline as $tweet): ?>
    <tr>
    <td>
      <?php
        echo $this->Html->image(
          $tweet['user']['profile_image_url_https']);
      ?><br />
      <?php
        echo $this->Html->link(
          $tweet['user']['screen_name'],
          "https://twitter.com/{$tweet['user']['screen_name']}"
        );
      ?>
    </td>
    <td><?php echo nl2br(h($tweet['text'])); ?></td>
    <td>
      <?php
        echo $this->Time->niceShort($tweet['created_at']); ?>
    </td>
    </tr>
  <?php endforeach;?>
  </table>
<?php endif; ?>
</div>
```

第17章

CakePHP1系からの移行

17.1 現在メンテナンスされているバージョン 332
17.2 CakePHP 1.xと2.xとの違い 332
17.3 移行時の注意点 336
17.4 Upgrade shellを使った移行 340

第17章 CakePHP1系からの移行

17.1 現在メンテナンスされているバージョン

執筆現在(2012年7月)、CakePHPは1.3、2.0、2.1と2.2が安定版としてメンテナンスされていますが、近い将来1.3のサポート期間が終了します[注1]。

それまでにCakePHP2に移行しておくほうがよいですし、何よりCakePHP2への移行は、パフォーマンス改善、新機能の追加など多くのメリットを受けられます。

本章では、CakePHP1と2の違いと、移行方法を紹介します。すべてのポイントを網羅できないため、より詳細な情報は**表17.1**の公式移行ガイドを参照してください。

17.2 CakePHP 1.xと2.xとの違い

ディレクトリ構造、ファイル命名ルールの変更

CakePHP2からは、PSR-0[注2]というディレクトリとファイル名の命名規則に準拠するようになりました。

PSR-0とは、PHPのフレームワーク開発者が集まって議論したディレクトリ構造、ファイル名規則の標準ルールです。このルールに準拠することで、フレームワークごとの構造の差異をなくし、手軽に他フレームワークの機能を読み込めるようになります。

注1 1.3のサポート期限がいつまでか不明ですが、期限が来たときにTwitterのCakePHP公式アカウント「@cakephp」からアナウンスがあると思います。

注2 https://github.com/php-fig/fig-standards/blob/master/accepted/PSR-0.md

表17.1 公式移行ガイド

バージョン	URL
1.3 → 2.0	http://book.cakephp.org/2.0/ja/appendices/2-0-migration-guide.html
2.0 → 2.1	http://book.cakephp.org/2.0/ja/appendices/2-1-migration-guide.html
2.1 → 2.2	http://book.cakephp.org/2.0/ja/appendices/2-2-migration-guide.html

● ファイル名、ディレクトリ名の表記方法

　CakePHP1では、ディレクトリ名が小文字の複数形、ファイル名が小文字のアンダースコア区切りでした。

> 例 app/controllers/posts_controller.php

　CakePHP2からは、ディレクトリ名、ファイル名がキャメルケースとなり、単語の先頭が大文字、それ以外は小文字になりました。

> 例 app/Controller/PostsController.php

　CakePHP2の中で、クラスファイルを扱わないwebroot、tmpディレクトリに関しては、キャメルケースではなくCakePHP1と同じように小文字で扱われます。

● ヘルパーファイル名やコンポーネントファイル名の表記方法

　CakePHP2からは、ヘルパーファイル名やコンポーネントファイル名に、HelperやComponentが入るようになり、より理解しやすいファイル名になりました。

- ヘルパーファイル名の例：HtmlHelper.php
- コンポーネントファイル名の例：SessionComponent.php

リクエスト、レスポンスデータの管理

　CakePHP2からは、POST/GETなどクライアントからのリクエストデータはすべてCakeRequestオブジェクトが担当し、クライアントへのレスポンスデータはCakeResponseオブジェクトが担当するようになります。

　クライアントから送信されたデータは、コントローラーやビューの$requestプロパティに格納されているCakeRequestオブジェクト経由でデータを取得します（**表17.2**）。

　ビューでレンダリングされたデータは、CakeResponseクラスのプロパティに格納されます。CakePHP1のときに、afterFilterメソッドなどでコントローラーのoutputプロパティを用いてレンダリング結果を加工している場

合は、CakeResponseのbodyメソッドを用いる方法に切り替えます。

たとえば、コントローラーのafterFilterメソッドで携帯電話用にレンダリング結果をUTF-8からShift_JISに変換している場合は、**リスト17.1**のように変更します。

クラスの遅延読み込み

CakePHP2では、実際に利用するときまでクラスファイルの読み込み、インスタンス生成が行われないため、無駄な負荷が減りパフォーマンスが向上しました。

CakePHP2からは、App::import( )ではなく、App::uses( )を利用してクラスを読み込みます。App::uses( )が呼ばれた時点ではクラスファイルは読み込まれません。実際にクラスを利用するタイミングになって初めてクラスファイルがincludeで読み込まれます。これはPHPのオートロード機能[注3]を使って実現しています。

クラスのインスタンス生成も利用時まで行わなくなりました。たとえば

注3 http://jp.php.net/autoload

表17.2　リクエストデータ取得例

処理	コマンド
POSTデータの取得	$this->request->data['Post']['title'];
クエリストリングデータの取得[※1]	$this->request->query['title'];
Namedパラメータの取得[※2]	$this->request->params['named']['title'];

※1　クエリストリングは、たとえばhttp://www.example.com/?title=cakeのようなURLです。
※2　Namedパラメータは、たとえばhttp://www.example.com/title:cakeのようなURLです。

リスト17.1　ビュー出力をUTF-8からShift_JISに変換する例

```
// CakePHP 1.3
$this->output = mb_convert_encoding($this->output,'Shift_JIS','UTF-8');

// CakePHP 2.0
$this->response->body(
    mb_convert_encoding($this->response->body(),'Shift_JIS','UTF-8')
);
```

CakePHP1では、コントローラーの$usesプロパティに利用するモデル名を指定すると、App::import( )で明示的に読み込み設定をする必要なく、コントローラーの処理が開始されるタイミングですべてのモデルクラスのインスタンスが生成されます(**リスト17.2**)。コントローラーの各アクションでは、読み込んだすべてのモデルの機能が利用できます。この機能は便利ですが、そのモデルを利用しないアクションではインスタンス生成処理が無駄に発生していました。リスト17.2ではindexアクションでFooモデルを利用していませんが、CakePHP1の場合にはFooモデルのインスタンスが生成され、$this->Fooに格納されます。

CakePHP2からは、$usesプロパティで指定したモデルは実際に利用するまでインスタンスが生成されないため、たとえば**リスト17.3**ではPostモデルのみインスタンスが生成され、Fooモデルのインスタンスは生成されません。

CakePHP1では、親クラスであるAppControllerは自動読み込みされるため、明示的にApp::import( )を使う必要はありません。CakePHP2からは、App::uses( )を使って明示的に記述する必要があります。

リスト17.2 CakePHP1のPostsコントローラーの例

```
class PostsController extends AppController {
    public $uses = array('Post', 'Foo');
    public function index() {
        $this->Post->find();
    }
}
```

リスト17.3 CakePHP2のPostsコントローラーの例

```
App::uses('AppController', 'Controller');
class PostsController extends AppController {
    public $uses = array('Post', 'Foo');
    public function index() {
        // この時点でPostモデルのインスタンスが生成される
        $this->Post->find();
    }
}
```

図17.1　CakePHPパフォーマンス比較図

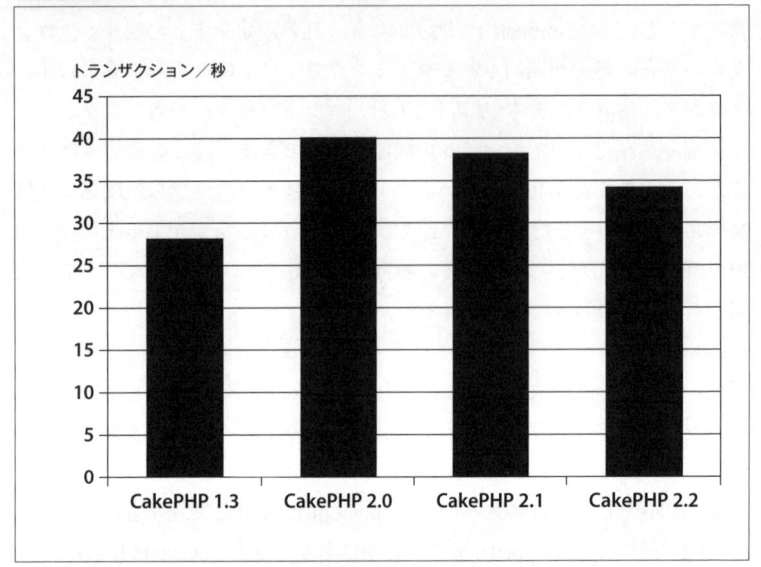

CakePHP 1.3	CakePHP 2.0	CakePHP 2.1	CakePHP 2.2
約28	約40	約38	約34

(トランザクション/秒)

※「トランザクション／秒」は1秒間に何アクセスのレスポンスを返すことができたかを示し、値が高いほうがパフォーマンスが良いことを表しています。

パフォーマンスの向上

　CakePHPの各バージョンで同じ画面機能、同一データベースに接続するアクションを対象に計測しました。CakePHP 1.3とCakePHP 2.0を比較すると、約40%ほどパフォーマンスが良くなっています(**図17.1**)。2.2になると機能が増えるため少し遅くなっています[注4]。

17.3
移行時の注意点

　ここではCakePHP 1.3からCakePHP2への移行のポイントを紹介します。

注4　計測環境などの詳細情報は、筆者ブログの記事「CakePHP1と2のパフォーマンスを比較」を参照してください。
http://d.hatena.ne.jp/cakephper/20120828/1346162341

プラグインファイルの読み込み指定

　CakePHP2から、プラグインはapp/Config/bootstrap.phpで指定して読み込みを行います。これを忘れるとプラグインが利用できなくなります。CakePHP1ではプラグインが自動的に探索されたため、このような読み込み設定は必要ありませんでした。ただし、不要なプラグインを置いていると探索コストがかかっていたため、CakePHP2からは明示的に読み込み設定を行うようになりました。

　たとえば、10章で登場したDebugKitプラグインを利用する場合は、app/Plugin/DebugKitにファイルを設置し、bootstrap.phpに次の設定を記述します。

```
CakePlugin::load('DebugKit');
```

controller/modelの階層ディレクトリの探索

　CakePHP 1.2や1.3では、app/controllers、app/models以下に好きなディレクトリを配置して、その中にクラスファイルを分類して設置しても自動で探索されて読み込まれました。

　たとえば、「app/controllers/member/registers_controller.php」のようにregistersコントローラーをmemberディレクトリ以下に配置しても問題なく利用できます。

　CakePHP2からは上記のような階層構造は自動探索されず、事前に探索パスを定義しておく必要があります。たとえば、Controllerディレクトリの中にmemberディレクトリを配置する場合は、app/Config/bootstrap.phpに次の定義を追加します。

```
App::build(array(
    'Controller' => array(APP . 'Controller/member/')
));
```

　コントローラー以外にも、次のディレクトリに関して探索パスの指定が可能です。

- Model
- Model/Behavior
- Model/Datasource
- Model/Datasource/Database
- Model/Datasource/Session
- Controller
- Controller/Component
- Controller/Component/Auth
- Controller/Component/Acl
- View
- View/Helper
- Console
- Console/Command
- Console/Command/Task
- Lib
- Locale
- Vendor
- Plugin

Appクラスファイルが自動読み込みされなくなった

　CakePHP 2.0までは、AppControllerやAppModelなどがアプリケーションディレクトリに存在しない場合に、CakePHPのコアディレクトリ(例：lib/Cake/Controller/AppController.php)から自動的に読み込まれました。

　2.1からは自動読み込みされないため、アプリケーションディレクトリに次のファイルを設置する必要があります。

- app/Controller/AppController.php
- app/Model/AppModel.php
- app/View/Helper/AppHelper.php
- app/Console/Command/AppShell.php

　まだこれらのファイルを設置していない場合は、**リスト17.4**、**リスト17.5**、**リスト17.6**、**リスト17.7**のクラスファイルをそれぞれ設置してください。

　これらのファイルは、bakeで新規にプロジェクトを作成した際には自動で設置されます。それ以外の場合は、次のCakePHPコアディレクトリにもありますので、コピーして設置するとよいです。

- lib/Cake/Console/Templates/skel/Controller/AppController.php
- lib/Cake/Console/Templates/skel/Model/AppModel.php
- lib/Cake/Console/Templates/skel/View/Helper/AppHelper.php

- lib/Cake/Console/Templates/skel/Console/Command/AppShell.php

初期ファイルの修正が必要な個所

　CakePHP2のConfigやwebrootにある初期ファイルは、CakePHP1から変更された個所や定義方法が変わった個所があります。既存のCakePHP1のものを流用するとエラーの原因になるため、CakePHP2のappディレクトリから次のファイルをコピーし、1.3で変更した個所の差分を抽出して適用する必要があります。

リスト17.4 app/Controller/AppController.php

```
<?php
App::uses('Controller', 'Controller');
class AppController extends Controller {
}
```

リスト17.5 app/Model/AppModel.php

```
<?php
App::uses('Model', 'Model');
class AppModel extends Model {
}
```

リスト17.6 app/View/Helper/AppHelper.php

```
<?php
App::uses('Helper', 'View');
class AppHelper extends Helper {
}
```

リスト17.7 app/Console/Command/AppShell.php

```
<?php
App::uses('Shell', 'Console');
class AppShell extends Shell {
}
```

リスト17.8 キャッシュファイルのAPC保存回避コード

```
$engine = 'File';
if (extension_loaded('apc') && function_exists('apc_dec') && (php_sapi_name() !== 'cli' || ini_get('apc.enable_cli'))) {
    // $engine = 'Apc'; // この行をコメントアウトする
}
```

- Config/database.php
- Config/routes.php
- Config/core.php
- webroot/index.php
- webroot/.htaccess

APCキャッシュが利用されるケース

ファイルのキャッシュ場所に関して、APCが有効な場合はそちらを利用する設定がcore.phpに入りました。今まで通りapp/tmp以下にキャッシュファイルを置きたい場合は、**リスト17.8**のように $engine = 'Apc' の個所をコメントアウトすれば実現できます。

17.4 Upgrade shellを使った移行

Upgrade shellとは

Upgrade shellはCakePHP1から2への移行用に開発されました。Upgrade shellを使うと、ディレクトリ／ファイル名の変更やPOSTデータにアクセスする記述の変更（$this->dataを$this->request->dataに）など、単純な置換で済むものをまとめて処理できます。Upgrade shellである程度の移行処理はされますが、万能ツールではありません。不足している個所は表17.1の公式移行ガイドを読みながら対応することになります。

ここでは、Upgrade shellの使い方を説明します。Upgrade shellは、実行

すると既存のアプリケーションファイルを上書きしますのでご注意ください。実行前にはappフォルダごとコピーを取っておき、いつでも戻せるようにしておくとよいです。

Upgrade shellの実行

Upgrade shellはCakePHPのコンソールアプリケーションです。実行方法は、図17.2のとおりです。

今回は--dry-runを指定しているため、実際に置換処理は実行されません。このオプションを付けて一度実行して、どのファイルに影響があるか確認するのがよいでしょう。図17.2❶❷では、testsとlocationsの処理で置換対象のファイルがないことを示しています。図17.2❸では、helpersのビューファイル(ctpファイル)が処理対象となっていることを示しています。

--appオプションでCakePHPのappディレクトリのパスを指定します。このオプションは必須ではありませんが、コンソールの実行でappディレクトリが見つからない場合に指定します。

今回は、allオプションですべての置換処理を実行していますが、この

図17.2 Upgrade shellの実行結果

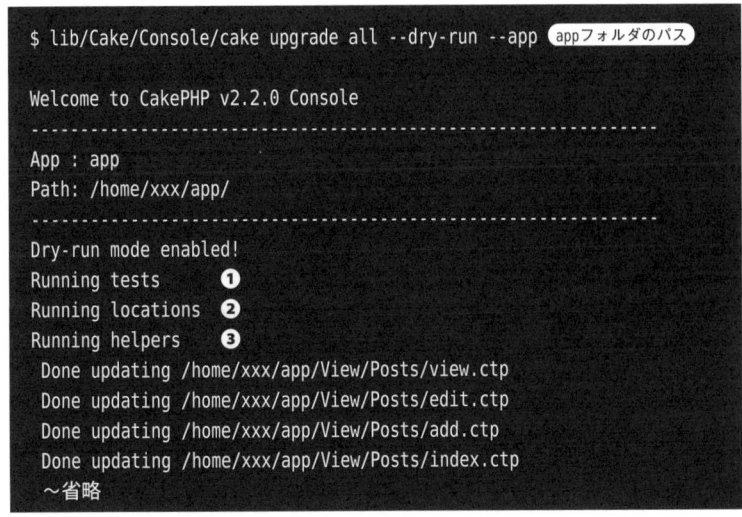

```
$ lib/Cake/Console/cake upgrade all --dry-run --app  appフォルダのパス

Welcome to CakePHP v2.2.0 Console
---------------------------------------------------------------
App : app
Path: /home/xxx/app/
---------------------------------------------------------------
Dry-run mode enabled!
Running tests      ❶
Running locations  ❷
Running helpers    ❸
 Done updating /home/xxx/app/View/Posts/view.ctp
 Done updating /home/xxx/app/View/Posts/edit.ctp
 Done updating /home/xxx/app/View/Posts/add.ctp
 Done updating /home/xxx/app/View/Posts/index.ctp
 〜省略
```

ほかにもいろいろなオプションが存在します（**表17.3**）。

CakePHP 1.3のコードにUpgrade shellを適用

CakePHP 1.3でbakeしたアプリケーションに、upgrade allで処理を行ってみましょう。

```
$ lib/Cake/Console/cake upgrade all --app  appフォルダのパス
```

このコマンドを実行し、--appのあとにCakePHP 1.3のappディレクトリを指定すると置換処理が実行されます。実行後は、ディレクトリ名やファイル名が変更されています。

これだけではうまくアプリケーションが動かないと思います。実はCakePHPのappディレクトリのデフォルトファイル（core.phpやroutes.phpなど）がいくつか変更されているため、それらを上書きでコピーする必要があります。

上書きが必要なファイルは、「初期ファイルの修正が必要な個所」（339ページ）で述べたファイルです。なお、すでにCakePHP 1.3で修正をしている

表17.3 Upgrade shellのオプション一覧

オプション名	説明
all	すべての処理を実行
tests	テストクラス名の変更
locations	ファイル／ディレクトリ名の変更
i18n	国際化用の__()関数の変更
helpers	ヘルパーの呼び出しを$this経由に変更（$html->link()を$this->Html->link()に変更）
basics	廃止されたグローバル関数を置換
request	$this->dataを$this->request->dataに置換。そのほかにも、params、here、actionパラメータを同様に置換
configure	Configure::read()をConfigure::read('debug')に置換
constants	廃止された定数の変更
components	コンポーネントクラスの継承元をObjectクラスからComponentクラスに変更
exceptions	cakeErrorメソッド[※]をPHPの例外処理に置換

※ CakePHP1でエラーを制御するメソッドです。

ファイルに関しては、上書きしたあとに修正していた差分を適用してください。

● database.phpを修正する

CakePHP2からはdatabase.phpの記述が変わっていますので、既存のファイルのままでは動きません。CakePHP 1.3では'driver' => 'mysql'と指定していた個所は、'datasource' => 'Database/Mysql'に変更する必要があります。

● キャッシュファイルを削除する

最後に、app/tmp以下に古いキャッシュファイルがある場合は誤動作の原因になるため削除します。これでCakePHP2のアプリケーションとして最低限の移行作業が完了します。

Upgrade shellで置換しきれない個所もいくつかあるかもしれませんが、その部分は自分で地道に移行マニュアルを見ながら手作業で修正していきます。

このように、Upgrade shellを使うと移行作業で必要な置換処理を一括で適用できるため、簡単なアプリケーションであれば90％ほどのコードの移行が完了するでしょう。

CakePHPを作っているのは誰か？

　ご存じのとおり、CakePHPはオープンソースソフトウェアであり、誰でも改良を加えてその内容を公開できます。しかし公式に配布されているCakePHPはいったい誰が作っているのでしょうか？ 従来のオープンソースプロジェクトではコミッタと呼ばれる、チームによって認定された開発者だけがソースコードリポジトリに変更を加えることができ、一般のユーザはパッチやバグ報告を通じてコミッタにコードの変更を要請するという形が主流でした。この方式ではコミッタの作業の重要性が高く、コミッタであることが尊敬の対象となっていました。

　一方CakePHPでは、コミッタではなくコア開発者と貢献者という呼称が使われています。どちらも作成したモジュールや不具合修正の作業者に自然に与えられるもので、プロジェクト全体を見渡すマネージャを除くと特権的な開発者が極めて少ない、オープンな開発モデルを取っています。日本人の貢献者も数多く存在しており、本書の執筆陣も、作業の大小の差はありますが全員が貢献者になっています。

　もしあなたが何らかの不具合を見つけ、修正した場合はGitHubからPull Requestを送ってみましょう。内容が正しければ、おそらくコードが公式に取り込まれ、あなたも貢献者の仲間入りをすることでしょう。（安藤）

第18章
より優れたプログラムを CakePHPで書くために

18.1 モンブランコードを避ける
　　　——より簡潔でわかりやすいコードに 346
18.2 スポンジの再発明を避ける
　　　——公開されているコードを活用する 348
18.3 ユニットテストを導入する
　　　——テストを書く意義と重要性を知る 351
18.4 Think outside the box
　　　——良いアイデアを幅広く取り入れる 352

第18章 より優れたプログラムをCakePHPで書くために

18.1 モンブランコードを避ける──より簡潔でわかりやすいコードに

モンブランコードとは

　プログラミングの世界では、複雑に絡み合って収拾がつかなくなったコードのことを「スパゲッティコード」と呼びます。スパゲッティコードと格闘するのは、内容を理解するのも破綻なく修正を行うのも大きな労力がかかり、プログラマにとっては悩みの種です。

　日本のCakePHPのコミュニティでは、スパゲッティコードになってしまったプログラムのことを指して、「モンブラン」と喩えることがあります。これは、モンブランにスパゲッティ状のクリームが乗っていることに由来します。モンブランコードという呼び名はまだ広く認知されているとは言えませんが、そのままスパゲッティコードと言い換えることができます。

コントローラーを小さくする

　CakePHPなどのMVCフレームワークを使ってコーディングを行うと、特にコントローラーのコードが増えていく傾向が現れます。これはコントローラーがMVCの中心であり、モデルを呼び出すためのパラメータの準備や、モデルから受け取ったデータを使った複合的な処理を行ってビューに引き渡すという複雑性が高い部分が記述される場所になりやすいことが原因です。

　コントローラーのコードはほかの個所からの再利用が難しく、コード全体に対するコントローラーに書かれたコードの分量が増えていくと、コードの修正やテストに必要になる労力が増えていきます。また、さまざまな条件に対応した制御構造が増えて、コードのインデントが深くなりがちです。

　コントローラーのコードを小さくするためには、モデルに関連する処理をモデルに移動することや、コントローラーで何度も利用される処理をコンポーネントに切り出すといった対応が効果的です。モデルやコンポーネントに記述されたコードはさまざまな場所から再利用できるので、コードの重複を減らしてコードの分量を抑え、見通しの良いコードにすることが

できます。

テストコードを意識する

　モデルやコンポーネント、ヘルパーなどに切り出されたコードは容易にユニットテストを行えるようになります[注1]。ユニットテストを記述していると、時に「テストが書きづらい」メソッドやクラスが出てきます。このような処理は要求する引数が多すぎたり、利用方法が直感的ではない、実行結果がその他のデータに依存しているなどの問題を抱えていることが多くあります。このようなコードは、実際のアプリケーションに組み込む際にも無駄な労力がかかったりバグの原因になりやすいと言えます。

　テストを書く際にテストしづらいと感じたコードをよりシンプルにすることで、実際のアプリケーションのコードをより明快にしていくことができきます。

メソッドの役割を小さくする

　メソッドは中括弧で区切られた中に記述されますが、これが何十行、何百行と大きくなっていくと、使われる変数が増え、コードを読むために理解すべき要素が増大します。このようなコードを修正する際には、まずコードを理解する作業にかなりの労力を割かれることになり、またミスがないかの確認にも労力がかかります。

　メソッドの大きさは、理想的にはエディタの1画面に収まる程度の分量に抑え、数百行になるようなメソッドは役割を分担した小さなメソッドへの分割を検討するべきです。

注1　コントローラーのコードもユニットテストはできますが、比較的手間がかかります。

18.2 スポンジの再発明を避ける —— 公開されているコードを活用する

スポンジの再発明とは

　プログラミングの世界では、すでに実装されているようなコードを改めて実装することを「車輪の再発明」と呼びます。車輪のような確立した技術はすでに存在しているものを再利用することが開発効率が高くなるという考え方です。CakePHPのコミュニティの一部ではこのような状態を「スポンジの再発明」と呼んでおり、これはそのまま「車輪の再発明」に言い換えることができます[注2]。

　CakePHPの場合は、コンポーネントやビヘイビア、ヘルパーやプラグインなどの再利用を促すしくみが存在しており、インターネット上で公開されているこれらのコードを組み込むことで開発効率を大幅に上げることができます。

Bakeryで探す

　Bakery[注3]はCakePHPに関するコードや記事を公開するためのユーザ投稿型のWebサイトで、CakePHP公式サイトの一部になっています(**図18.1**)[注4]。このサイトには登録したユーザが自由に記事を投稿でき、再利用できるコンポーネントやヘルパーのコードと解説記事が投稿されています。検索エンジンなどで検索した際にこのサイトの記事がヒットすることも多いですが、コード例などのノウハウを探す際の候補としてぜひ覚えておきたいところです。

注2　丸い形状が車輪に似ていることと、スポンジを購入すれば素早くケーキを作成できることから発想した比喩と思われます。
注3　http://bakery.cakephp.org/
注4　このサイトはCakePHPの新バージョンのリリースノートや公式イベントの告知、開発体制についての告知などの重要度の高い公式な情報が投稿される場所になっています。

GitHubで探す

近年になって、オープンソースのコードの多くがGitHubで公開されるようになり、CakePHPも公式のソースコードはGitHubで公開されています。その影響か、CakePHP関連のコードも数多く集まってきており、特にCakePHPのコア開発者が参加しているCakeDCのリポジトリ[注5]には非常に強力なプラグインが公開されています。クオリティも非常に高く準公式と言ってもよいコード群ですので、積極的に利用することをお勧めします。執筆時点の2012年7月現在でCakeDCのリポジトリで公開されているコードは**表18.1**のようになっています。

これらのコードはそのまま組み込んで利用することもできますし、一般的な機能をCakePHPで実装した例として参考にするだけでもかなりの価値があります。

すでに公開されているプラグイン以上の完成度の機能をゼロから実装するのは簡単ではありませんので、多くの場合では公開されているコードを組み込むほうが労力も少なく、品質も高くなることが多いでしょう。

注5　https://github.com/CakeDC

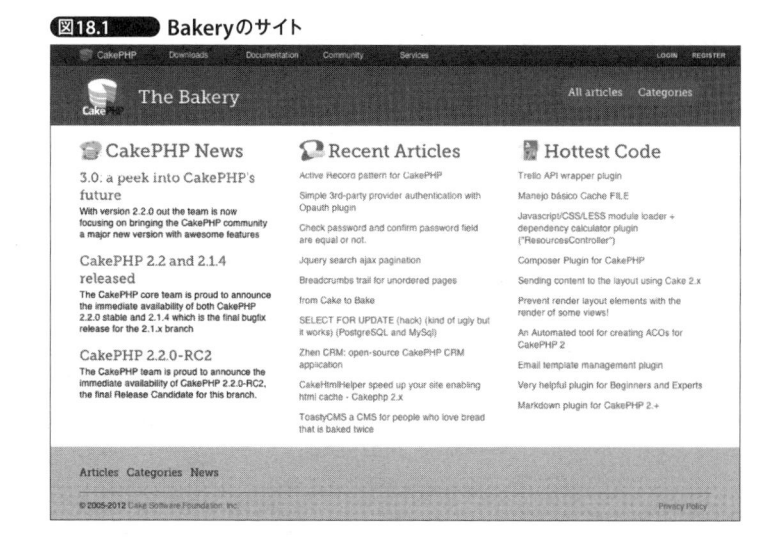

図18.1　Bakeryのサイト

第18章 より優れたプログラムをCakePHPで書くために

表18.1 GitHubのCakeDCリポジトリで公開されているプラグイン

リポジトリ名	内容	重要度
Config	各種設定をデータベースに格納して利用できるようにする	★
migrations	データベーススキーマの世代管理をRubyのように行う	★★
tags	データに対するタグ付けのデータ構造を提供する	★
utils	一般的なアプリケーションによくあるさまざまな処理を提供する	★★
users	ユーザ登録、メール認証、パスワードリマインダーなどを提供する	★★★
oauth_lib	OAuthによる認証を行う	—
templates	bakeで生成するアプリケーションをさらに充実させる	—
markup_parsers	bbcodeやmarkdownなどを解析する	★
Imagine	画像処理ライブラリImagineをCakePHPで利用できるようにする	—
comments	データに対してコメントを投稿する機能を提供する	—
favorites	データに対してお気に入りを登録する機能を提供する	—
search	さまざまな条件での検索機能を提供する	★★★
i18n	多言語対応のサービスを提供するために利用する	—
ratings	データに対して採点を登録する機能を提供する	—
problems	データに対して問題を報告する機能を提供する	—
categories	データをカテゴリで分類する機能を提供する	—
recaptcha	reCAPTCHAによる認証を行う	—

CakePackagesで探す

　CakePackages[注6]は、CakePHP 2.0よりも後に公開されたサービスです(**図18.2**)。ネット上で公開されているさまざまなプラグインなどを一覧し検索できるようになっています。

　これまでは情報が散在していましたが、公式コミュニティが管理するプラグインのカタログが提供されたことで、目的のプラグインを確実に探すことができるようになりました。日本の開発者が公開しているプラグインなどもいくつも登録されており、今後も良質なコードが集まっていくと思われます。

注6　http://plugins.cakephp.org/

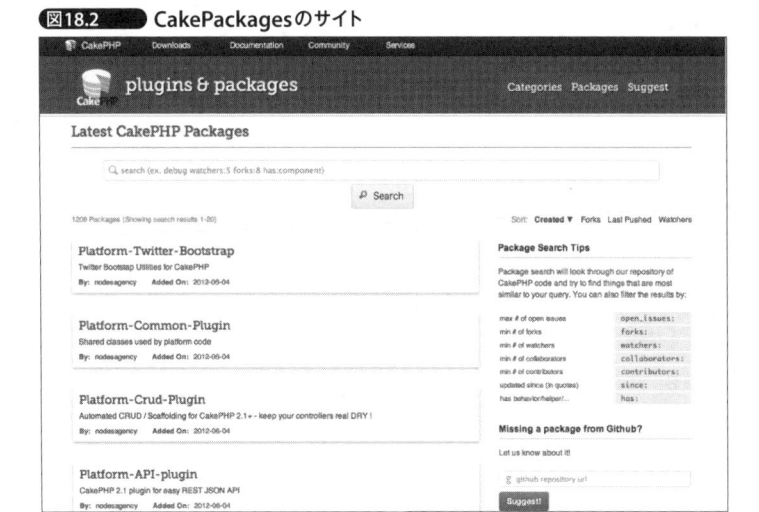

図18.2 CakePackagesのサイト

18.3 ユニットテストを導入する ——テストを書く意義と重要性を知る

　ユニットテストは、導入したことがない開発者にとっては敷居が高く、不要な作業であるように感じられます。一方で一度ユニットテストをプロジェクトに導入すると、ユニットテストのないプロジェクトで開発をすることに不安を感じる開発者が少なくありません。

　当初はシンプルで簡潔なコードでも、機能の追加を行うことでソースが複雑になり、動作確認などにかかる手間は増大していきます。ユニットテストはそのような状況を劇的に改善してくれる手法であり、さまざまなプログラミング技法の中でも特に重要度が高いものの一つです。

　CakePHPを使ってより良いコードを書くためにも、ユニットテストの導入は常に優先的に検討するのがよいでしょう。

18.4
Think outside the box —— 良いアイデアを幅広く取り入れる

　CakePHPを使って開発をする際に、問題に対する答えをCakePHPの外に求めてみるのも時には良い考え方です。フレームワークそのものを開発している人々同士は交流もあり、広くPHPという意味では地続きの世界と言えるでしょう。また、別のフレームワークのノウハウや、フレームワークとは関係のない一般的なPHPとしてのノウハウをフレームワークに適用することも考えられます。

　CakePHPはコミュニティの力で発展してきたフレームワークであり、疑問に対する答えもまたコミュニティが導き出してきています。もしあなたが疑問に思ったことがあれば、日本語のフォーラム[注7]やTwitter、質問サイト[注8]などに投稿してみるのが良い方法です。

　また自分自身が直面した不具合について調査した内容や作成したプログラムがあればブログなどに書くことで、記事を読んだ人にさらに良いアイデアをもらえるかもしれません。CakePHPを使いこなすための最大の秘訣は、技術的なことではなく枠の外を考える[注9]、という発想であると言えるかもしれません。

　読者のみなさんのCakePHPを使った開発がより有益なものになることをお祈りします。次はオンライン上やカンファレンスなどのイベントでお会いしましょう。Happy Baking！

注7　http://cakephp.jp/modules/newbb/
注8　http://ask.cakephp.org/jpn
注9　「Think outside the box」―― CakePHPの当時プロジェクトマネージャだったGarrett J Woodworth氏の2008年10月に東京で行われた講演の言葉より。
　　http://www.ustream.tv/recorded/811617

Appendix

CakePHPチートシート

A.1	チートシートの見方	354
A.2	定数	355
A.3	core.phpの設定	356
A.4	コントローラー	357
A.5	コンポーネント	361
A.6	モデル	362
A.7	ビュー	371
A.8	CakeRequestクラス	373
A.9	CakeResponseクラス	375
A.10	グローバル関数	377
A.11	規約	379
A.12	CakePHPアプリケーションの実行シーケンス	379

Appendix CakePHPチートシート

A.1 チートシートの見方

本章では、CakePHPの開発で特に重要な設定ファイル、クラス、関数を取り上げ解説します。

本章で取り上げるクラスは、publicプロパティ・メソッドに絞って解説しています。APIマニュアル[注1]をベースにしていますが、重要なもの、利用頻度が高いものは、利用例を挙げるなど解説を多く加えています。すべてのクラスを網羅できないため、どのようなクラスやメソッドがあるかは、APIマニュアルを参照してください。

プロパティの解説の先頭に括弧で[String]のように書いているものは、型の情報です。[Mixed]の場合は、StringやArrayなど複数のパターンが取れるものを指しています。

メソッドの解説の先頭に [CakePHP 2.1 以上] と付いているものは、CakePHP2の各バージョンから新規導入されたメソッドを表しています。

メソッドの引数に書かれている表記の意味は**表A.1**のとおりです。

注1 http://api.cakephp.org/

表A.1 メソッドの引数に書かれている表記の意味

省略の可否	記述例
引数がない	methodName( )
引数が省略可能	methodName($param1 = NULL, $params2 = 'Example Value')[※]
引数が必須	methodName($param1)

※「=」の右辺の初期値が自動的にセットされます。

A.2 定数

名前	解説
APP	アプリケーションディレクトリのパス(app/)
APP_DIR	APPと同じ値
APPLIBS	アプリケーション用のLibディレクトリパス(app/Lib/)
CACHE	キャッシュファイル用のディレクトリパス(app/tmp/cache/)
CAKE	CakePHPコアコードディレクトリのパス(lib/Cake/)
CAKE_CORE_INCLUDE_PATH	CakePHPコアコードが入っているLibディレクトリパス(lib)
CORE_PATH	CAKE_CORE_INCLUDE_PATHの最後にスラッシュが付いたパス(lib/)
CSS	CSSディレクトリのパス(app/webroot/css/)
CSS_URL	CSSのURLパス名(css/)
DS	PHPのDIRECTORY_SEPARATORを短く表記した定数
FULL_BASE_URL	ベースとなるURL(http://example.com)
IMAGES	画像ディレクトリのパス(app/webroot/img/)
IMAGES_URL	画像のURLパス名(img/)
JS	JavaScriptディレクトリのパス(app/webroot/js/)
JS_URL	JavaScriptのURLパス名(js/)
LOGS	ログファイルのディレクトリパス(app/tmp/logs/)
ROOT	ルートディレクトリのパス
TESTS	テストディレクトリのパス(app/Test/)
TMP	tmpディレクトリのパス(app/tmp/)
VENDORS	vendorsディレクトリのパス(vendors/)
WEBROOT_DIR	Webrootディレクトリ名(webroot)
WWW_ROOT	Webrootディレクトリパス(app/webroot/)
TIME_START	アクセス開始時間
MINUTE	1分(60秒)を示す60という値
HOUR	1時間(3,600秒)を示す3600という値
DAY	1日(86,400秒)を示す86400という値
WEEK	1週間(604,800秒)を示す604800という値

名前	解説
MONTH	1ヵ月(30日 2,592,000秒)を示す2592000という値
YEAR	1年(365日 31,536,000秒)を示す31536000という値

A.3 core.phpの設定

名前	解説
debug	デバッグ設定値0が本番環境モードで、1以上が開発モード(1:エラーと警告表示、2:エラーと警告とSQLログ表示)
Error	エラーハンドラの設定
Exception	例外ハンドラの設定
App.encoding	アプリケーション内で利用する文字コード設定
App.baseUrl	mod_rewrite以外でbaseUrlを制御する設定
Routing.prefixes	プレフィックスルーティングの設定。たとえばこの値に「admin」をセットした場合、/admin/indexのようにadminから始まるURLはadmin_indexアクションが呼ばれるようになる
Cache.disable	キャッシュ機能のオン/オフ
Cache.check	ビューキャッシュのオン/オフ
Session	セッション設定。セッション名、タイムアウト時間、ユーザエージェントチェックの有無、セッション管理方式(php、cake、database、cache、カスタム)の選択、セッション再生成の有効化の設定が可能
Security.level	セキュリティレベル設定。high、medium、lowのいずれかをセットする。セッションのタイムアウト時間は上記Sessionで設定しているタイムアウト時間に対して、highが10倍、mediumが100倍、lowが300倍される。highとmediumはリファラチェックが有効となる。highは毎回セッションが再生成される
Security.salt	パスワードのハッシュ化に利用されるソルト値。デフォルトの値を必ず書き換えること
Security.cipherSeed	暗号化/復号に利用される値で数字のみセット可能。デフォルトの値を必ず書き換えること
Asset.timestamp	ブラウザキャッシュを回避するために、JavaScript、CSS、画像に対して最終更新時間をクエリストリング形式(例:/css/cake.generic.css?1338866408)で付与する。ただし、CakePHPのヘルパーを使ってURLを生成した場合に限る。trueをセットするとdebug値1以上で有効化、forceをセットするとdebug値に関係なく有効化される
Acl.classname	ACL用のクラス名。データベースを利用したACLの場合はDbAclをセットする

Acl.database	ACL用のデータベース設定名（Config/database.php に定義している値）

A.4 コントローラー
プロパティ

名前	解説
autoLayout	[Boolean] 初期値は true。false をセットするとレイアウトファイルのレンダリングが自動で行われなくなる
autoRender	[Boolean] 初期値は true。false をセットするとビューのレンダリングが自動で行われなくなる
cacheAction	[Mixed] 初期値は false。コントローラーのキャッシュのオン／オフを指定。アクション単位、パラメータ値単位のキャッシュ指定が可能
components	[Array] 初期値は array('Session')。読み込むコンポーネント名を配列で指定
Components	[ComponentCollection] 初期値は Null。ComponentCollection インスタンスがセットされる
ext	[String] 初期値は「.ctp」。ビューファイルの拡張子を指定
helpers	[Mixed] 初期値は array('Session', 'Html', 'Form')。読み込むヘルパー名を配列で指定
layout	[String] 初期値は default。レイアウトファイル名を指定。たとえば、example を指定すると、/app/View/Layouts/example.ctp が読み込まれる
layoutPath	[String] 初期値は Null。レイアウトファイルのディレクトリパスを指定
methods	[Array] 初期値は array( )。コントローラーに定義している public なメソッド名が配列形式でセットされる
modelClass	[String] 初期値は Null。コントローラーで利用するモデル名がセットされる。たとえば CommentsController の場合は「Comment」という文字列が格納される
modelKey	[String] 初期値は Null。コントローラーで利用するモデルのキー名がセットされる。たとえば ArticleCommentsController の場合は「article_comment」という文字列が格納される
name	[String] 初期値は Null。コントローラー名がセットされる。この値を定義すると、CakePHP の規約に合わないコントローラー名も利用可能となる
passedArgs	[Mixed] 初期値は array( )。URL に含まれるアクション名や Named パラメータの値がセットされる

CakePHPチートシート

plugin	[String] 初期値はNull。利用するプラグイン名がセットされる
request	[CakeRequest] CakeRequestクラスのインスタンスがセットされる
response	[CakeResponse] CakeResponseクラスのインスタンスがセットされる
scaffold	[mixed] 初期値はfalse。trueをセットするとscaffold機能が有効になる
theme	[String] 初期値はNull。ビューのテーマを利用する場合にセットする
uses	[mixed] 規約に沿ったモデル名が自動でセットされる。falseをセットするとモデルを利用しない。配列形式で複数のモデル名を定義すると、モデルのインスタンスが自動生成される。たとえば、$uses = array('Article', 'User');と定義すると、$this->ArticleにArticleモデルのインスタンスが、$this->UserにUserモデルのインスタンスが自動でセットされる
validationErrors	[Array] 初期値はNull。バリデーションエラーがある場合にエラー情報がセットされる
view	[String] 初期値はNull。レンダリングするビューファイル名を指定可能
View	[View] 初期値なし。ビュークラスのインスタンスがセットされる
viewClass	[String] 初期値はView。独自のビュークラスを指定可能。SmartyやTwigなどのテンプレートエンジンを利用する場合は、SmartyViewクラスやTwigViewクラスといったアダプタークラスを作り、ここにクラス名を指定する
viewPath	[String] 初期値はNull。ビューファイルのディレクトリパスを指定可能
viewVars	[Array] 初期値はarray( )。ビューにセットされる値が格納される

メソッド

名前	解説
afterFilter()	コントローラーのアクション処理の最後（ビューのレンダリングよりも後）に実行されるコールバックメソッド
afterScaffoldSave($method)	scaffoldのSaveメソッド処理後に呼ばれるコールバックメソッド。引数$methodには該当するアクション名（addもしくはedit）の文字列がセットされる
afterScaffoldSaveError($method)	scaffoldのSaveメソッド処理でエラー時に呼ばれるコールバックメソッド。引数$methodには該当するアクション名（addもしくはedit）の文字列がセットされる
beforeFilter()	コントローラーのアクション処理の最初に実行されるコールバックメソッド

A.4 コントローラー

beforeRedirect($url, $status = NULL, $exit = true)
リダイレクトメソッド処理の前に実行されるコールバックメソッド。引数はredirectメソッドに渡したものがセットされる

beforeRender() ビューのレンダリング前に実行されるコールバックメソッド

beforeScaffold($method)
scaffoldのアクションの最初に実行されるコールバックメソッド。引数$methodには該当するアクション名(index、add、edit、view、deleteの文字列)がセットされる

constructClasses()
コントローラーが利用するモデルクラスの読み込み、コンポーネントクラスの初期化を行う。通常は自動実行されるが、コンソールシェルアプリケーションやテストケースなどでコントローラーを手動で読み込む際にこのメソッドを実行することが多い

disableCache()
クライアントのブラウザキャッシュを無効にするHTTPレスポンスヘッダをセットする

flash($message, $url, $pause = 1, $layout = 'flash')
$pauseで指定した秒数の間$messageの内容を画面に表示したあと、$urlにリダイレクトする。debug値が0以外の場合はリダイレクトされずメッセージが表示されるのみ

getEventManager()
[CakePHP 2.1以上] CakeEventManagerクラスのインスタンスを返す

header($status)
廃止予定のメソッドのため利用しないほうがよい。CakeResponse::header()の利用を推奨

httpCodes($code = NULL)
廃止予定のメソッドのため利用しないほうがよい。CakeResponse::httpCodes()の利用を推奨

implementedEvents()
[CakePHP 2.1以上] 登録しているイベントのリストを返す。独自のイベントコールバックを登録したい場合はこのメソッドをオーバーライドして制御する

invokeAction($request)
コントローラーのメソッドを実行する

loadModel($modelClass = NULL, $id = NULL)
モデルクラスをロードする。引数の$modelClassを省略した場合は、コントローラーにセットされているmodelClassプロパティの値を利用する

paginate($object = NULL, $scope = array ( ), $whitelist = array ( ))

廃止予定のメソッドのため利用しないほうがよい。Paginatorコンポーネントの利用を推奨

postConditions($data = array ( ), $op = NULL, $bool = 'AND', $exclusive = false)

廃止予定のメソッドのため利用しないほうがよい。POSTされたデータをもとに、モデルのfindメソッドの検索条件配列を生成する

redirect($url, $status = NULL, $exit = true)

$url引数で指定したURLにリダイレクトする。$status引数でステータスコードの指定が可能。$exit引数にfalseをセットするとexit()関数が呼ばれない

referer($default = NULL, $local = false)

クライアントのリファラ情報を取得する

render($view = NULL, $layout = NULL)

ビューファイルをレンダリングする。$view引数がNULLの場合はコントローラー名から推測したビューファイルが利用される。autoRenderプロパティがtrueの場合はこのメソッドが自動で実行される。独自のビューファイル名を指定する場合、たとえば$this->render('/Foo/bar');では、app/View/Foo/bar.ctpがレンダリングされる

scaffoldError($method)

scaffoldのエラー時に呼ばれるコールバックメソッド。引数$methodには該当するアクション名（index、view、add、edit、deleteの文字列）がセットされる

set($one, $two = NULL)

コントローラーからビューにデータを渡す。$one引数にキー、$two引数に値をセットするか、$oneに連想配列をセットする

利用例
```
$this->set(array('key' => 'value'))
```

setAction($action)

ほかのアクションを呼び出す

setRequest($request)

引数$requestに渡すCakeRequestオブジェクトをもとに、コントローラーのプロパティ（request、plugin、view、autoLayout、autoRender、passedArgs）に値をセットする

shutdownProcess()

コントローラーの終了処理を行う。コントローラーのafterFilterメソッドが呼ばれる

startupProcess()
コントローラーの開始処理を行う。コントローラーのbeforeFilterメ

名前	解説
validateErrors()	バリデーションを実行する。バリデーションの結果をコントローラーのvalidationErrorsプロパティにセットし、同じものをreturnで返す。引数は可変でバリデーション対象のモデルのインスタンスを渡す **利用例** $this->validateErrors($this->Article, $this->User);
validate()	バリデーションエラーの数を返す。内部ではvalidateErrorsメソッドが呼ばれてバリデーションが実行される。引数は可変でバリデーション対象のモデルのインスタンスを渡す

A.5 コンポーネント

プロパティ

名前	解説
components	[Array] 初期値はarray()。コンポーネントが利用するほかのコンポーネント名を指定すると、自動的にほかのコンポーネントのインスタンスが生成されて利用可能になる
settings	[Array] 初期値はarray()。コンポーネントの設定情報が格納される

メソッド

名前	解説
beforeRedirect($controller, $url, $status = NULL, $exit = true)	コントローラーのredirectメソッドの前に呼ばれるコールバックメソッド
beforeRender($controller)	コントローラーのbeforeRenderメソッドの前に呼ばれるコールバックメソッド
initialize($controller)	コントローラーのbeforeFilterメソッドの前に呼ばれるコールバックメソッド
startup($controller)	コントローラーのbeforeFilterメソッドのあとに呼ばれるコールバックメソッド
shutdown($controller)	コントローラーのrenderメソッドのあとに呼ばれるコールバックメソッド

A.6 モデル

プロパティ

名前	解説
actsAs	[Array] 初期値は Null。利用するビヘイビアを定義する。ビヘイビアのコンストラクタに設定情報を渡すこともできる **利用例** `$actsAs = array('MyBehavior' => array('key' => 'val'));`
alias	[String] 初期値は Null。モデルのエイリアス名がセットされる
Behaviors	[BehaviorCollection] 初期値は Null。ビヘイビアを管理する BehaviorCollection クラスのインスタンスが格納される

belongsTo	[Array] 初期値は array( )。belongsTo アソシエーションの情報を定義する。指定可能なキーは、className、foreignKey、conditions、type、fields、order、counterCache、counterScope
	利用例
	``
	public $belongsTo = array(
	    'Group',
	    'Department' => array(
	        'className' => 'Department',
	        'foreignKey' => 'department_id'
	    ));
	``

cacheQueries	[Boolean] 初期値は false。クエリキャッシュを利用する場合は true をセットする。ここで有効にしたクエリキャッシュは、メモリ上に保持されるためリクエスト間では共有できない
cacheSources	[Boolean] 初期値は true。データソースのキャッシュ設定
data	[Array] 初期値は array( )。データベースデータの取得、保存用のコンテナ
displayField	[String] 初期値は Null。find('list') で利用される display field 名の設定
findMethods	[Array] find メソッドで指定可能なタイプの情報。初期値では、all、first、count、neighbors、list、threaded が用意されている
findQueryType	[String] 初期値は Null。実行中の find メソッドのタイプがセットされる

hasAndBelongsToMany	[Array] 初期値は array( )。hasAndBelongsToMany アソシエーションの情報を定義する。指定可能なキーは、className、joinTable、with、foreignKey、associationForeignKey、unique、conditions、fields、order、limit、offset、finderQuery、deleteQuery、insertQuery
	利用例
	``
	public $hasAndBelongsToMany = array(
	    'Address' => array(
	        'className' => 'Address',
	``

A.6 モデル

	`'foreignKey' => 'user_id',`
	`'associationForeignKey' => 'address_id',`
	`'joinTable' => 'addresses_users'`
	`));`

hasMany	[Array] 初期値はarray()。hasManyアソシエーションの情報を定義する。指定可能なキーは、className、foreignKey、conditions、fields、order、limit、offset、dependent、exclusive、finderQuery
	利用例
	`public $hasMany = array(`
	`    'Task' => array(`
	`        'className' => 'Task',`
	`        'foreignKey' => 'user_id'`
	`));`

hasOne	[Array] 初期値はarray()。hasOneアソシエーションの情報を定義する。指定可能なキーは、className、foreignKey、conditions、fields、order、dependent
	利用例
	`public $hasOne = array(`
	`    'Address' => array(`
	`        'className' => 'Address',`
	`        'foreignKey' => 'user_id'`
	`));`

id	[Mixed] 初期値はfalse。モデルで扱うレコードのIDの値。saveメソッドでデータベースにINSERTした場合、このプロパティにINSERTしたレコードのIDがセットされる。readメソッドやdeleteメソッドなどで、idの条件を指定しない場合はこの値が利用される
name	[String] 初期値はNull。規約に沿わないモデル名を使いたい場合はここに定義する
order	[String] 初期値はNull。findメソッドがデフォルトで利用するソート条件があればここに定義する **利用例** `$order = array("Post.name ASC", "Post.rating DESC");`
primaryKey	[String] 初期値はNull。モデルで扱う主キー名。通常はidが利用される
recursive	[Integer] 初期値は1。findメソッドで取得するデータの範囲(アソシエーション範囲)を指定する
schemaName	[String] 初期値はNull。データベース名がセットされる
table	[String] 初期値はfalse。テーブル名がセットされる
tablePrefix	[String] 初期値はNull。プレフィックスを付けたテーブル名を扱いたい場合に定義する
tableToModel	[Array] 初期値はarray()。アソシエーション対象のモデル名のリストがセットされる

Appendix CakePHPチートシート

useDbConfig	[String] 初期値は default。app/Config/database.php で定義しているデータベース設定名を指定すると、異なるデータベースが扱える
useTable	[String] 初期値は Null。規約に沿わないテーブル名を使いたい場合に定義する。データベースを利用しない場合は false を指定する

validate	[Array] 初期値は array( )。バリデーションルールを定義する。指定可能なキーは、rule、message、last、required、allowEmpty、on
	利用例
	`public $validate = array(`
	　`'age' => array(`
	　　`'rule' => array('maxLength', 3),`
	　　`'message' => array('年齢は3桁以内で入力してください')`
	　`));`

validationDomain	[String] 初期値は Null。バリデーションエラーメッセージを翻訳するドメインの指定。エラーメッセージは __d( ) 関数が適用され、翻訳ファイルが存在すれば翻訳される
validationErrors	[Array] 初期値は array( )。バリデーションエラーがあった場合にエラー情報がセットされる
virtualFields	[Array] 初期値は array( )。存在しないデータベースカラムの指定などに利用する **利用例** `$virtualFields = array('full_name' => 'CONCAT(User.first_name, " ", User.last_name)');`
whitelist	[Array] 初期値は array( )。save メソッドなどで保存するデータのデータベースカラムを指定。ここに指定したカラム以外は保存できなくなる

メソッド

名前	解説
afterDelete()	delete メソッド実行後に呼ばれるコールバックメソッド
afterFind($results, $primary = false)	find系メソッド実行後に呼ばれるコールバックメソッド。$results に find メソッドの結果が入っている
afterSave($created)	save系メソッドのあとに呼ばれるコールバックメソッド。レコードが INSERT された場合は $created に true がセットされる
afterValidate()	[CakePHP 2.2以上] バリデーション実行後に呼ばれるコールバックメソッド
associations()	アソシエーション情報を取得する

beforeDelete($cascade = true)
 deleteメソッド実行前に呼ばれるコールバックメソッド。戻り値でtrueを返さないと処理が停止する

beforeFind($queryData)
 find系メソッドの実行前に呼ばれるコールバックメソッド。引数$queryDataにfindメソッドに渡した情報が入っているので、それを加工するなどして戻り値で返す。戻り値でfalseを返すと処理が停止する

beforeSave($options = array ( ))
 save系メソッドの実行前に呼ばれるコールバックメソッド。戻り値でtrueを返さないと処理が停止する

beforeValidate($options = array ( ))
 バリデーション実行前に呼ばれるコールバックメソッド。戻り値でtrueを返さないと処理が停止する

bindModel($params, $reset = true)
 アソシエーションを動的に追加する。引数$resetにfalseを指定すると、findメソッドの実行後でもアソシエーション情報がそのまま保持される。ページング処理ではpaginateメソッドが内部でfindメソッドを2回呼び出すため、$resetにfalseを指定しておく必要がある

buildQuery($type = 'first', $query = array ( ))
 findメソッド用のクエリにデフォルト値などをセットして調整する

create($data = array ( ), $filterKey = false)
 新規保存データ（INSERTデータ）用の初期化メソッド。引数$dataの保存用配列データにキーが足りない場合、データベースのカラム情報からデフォルト値を自動でセットする。ループの中でsaveメソッドを何度も呼び出す場合、2回目以降のsaveメソッドが古い保存情報を利用するため、毎回このメソッドを呼び出して初期化するのがよい

deconstruct($field, $data)
 日付や時間の配列データをフラットな文字列データに変換する

delete($id = NULL, $cascade = true)
 レコードを削除する。削除に成功するとtrue、失敗するとfalseが返る。引数$cascadeにfalseをセットすると依存するレコードを削除しない

deleteAll($conditions, $cascade = true, $callbacks = false)
 引数$conditionsの条件にマッチするレコードをすべて削除する。削除が成功した場合もしくは削除対象レコードが0件の場合にtrueを返す。削除に失敗するとfalseを返す

escapeField($field = NULL, $alias = NULL)

引数$fieldで指定したフィールドデータに対して、データベースのエスケープ処理を実行する。エスケープ処理は利用するデータベースのルールに従う

exists($id = null)

レコードが存在するかチェックする。存在すればtrue、なければfalseが返る

field($name, $conditions = NULL, $order = NULL)

引数$nameで指定するフィールドに入っているデータを返す。検索条件は$conditionsに入れる。$conditionsがNullの場合はモデルのidプロパティの値が利用される。取得データがない場合はfalseを返す

find($type = 'first', $query = array ( ))

データベースからデータを取得する。引数$typeにはデータ取得タイプの文字列を指定し、$queryには検索条件などを配列形式で指定

引数$typeの値

- all：複数件レコードを対象に検索し、取得データを配列で返す。取得データが0件の場合はarray()が返る
- count：取得データ件数を返す
- first：検索対象データから最初の1件を配列形式で返す。取得データが0件の場合はfalseが返る
- list：リスト形式の配列データを返す
- neighbors：検索対象レコードと隣り合ったレコードを配列で返す。配列データはprev、nextキーにセットされ、データがない場合はNullがセットされる
- threaded：parent_idフィールドがある場合に、取得データを階層構造にして配列で返す

引数$queryに指定可能なキー

- conditions：検索条件を配列形式で指定
- fields：取得対象フィールドを配列形式で指定
- joins：JOINするテーブル情報を配列形式で指定（キーはalias、table、type、conditions）
- limit：取得上限数を数値で指定
- offset：オフセットを数値で指定（pageとlimitから自動計算される）
- order：ソート条件を配列形式で指定
- page：ページ数を数値で指定
- group：GROUP BYの条件を配列形式で指定
- callbacks：コールバックの実行有無をtrue／falseで指定
- recursive：データ取得範囲を数値で指定

利用例

```
find('all', array(
    'conditions' => array('name' => 'Thomas Anderson'),
    'fields' => array('name', 'email'),
```

A.6 モデル

```
                    'order' => 'field3 DESC',
                    'recursive' => 2,
                    'group' => 'type'
                ));
```

getAffectedRows()
　　　　　　　更新されたレコード数を数値で返す

getAssociated($type = NULL)
　　　　　　　モデルのアソシエーション情報を返す。$type には hasOne、hasMany、belongsTo、hasAndBelongsToMany の指定が可能

getColumnTypes()　モデルが利用するテーブルのカラムタイプをすべて取得する

getColumnType($column)
　　　　　　　指定カラムのタイプを取得する

getDataSource()　データソースのインスタンスを取得する

getEventManager()
　　　　　　　[CakePHP 2.1 以上] CakeEventManager のインスタンスを取得する

getID($list = 0)
　　　　　　　モデルが利用している ID の値を取得する

getInsertID()　最後に INSERT した ID を取得する

getLastInsertID()
　　　　　　　最後に INSERT した ID を取得する。内部では getInsertID メソッドを呼び出している

getNumRows()　find メソッドで取得したレコードの数を取得する

getVirtualField($field = NULL)
　　　　　　　定義しているバーチャルフィールド(データベーステーブルのカラムには存在しないカラム名を定義できる機能)の情報を取得する

hasAny($conditions = NULL)
　　　　　　　引数 $conditions で指定した条件のレコードが存在するかチェックする。存在すれば true、なければ false を返す

hasField($name, $checkVirtual = false)
　　　　　　　引数 $name で指定するフィールドがデータベースのテーブルに存在するかチェックする

hasMethod($method)
　　　　　　　引数 $method で指定するメソッドがモデルに存在するかチェックする。継承したメソッド、ビヘイビアのメソッドも含めてチェックする

implementedEvents()
　　　　　　　[CakePHP 2.1 以上] 登録しているイベントのリストを返す。独自の

CakePHPチートシート

イベントコールバックを登録したい場合はこのメソッドをオーバーライドして制御する

invalidate($field, $value = true)
特定フィールドをバリデーションエラーにする。引数$valueにエラーメッセージがセットできる

invalidFields($options = array ( ))
バリデーションを実行して、エラーがあれば配列でエラー情報を返す。特定のフィールドのみバリデーションを適用したい場合は、$options['fieldList']にバリデーション対象のフィールド名を配列でセットする

isForeignKey($field)
指定のフィールドがbelongsToで定義されている外部キーか判定する

isUnique($fields, $or = true)
重複チェックを行う。重複レコードが存在する場合はfalseが返る。引数$fieldsに検索条件の連想配列(例:array('id' => 1))を渡す

isVirtualField($field)
指定のフィールド名がバーチャルフィールドに存在するかチェックする

joinModel($assoc, $keys = array ( ))
指定のアソシエーションモデルの情報(モデル名、フィールド情報)を取得する

onError()
データソースでエラーが発生した場合に呼び出されるコールバックメソッド

query($sql)
SQL文を直接実行する。第2引数にtrue/falseを指定するとクエリキャッシュ機能のオン/オフを制御できる(デフォルトはtrue)。第2引数に配列を渡すと、擬似的に値をSQLにバインドし、値のエスケープ処理も行われる。この場合、第3引数でクエリキャッシュのオン/オフを指定する(デフォルトはtrue)

> **値の擬似バインドの利用例(クエリキャッシュはオフ)**
> ```
> $sql = "SELECT `id` FROM `posts` WHERE `id` = ? LIMIT ?";
> $this->query($sql, array(100,1), false);
> ```

read($fields = NULL, $id = NULL)
1件のデータを取得する。引数$fieldsには取得したいフィールド名の配列、引数$idにはidフィールドに対する検索値の数値を入れる。取得レコードが存在すれば配列データを返し、なければfalseを返す。$idに値を指定した場合、モデルのidプロパティが上書きされる。取得レコードが存在した場合はモデルのdataプロパティが上書きされる

resetAssociations()
動的に変更したアソシエーション情報をデフォルトの状態に戻す

save($data = NULL, $validate = true, $fieldList = array ( ))

1レコードを保存する。保存に失敗するとfalseを返し、成功すると配列形式の保存データを返す。保存データの主キー(id)の値と同じレコードが存在する場合はUPDATE、それ以外はINSERT処理が行われる。デフォルトではバリデーションが自動実行されるが、引数$validateにfalseをセットすると実行されない。引数$fieldListに配列形式で保存対象のフィールド名を列挙すると、そのフィールドに限りバリデーション処理、データ更新処理が行われる

saveAll($data = NULL, $options = array ( ))

複数レコードの一括保存を行う。このメソッドは後方互換のために残されており、saveManyメソッド、saveAssociatedメソッドのラッパーとして機能する。保存するデータのキーがすべて数字の配列の場合はsaveManyメソッドが、それ以外(連想配列)の場合はsaveAssociatedメソッドが呼ばれる。引数$optionsには、validate、atomic、fieldList、deepをキーとした連想配列で指定が可能

引数$optionsに指定可能なキー

- validate：false(バリデーションなし)、true(各レコードの保存前にバリデーション)、first(全レコード保存前にすべてのバリデーションを実行)、only(バリデーションのみ実行)の中から選択する(初期値first)
- atomic：トランザクション処理の有無をtrue、falseで指定(初期値true)
- fieldList：保存対象のフィールドを指定すると、それ以外のフィールドは更新されない
- deep：CakePHP 2.1から対応のオプションで、trueを指定すると階層が深いアソシエーションモデルのデータも保存する(初期値false)

saveAssociated($data = NULL, $options = array ( ))

アソシエーションモデルのデータも含めて一括保存を行う。引数$optionsはsaveAllメソッドと同じ。保存する連想配列データは例に示すようなフォーマット

保存データ例

```
$data = array(
    'User' => array('username' => 'ichi'),
    'Profile' => array('sex' => 'Male', 'job' => 'Fighter'),
);
$this->Model->saveAssociated($data);
```

saveMany($data = NULL, $options = array ( ))

1テーブルに複数レコードを一括保存する。引数$optionsはsaveAllメソッドと同じ。保存する配列データは例に示すようなフォーマット

保存データ例

```
$data = array(
    array('title' => 'title 1'),
    array('title' => 'title 2')
);
$this->Model->saveMany($data);
```

saveField($name, $value, $validate = false)
引数$nameで指定したフィールドのみを更新する。事前にモデルのidプロパティに更新対象レコードのid値をセットする必要がある

schema($field = false)
データベーステーブルの情報(フィールド名、タイプ)を配列形式で取得する

set($one, $two = NULL)
保存データをモデルクラスのdataプロパティにセットする。引数$oneに保存データの配列を渡すことも可能

setDataSource($dataSource = NULL)
モデルが利用するデータソースを切り替える

setInsertID($id)
最後にINSERTしたidの情報を書き換える

setSource($tableName)
利用するテーブルを変更する

unbindModel($params, $reset = true)
アソシエーションを動的に外す。引数$resetにfalseを指定すると、findメソッドの実行後でも外したアソシエーション情報がそのまま保持される。ページング処理ではpaginateメソッドが内部でfindメソッドを2回呼び出すため、$resetにfalseを指定しておく必要がある

updateAll($fields, $conditions = true)
1テーブルの複数レコードを一括更新する。引数$fieldsに連想配列でフィールド名と値をセットする。次に示す例のように、値が文字列の場合は手動でクオートする必要があるので注意

利用例
```
$this->updateAll(
    array('Post.flag' => "'OK'"),
    array('Post.created <=' => $this_year)
);
```

updateCounterCache($keys = array ( ), $created = false)
カウンターキャッシュを更新する

validateAssociated($data, $options = array ( ))
アソシエーションも含めた複数保存データにバリデーションを実行する。引数$optionsには、atomic、fieldList、deepが指定可能

validateMany($data, $options = array ( ))
1モデルの複数保存データに一括バリデーションを実行する。引数$optionsには、atomic、fieldList、deepが指定可能

validates($options = array ( ))

バリデーションを実行する。バリデーション対象のデータは事前にモデルのsetメソッドでセットしておく必要がある

validator($instance = null)

[CakePHP 2.2以上] ModelValidatorクラスのインスタンスを取得する

A.7 ビュー

プロパティ

名前	解説
autoLayout	[Boolean] 初期値はtrue。レイアウトファイルの自動レンダリングのオン/オフ
Blocks	[ViewBlock] ViewBlockインスタンスがセットされる
cacheAction	[Mixed] 初期値はfalse。キャッシュのオン/オフ
elementCache	[String] 初期値はdefault。利用したいキャッシュ設定名をセットする
ext	[String] 初期値は「.ctp」。ビューファイルの拡張子を変更する場合に指定
hasRendered	[Boolean] 初期値はfalse。すでにビューがレンダリングされている場合はtrueになる
Helpers	[HelperCollection] ヘルパーコレクションのインスタンスがセットされる
helpers	[Mixed] 初期値はarray('Html')。利用するヘルパー名のリストがセットされる
layout	[String] 初期値はdefault。利用するレイアウトファイル名
layoutPath	[String] 初期値はNull。利用するレイアウトパス名
name	[String] 初期値はNull。コントローラー名がセットされる
passedArgs	[Mixed] 初期値はarray()。コントローラーから渡されたパラメータ値がセットされる
plugin	[String] 初期値はNull。プラグイン名がセットされる
request	[CakeRequest] コントローラーからCakeRequestクラスのインスタンスがセットされる
response	[CakeResponse] コントローラーからCakeResponseクラスのインスタンスがセットされる
subDir	[String] 初期値はNull。ビューのディレクトリパスでサブディレクトリを使う場合に、サブディレクトリ名をセットする
theme	[String] 初期値はNull。テーマを利用する場合にセット。通常はコントローラーのthemeプロパティの値が引き継がれる

CakePHPチートシート

uuids	[Array] 初期値はarray()。生成されたDOM UUIDのリスト
validationErrors	[Array] 初期値はarray()。バリデーションのエラー情報がセットされる
view	[String] 初期値はNull。ビューの名前
viewPath	[String] 初期値はNull。ビューファイルのディレクトリパス
viewVars	[Array] 初期値はarray()。コントローラーからビューにセットした値

メソッド

名前	解説
addScript($name, $content = NULL)	
	変数$scripts_for_layoutにJavaScriptなどをセットする。CakePHP3で廃止予定のため、ビューの継承機能(append()など)を利用したほうがよい
append($name, $value = null)	
	[CakePHP 2.1以上] ビューブロックにコンテンツを追加する
assign($name, $value)	
	[CakePHP 2.1以上] ビューブロックにコンテンツを代入する
blocks()	[CakePHP 2.1以上] 定義されているすべてのブロックの名前を配列として取得する
element($name, $data = array ( ), $options = array ( ))	
	エレメントファイルをレンダリングする。引数$options配列には、cacheとcallbacksというキーがセットでき、キャッシュの設定、コールバック(beforeRender／afterRender)の実行する／しないが設定可能
end()	[CakePHP 2.1以上] ビューブロックのキャプチャを終了する
extend($name)	[CakePHP 2.1以上] ビューの拡張(継承)を行う
fetch($name)	[CakePHP 2.1以上] ビューブロックを取得する
get($var)	[CakePHP 2.1以上] ビューの変数やブロックを取得する
getEventManager()	
	[CakePHP 2.1以上] CakeEventManagerクラスのインスタンスを取得する
getVar($var)	コントローラーでセットされたビュー変数の値を取得する
getVars()	コントローラーでセットされたビュー変数の値をすべて取得する
loadHelper($helperName, $settings = array ( ))	
	ヘルパーを読み込む

loadHelpers()	ビューの helpers プロパティに宣言しているヘルパーをすべて読み込む
pluginSplit($name, $fallback = true)	[CakePHP 2.1 以上] プラグインのファイルを表現する文字列(例：Plugin.Foo)を、プラグイン名とファイル名に分割する
render($view = NULL, $layout = NULL)	ビューファイルをレンダリングする
renderCache($filename, $timeStart)	キャッシュファイルからビューのレンダリング結果を取得する
renderLayout($content_for_layout, $layout = NULL)	レイアウトファイルをレンダリングする
set($one, $two = NULL)	ビューの変数に値をセットする
start($name)	[CakePHP 2.1 以上] ビューブロックのキャプチャを開始する
uuid($object, $url)	UUID を生成する

A.8　CakeRequestクラス

プロパティ

名前	解説
base	[String] ベース URL のパス
data	[Array] POST されたデータ
here	[String] 現在アクセス中の URL
params	[Array] URL パラメータのデータ(コントローラー名、アクション名や、Named パラメータ情報など)
query	[Array] クエリストリングのデータ
url	[String] ベース URL を除いたアクセス中の URL
webroot	[String] Webroot のパス

メソッド

名前	解説
acceptLanguage($language = NULL)	言語情報(Accept-Language)をチェックするスタティックメソッド。

CakePHPチートシート

引数がNullの場合はAccept-Languageのリストを返す

accepts($type = NULL)

ブラウザから送信されるコンテンツタイプをチェックする。引数がNullの場合は、コンテンツタイプのリストを返す

addDetector($name, $options)

CakeRequestクラスのisメソッドで判定するパターンを追加する

利用例：iPhoneのユーザエージェントをチェック
```
addDetector('iphone', array('env' => 'HTTP_USER_AGENT',
'pattern' => '/iPhone/i'));
```

addParams($params)

paramsプロパティに値を追加する。引数には配列データを渡し、array_merge()関数で既存のparamsプロパティ値とマージした結果を返す

addPaths($paths)

here、webroot、baseプロパティを変更する

clientIp($safe = true)

クライアントのIPアドレスを取得する

data($name)　　dataプロパティに格納されているPOSTデータを操作する

値の取得例
```
$this->request->data('Post.title');
```
値の変更例
```
$this->request->data('Post.title', 'New post');
```

domain($tldLength = 1)

ドメイン名を取得する

header($name)　　HTTPリクエストヘッダ情報を取得するスタティックメソッド

here($base = true)

クエリストリング情報も含めたリクエストURLを取得する

host()　　HTTP_HOST情報を取得する

input($callback = NULL)

php://inputのデータを取得し、コールバックに指定した関数を実行する。たとえば、クライアントから送信されたJSONデータをデコードして取得する場合などに便利

is($type)　　リクエストタイプの判定。addDetectorメソッドで追加した判定ルールもチェック可能

POSTリクエストの判定例
```
$this->request->is('post');
```

method()　　HTTPメソッド(GET、POST、PUT、DELETEなど)を取得する

offsetExists($name)

	$nameに指定したキー名で、paramsプロパティの配列データに値が存在するかチェックする
offsetGet($name)	
	paramsプロパティの配列データを指定のキーで取得する。引数$nameに文字列「url」を指定するとqueryプロパティを、「data」を指定するとdataプロパティの値を返す
offsetSet($name, $value)	
	paramsプロパティの配列データに指定のキーでデータをセットする
offsetUnset($name)	
	指定のキーでparamsプロパティの配列データを削除（unset）する
parseAccept()	HTTP_ACCEPTヘッダの値をパースして配列で返す
referer($local = false)	
	リファラ情報を取得する
subdomains($tldLength = 1)	
	サブドメイン名を取得する

A.9 CakeResponseクラス

メソッド

名前	解説
body($content = NULL)	
	クライアントに返すレスポンスボディデータを操作する。引数がなければレスポンスボディデータが返り、引数にデータをセットすると既存の値を上書きする
cache($since, $time = '+1 day')	
	レスポンスヘッダのキャッシュ時間を変更する
charset($charset = NULL)	
	レスポンスヘッダの文字コードを操作する
checkNotModified($request)	
	[CakePHP 2.1以上] クライアントに返した前回のレスポンスデータと比較して変更があるかチェックする
compress()	レスポンスデータをzip圧縮する。zlibエクステンションが有効な場合のみ動作
cookie($options = NULL)	
	[CakePHP 2.1以上] Cookieを操作する
disableCache()	ブラウザのキャッシュを無効にするレスポンスヘッダをセットする

Appendix CakePHPチートシート

download($filename)
　　ファイルダウンロード用のレスポンスヘッダをセットする

etag($tag = NULL, $weak = false)
　　[CakePHP 2.1以上] レスポンスヘッダのEtagを操作する

expires($time = NULL)
　　[CakePHP 2.1以上] レスポンスヘッダのExpiresを操作する

getMimeType($alias)
　　引数$aliasで指定するエイリアス文字をもとに、MIMEタイプを取得する

header($header = NULL, $value = NULL)
　　レスポンスヘッダを操作する。引数がNullの場合は現在のレスポンスヘッダ情報を取得する

httpCodes($code = NULL)
　　HTTPレスポンスコードからメッセージを取得する。独自のレスポンスコード／メッセージをセットすることも可能

length($bytes = NULL)
　　[CakePHP 2.1以上] レスポンスヘッダContent-Lengthにバイト数をセットする

mapType($ctype)
　　MIMEタイプのエイリアス文字列を取得する

maxAge($seconds = NULL)
　　[CakePHP 2.1以上] キャッシュコントロールのmax-ageを操作する

modified($time = NULL)
　　[CakePHP 2.1以上] レスポンスヘッダLast-Modifiedを操作する。引数に文字列「now」をセットすると現在時間を、DateTimeクラスのオブジェクトをセットすると特定の時間を指定可能

mustRevalidate($enable = NULL)
　　[CakePHP 2.1以上] キャッシュコントロールのmust-revalidateを操作する

notModified()　　[CakePHP 2.1以上] ステータスコード「304 Not Modified」をセットする

outputCompressed()
　　レスポンスデータが圧縮可能か判定する

protocol($protocol = NULL)
　　[CakePHP 2.1以上] HTTPのプロトコル名を操作する。デフォルトはHTTP/1.1

send()	クライアントにレスポンスデータ（ヘッダ・ボディ）を送信する
sharable($public = NULL, $time = NULL)	[CakePHP 2.1以上] キャッシュコントロールでpublic、privateを操作する
sharedMaxAge($seconds = NULL)	[CakePHP 2.1以上] キャッシュコントロールのs-maxageを操作する
statusCode($code = NULL)	HTTPステータスコードを操作する
type($contentType = NULL)	レスポンスのコンテンツタイプを操作する
vary($cacheVariances = NULL)	[CakePHP 2.1以上] レスポンスヘッダのVaryを操作する

A.10 グローバル関数

名前	解説
__(string $string_id[, $formatArgs])	ローカライズ用の関数。対応する言語の翻訳ファイルを利用して翻訳結果の文字列を表示する。sprintf形式で表現が可能で、対応する値は第2引数以降で与える
__c(string $msg, integer $category, mixed $args = null)	カテゴリを設けた翻訳管理が可能。次のカテゴリの中から数値で指定。LC_ALL(0)、LC_COLLATE(1)、LC_CTYPE(2)、LC_MONETARY(3)、LC_NUMERIC(4)、LC_TIME(5)、LC_MESSAGES(6)
__d(string $domain, string $msg, mixed $args = null)	翻訳ドメイン（ファイル）を指定した翻訳関数。default.po以外のファイル名で翻訳ファイルを管理できる
__n(string $singular, string $plural, integer $count, mixed $args = null)	複数形と単数形を考慮した翻訳関数
__dc(string $domain, string $msg, integer $category, mixed $args = null)	カテゴリとドメインを利用した翻訳関数
__dcn(string $domain, string $singular, string $plural, integer $count, integer $category, mixed $args = null)	カテゴリとドメインと単数／複数形を利用した翻訳関数

CakePHPチートシート

__dn(string $domain, string $singular, string $plural, integer $count, mixed $args = null)
ドメインと単数／複数形を利用した翻訳関数

am(array $one, $two, $three...)
array_merge()関数へのショートカット

config()
configファイルの読み込み。たとえば「config('conf1','conf2');」を実行すると、app/Config/以下にあるconf1.php、conf2.phpがインクルードされる

convertSlash(string $string)
先頭と末尾のスラッシュ(/)を削除し、残ったスラッシュをアンダースコア(_)に変換する

debug(mixed $var, boolean $showHtml = null, $showFrom = true)
第1引数で与えた変数の内容を表示する。ブラウザ用にHTML整形した表示や、バックトレースの情報を表示可能

env(string $key) $_SERVER、$_ENV、getenv()関数から特定のキーで情報を取得する

fileExistsInPath(string $file)
include_pathをもとに該当ファイルが存在するかチェックする

h(string $text, boolean $double = true, string $charset = null)
HTML文字列をエスケープ処理するhtmlspecialchars()関数へのショートカット。ENT_QUOTESを利用

LogError(string $message)
ログにメッセージを書き出すCakeLog::write()へのショートカット

pluginSplit(string $name, boolean $dotAppend = false, string $plugin = null)
ドット区切りのプラグイン表現(例：FooPlugin.BarClass)を、プラグイン名とクラス名に分割する

pr(mixed $var) print_r()関数へのショートカット。自動でpreタグを挿入

sortByKey(array &$array, string $sortby, string $order = 'asc', integer $type = SORT_NUMERIC)
第2引数($sortby)で与えたキー名に該当する値をもとに配列をソートする

stripslashes_deep(array $value)
再帰的にstripslashes()関数を実行し、バックスラッシュを取り除く

A.11 規約

データベース

名前	解説
テーブル名	すべて小文字の複数形。複数の単語はアンダースコアでつなげる（例：posts、admin_users）

コントローラー

名前	解説
ファイル名	キャメルケースの複数形＋Controller.php（例：PostsController.php）
クラス名	キャメルケースの複数形＋Controller（例：PostsController）

モデル

名前	解説
ファイル名	キャメルケースの単数形.php（例：Post.php）
クラス名	キャメルケースの単数形（例：Post）

ビュー

名前	解説
ディレクトリ名	キャメルケースの複数形。コントローラー名から「Controller」という文字を省略したものと同じ（例：Posts）
ファイル名	すべて小文字の単数形.ctp。アクション名と同じ（例：index.ctp）

A.12 CakePHPアプリケーションの実行シーケンス

　CakePHPアプリケーションには、一連の実行シーケンスの中でフレームワークから呼ばれるコールバックメソッドが多数用意されています（コントローラーのbeforeFilterメソッドなど）。それらのコールバックメソッドが、どのようなタイミングで呼び出されるかを表したのが、このシーケンス図です。

　すべてのコールバックメソッドを記しているわけではなく、基本の実行シーケンスで呼ばれるものを記載しています。CakePHPアプリケーションがどのような流れで実行されているかをイメージしてみてください。

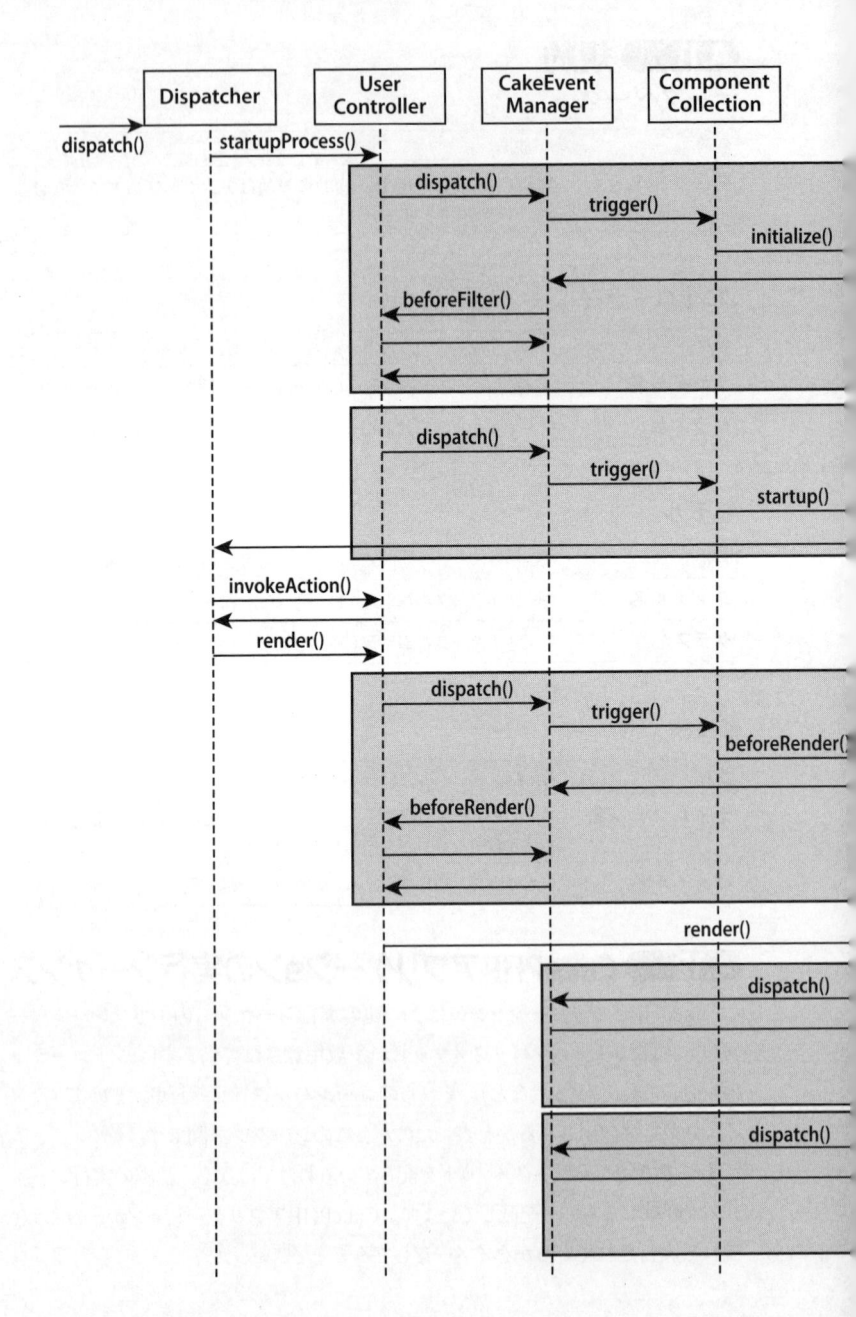

Appendix　CakePHPチートシート

A.12 CakePHPアプリケーションの実行シーケンス

| User Component | View | Helper Collection | UserHelper |

Controller.initialize

Controller.startup

Controller.beforeRender

View.beforeRender
trigger()
beforeRender()

View.beforeRenderFile
trigger()
beforeRenderFile()

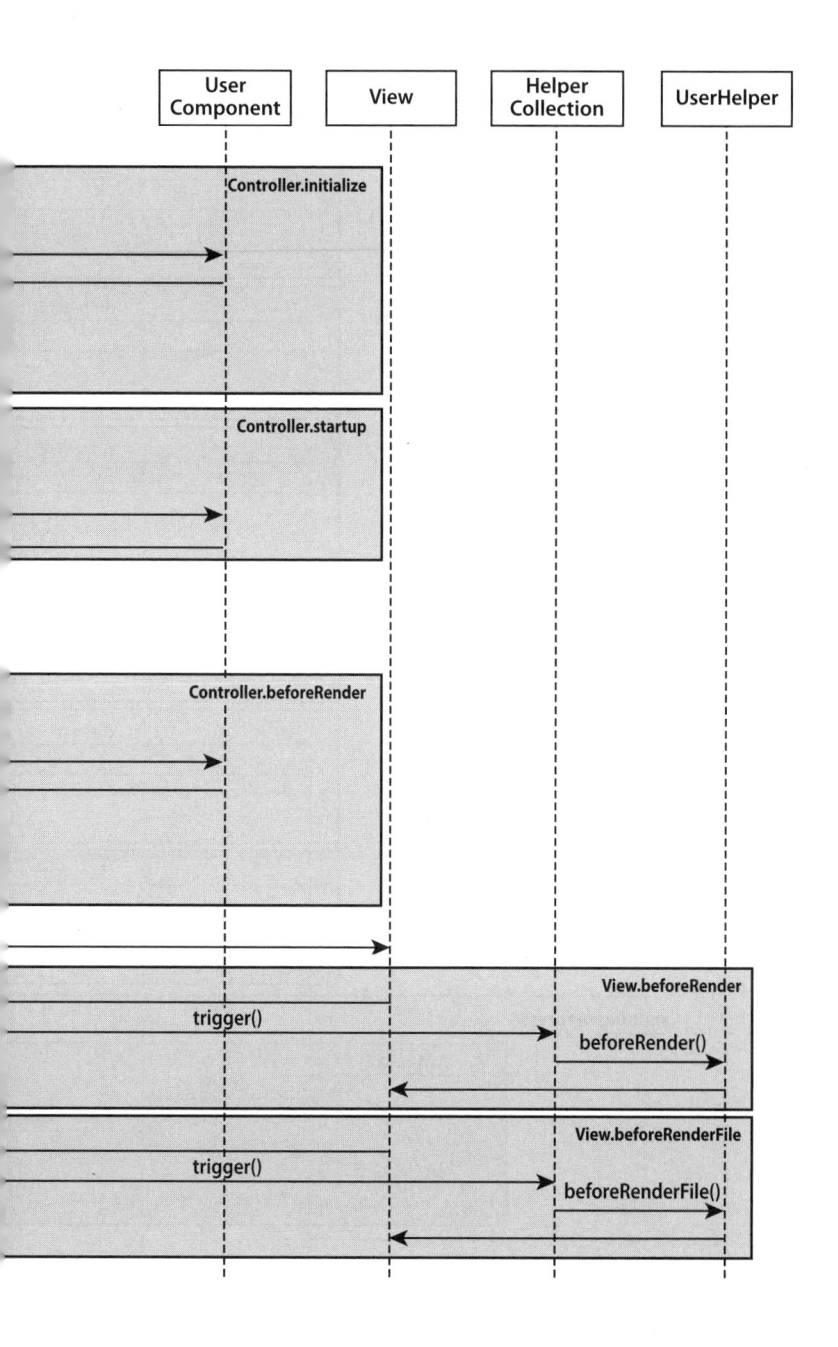

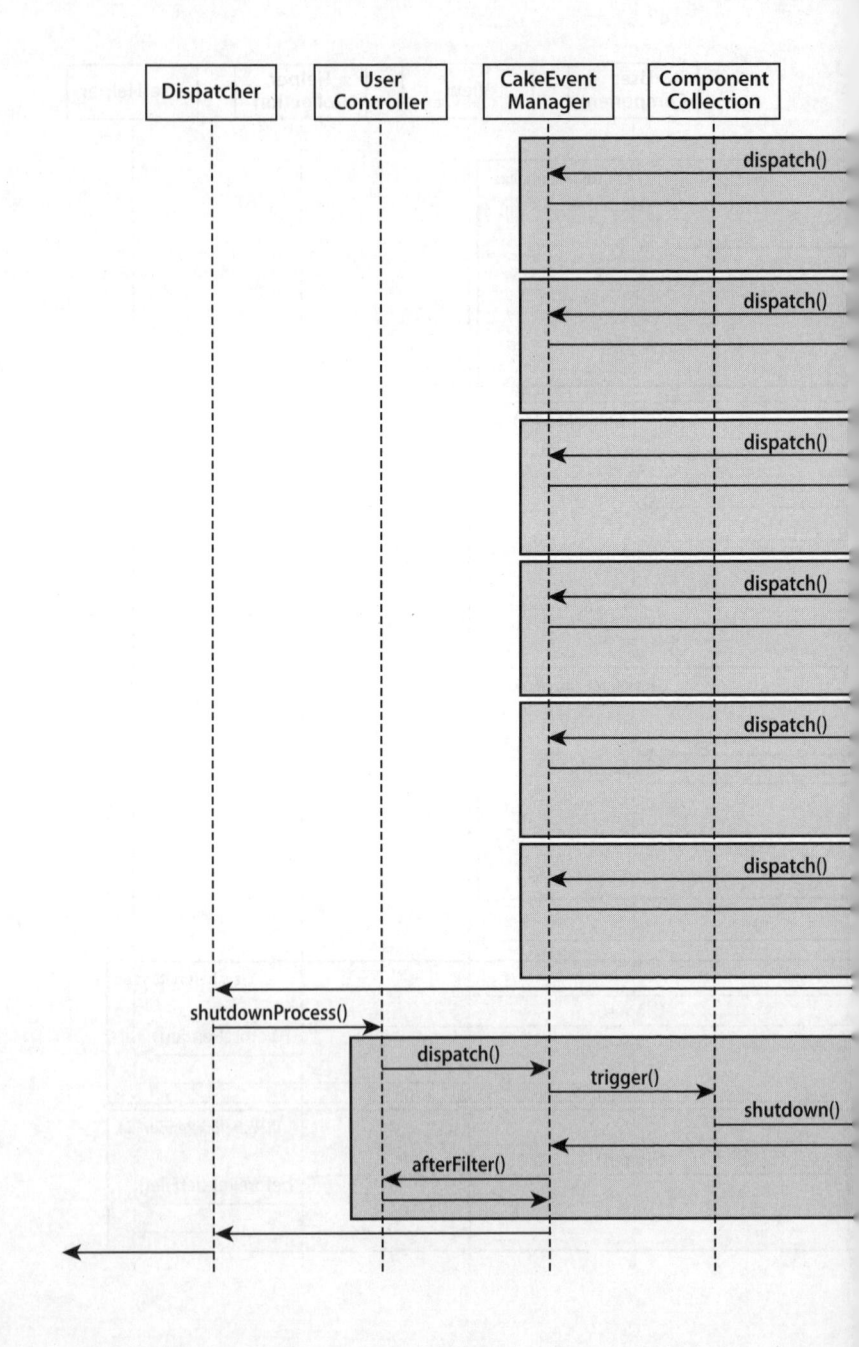

Appendix CakePHPチートシート

| Dispatcher | User Controller | CakeEvent Manager | Component Collection |

- dispatch()
- dispatch()
- dispatch()
- dispatch()
- dispatch()
- dispatch()

shutdownProcess()
→ dispatch()
→ trigger()
→ shutdown()
← afterFilter()

A.12 CakePHPアプリケーションの実行シーケンス

| User Component | View | Helper Collection | UserHelper |

View.afterRenderFile
- trigger()
- afterRenderFile()

View.afterRender
- trigger()
- afterRender()

View.beforeLayout
- trigger()
- beforeLayout()

View.beforeRenderFile
- trigger()
- beforeRenderFile()

View.afterRenderFile
- trigger()
- afterRenderFile()

View.afterLayout
- trigger()
- afterLayout()

Controller.shutdown

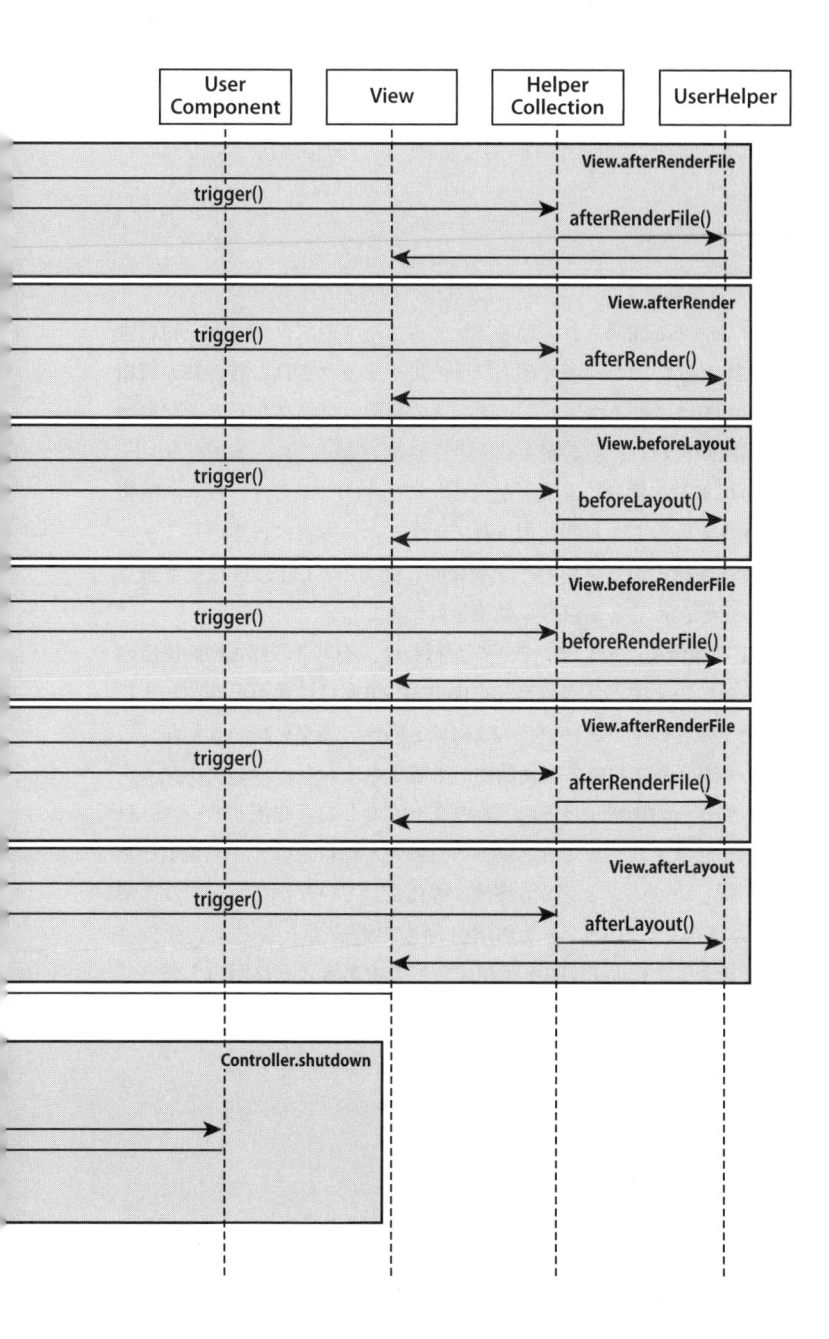

あとがき

　オープンソースで開発されているフレームワークやプロダクトを利用するうえで欠かせないのが、多くの人によってチェックされた質の高い情報です。CakePHP 1.x系では、ドキュメントの翻訳、ブログなどでの記事執筆、書籍出版が行われ、その普及に大きく貢献しました。一方で、フレームワークの基本的な部分にも変更が入ったCakePHP2からは、日本語情報の整備が遅れていることが問題視されてきました。本書は日本のコミュニティでも特に実績のあるメンバーを執筆陣に迎えて、CakePHP2を解説した書籍の決定版たることを目標に執筆を行いました。

　CakePHPは頻繁にバージョンアップが行われ、不具合の修正や新機能の追加がなされています。本書は当初CakePHP 2.0向けに執筆を開始しましたが、活発な開発により2.1向け、2.2向けと内容の調整を行いました。しかし、CakePHP2系においては互換性が考慮されており、サンプルプログラムなどの動作への影響はほとんどありませんでした。今後リリースされる新しいバージョンについても、同様の互換性が期待されます。執筆作業を通じて、新しいバージョンでも機能が強化されていながらシンプルな使い勝手が変わっていないことを著者一同も再確認できました。今後はCakePHP1ではなくCakePHP2を利用するべきであることは明白と言ってよいでしょう。本書でも、CakePHP1から2への移行方法について解説しています。

また、本書の完成にはコミュニティの存在も欠かすことができませんでした。日本でCakePHPに関する書籍が執筆されるようになったころから、本書の著者陣やユーザが、言葉の壁を越えてCakePHPの開発チームと交流する機会が多く持たれました。これにより、CakePHPが世界でも幅広く利用されていることを多くの人々が実感し、また開発や翻訳、イベントへの参加や運営という形でコミュニティに参加するようになりました。日本から発表されたコンポーネントやドキュメント翻訳が多かったり、公式イベントで日本からの講演が採択されるなど、国際的なコミュニティからも日本でのCakePHPの活発さが認知されています。

　2012年9月、公式イベントCakeFestがイギリスのマンチェスターで開催されました。10ヵ国から参加者が集まり、国際的に利用が広がっていることが改めて実感できました。基調講演では、CakePHP3に向けた開発がMark Story氏とJosé Lorenzo Rodríguez氏が中心になって進められていることが発表されました。彼らのプレゼンテーションからは、CakePHPはあくまで実際の開発現場で起きる問題にフォーカスしていることが窺え、今後も安心して利用できると言ってよいでしょう。

　本書が末長くみなさんのお役に立てることを願っています。

著者を代表して　安藤祐介

索引

記号

_ ... 270

A

ACLコンポーネント ... 149
ActiveRecord ... 11
$actsAsプロパティ ... 86
addHeadersメソッド ... 180
addSubcommandメソッド ... 210
addTestDirectoryメソッド ... 247
addTestFileメソッド ... 247
$aliasプロパティ ... 313
allowEmpty ... 105
alphaNumeric ... 104
Apache ... 30
APC ... 289, 340
API ... 318
App.baseUrl ... 34
App::build ... 337
App::import ... 169
App::uses ... 166, 334
AppController ... 338
AppControllerクラス ... 55
AppHelper ... 162, 338
AppModel ... 282, 284, 338
AppModelクラス ... 81
AppShell ... 338
Appクラス ... 166-167
assertEqualsメソッド ... 231
assertFalseメソッド ... 230
assertTagメソッド ... 237
Authコンポーネント ... 148-149, 152, 276
autoRegenerate ... 268

B

bake ... 42, 197
Bakery ... 348
baserCMS ... 24
BASIC認証 ... 149
Bccヘッダ ... 178
BDD ... 249
beforeFilterメソッド ... 276
Behat ... 249
belongsTo ... 109, 112
Benchmarkコンポーネント ... 301
between ... 104
bindModel ... 117
blank ... 104
boolean ... 104

C

Cache.check ... 311-313
$cacheActionプロパティ ... 311, 314
$cacheQueriesプロパティ ... 87
Cacheクラス ... 167, 307-308
Cacheヘルパー ... 311, 314
Cake ... 18
Cake Software Foundation ... 18
CakeDC ... 18, 158
CakeEmailクラス ... 167, 174
CakeFest ... 17
CakeLogクラス ... 167
CakeNumberクラス ... 167
CakePackages ... 192, 350
CakePHP ... 12
〜の誕生 ... 18
CakePHP Facebook Plugin ... 323
CakePHP Questions ... 27
CakePlugin::load ... 337
CakeRequestオブジェクト ... 333
CakeRequestクラス ... 64, 271
CakeResponseオブジェクト ... 333
CakeSessionクラス ... 268-269
CakeTestCaseクラス ... 226
CakeTestSuiteクラス ... 247
CakeTimeクラス ... 167
cakeコマンド ... 200
callbacks ... 88

CandyCane	25
capcake	292, 294, 298
Capistrano	292, 298
categories	350
cc	104
Ccヘッダ	178
CI	280
ClassRegistry::init	227-278
clearCache関数	313
CLI	200
CoC	11
CodeIgniter	12
comments	350
comparison	104
$componentsプロパティ	
	59, 241, 265, 277, 302, 304
Componentクラス	156
conditions	72, 88, 90
Config	350
Configureクラス	268
configメソッド	307
constructClassesメソッド	241
Containbaleビヘイビア	159
Controller	9
ControllerTestCaseクラス	235
Cookbook	26
Cookieコンポーネント	149
createメソッド	266
Croogo	23
CSRF	262
$csrfUseOnceプロパティ	267
CSS	38
CSV	80
.ctp	126
custom	104

D

database.php	282, 284, 343
DATABASE_CONFIG	283-284
DataSourceクラス	257
$dataプロパティ	87, 271
date	104
datetime	104
Debug	177
DebugKit	193
decimal	104
deleteAllメソッド	102
deleteメソッド	99, 308, 313
descriptionメソッド	210
$displayFieldプロパティ	86
downサブコマンド	196
DRY	10

E

EllisLab	12
email	104
Emailコンポーネント	149, 174
equalTo	104
errorメソッド	205
errメソッド	205
Ethna	10
ExceptionRenderer	316
@expectedExceptionMessage	238
extension	104

F

Fahad Ibnay Heylaal	23
favicon	289
favorites	350
fetchAllメソッド	257
fields	88
Fileエンジン	307
Fileクラス	167
find('all')	89
find('count')	92
find('first')	92
find('list')	94
find('neighbors')	94
find('threaded')	94
findメソッド	88, 255
flashメソッド	62
Folderクラス	167

--force	211
Formヘルパー	58, 136, 261, 266
Fromヘッダ	178

G

Garrett J Woodworth	12, 19, 352
getOptionParserメソッド	208
Git	290
GitHub	31, 349
Graham Weldon	19, 25
group	88

H

h( )関数	127, 259
hasAndBelongsToMany	114
Hashクラス	167, 169
hasMany	113
hasOne	113
$helpersプロパティ	58, 311, 314
.htaccess	32, 282
HTML	126
htmlspecialchars関数	127
HTMLエスケープ	127
HTMLヘルパー	58, 134
http_socket_oauth	320
httpd.conf	34
HttpSocketクラス	167, 320
Hudson	245

I

i18n	350
IIS	30
Imagine	350
IN	92
Inflectorクラス	41, 167
inList	104
INSERT	96
ip	104
IRCチャンネル	27
isUnique	104

J

Jenkins	245
JSON	126, 131
JsonView	131

L

Larry E. Masters	18
last	105
Lighthouse	27
limit	88
Lithium	12
Livlis	22
luhn	104

M

Mac OS X	37
Mail	177
mainメソッド	208
MAMP	30, 33
Mark Story	19
markup_parsers	350
maxLength	104
MediaView	132
message	105
Michal Tatarynowicz	18
migrations	350
MigrationsPlugin	195
mimeType	104
minLength	104
MITライセンス	17
mod_rewrite	30, 33, 54
Model	9
ModelBehaviorクラス	160
Mojavi	10
Mojavi 3	12
money	104
MongoDB	22
multiple	104
MVC	8
mysql_real_escape_string	4
mysqlクライアント	36

N

nanapi	21
Nate Abele	12, 19
naturalNumber	104
nginx	30
Nick Baker	323
<!--nocache-->	312
notEmpty	105
NotFoundException	316
numeric	105

O

O/Rマッパ	11
OAuth	318
〜 1.0	320
〜 2.0	322
oauth_lib	350
offset	88
on	105
--option	211
OR	92
order	88
$orderプロパティ	87
outメソッド	203

P

page	88
Paginationコンポーネント	149, 152
Paginatorヘルパー	153
PDO	30
pdo_mysql	30
PEAR	6
phone	105
PHPのバージョン	30
PHP4	12
PHP5	20
phpinfo( )	30
phpMyAdmin	36
PHPUnit	216
$_POST	2
postal	105
postLinkメソッド	266
$primaryKeyプロパティ	83
private	270
problems	350
Prople	12
protected	270
PSR-0	168, 332

Q

queryメソッド	95

R

range	105
ratings	350
readメソッド	308
recaptcha	350
$recordsプロパティ	229
recursiveオプション	88, 116
$recursiveプロパティ	87, 116
redirectメソッド	62
Redmine	25
renderメソッド	60
renewメソッド	268
Reply-Toヘッダ	178
$requestCountdownプロパティ	268
RequestHandlerコンポーネント	149
$requestプロパティ	63
require_once	169
required	105
Return-Pathヘッダ	178
RewriteBase	50
Routerクラス	167
routes.php	54
rsync	290
Ruby on Rails	10
rule	105

S

Sanitizeクラス	167
saveFieldメソッド	98
saveManyメソッド	100

saveメソッド	96, 271, 274–275, 313
$scaffoldプロパティ	56
$_schemaプロパティ	87
search	350
Search plugin	194
Security.cipherSeed	34
Security.salt	34
Security::hash	151
Securityクラス	167
Securityコンポーネント	149, 265–266, 273, 276
Selenium	249
Senderヘッダ	178
_serialize	131
Sessionコンポーネント	149, 268
Sessionヘルパー	58
Set::combine	170
Set::diff	171
Set::extract	170
Set::sort	171
setFlash()	76
setFlashメソッド	63
Setクラス	167, 169
setメソッド	61
SimpleTest	216
Smarty	7
Smtp	177
SQL	84
SQLインジェクション	253, 273
ssn	105
startupメソッド	276
startメソッド	269
Stringクラス	167
strtotime関数	311
Struts	10
Subjectヘッダ	179
Subversion	290
symfony	12
Symfony2	13

T

tags	350
templates	350
test.php	287
testActionメソッド	236
$testプロパティ	218
time	105
tipshare.info	22
Toヘッダ	178
Treeビヘイビア	94
TwitterKit	323–324

U

unbindModel	117
UPDATE	96
updateAllメソッド	100
Upgrade shell	340
uploadError	105
upサブコマンド	196
url	105
useDbConfig	282
$useDbConfigプロパティ	84
userDefined	105
users	350
$usesプロパティ	56
$useTableプロパティ	82
utils	350
uuid	105

V

$validatePostプロパティ	266, 274
$validateプロパティ	86
View	9
$virtualFieldsプロパティ	84

W

WHERE	91
writeメソッド	268, 308

X

XAMPP	30, 33, 37

Xdebug	221
XML	126, 131
XmlView	131
Xmlクラス	167
XSS	258

Z

Zend	12
Zend Framework	12

あ行

アクション	52
アサーション	225
アソシエーション	87, 109, 121
アンダースコア	270
イベントハンドリング機構	20
エイリアス	50
江頭竜二	24
エラー	316
エラーメッセージ	205
エレメント	130, 140
オートロード機能	334

か行

カスタマイズ	49
画像	38
カバレッジ	221
関数	85
キャッシュ	35, 288, 306
キャメルケース	41
グリー	10
クロスサイトスクリプティング	258
クロスサイトリクエストフォージェリ	262
継続的インテグレーション	244
結合テスト	234
検索機能	194
コア開発者	344
コアコンポーネント	148
コアビヘイビア	158
コアヘルパー	162
コアライブラリ	166
貢献者	344
公式移行ガイド	332
公式ドキュメント	26
後方互換性	18, 20
コーディングスタンダード	5
コミッタ	344
コミュニティ	14
コールバック	
コンポーネントの〜	156
ビヘイビアの〜	161
ヘルパーの〜	163
コールバック関数	88
コンシューマキー	319
コンシューマシークレット	319
コンソール	200, 203
コントローラー	9, 52, 148
コンポーネント	39, 148
〜の自作	156

さ行

さくらインターネット	50
サービスプロバイダ	318
シェル	200, 202, 214
車輪の再発明	348
主キー	83
スケルトン	197
スーパーグローバル変数	2
スパゲッティコード	346
スポンジの再発明	348
セッションID	268
セッションハイジャック	267
送信ドメイン認証	190

た行

ダウンロード	132
タスク	200, 207, 214
単体テスト	216
遅延読み込み	166
定型的なメールの送信	183
ディスパッチャ	53–54

ディレクトリ
　～構成 38
　編集してはいけない～ 40
テスティングフレームワーク 216
テストケース 223
テストシェル 250
テストランナー 219
データベース接続 218
デバッグ情報
　SQLの～ 85
デバッグバー 193
デバッグメッセージ 193
デバッグレベル 217, 286
デプロイ 280, 290, 292, 297
テーマ 133
テンプレート 126, 183
ドットインストール 16

な行

名前空間 20
日本語フォーラム 26

は行

バインド 257
バグ管理 27
バグ報告 27
ハッシュ化 151
パフォーマンス 300, 336
パフォーマンスチューニング 306
バリデーション 103, 118
バリデーションルール
　単一の～ 103
　独自の～ 107
　複数の～ 107
ビジネスロジック 278
ビヘイビア 40, 158
　～の自作 160
ビュー 9, 126, 162
ビューキャッシュ 310
ビューファイル 126
ファイル添付 181

フィクスチャ 227
フォームに入力したデータ 63
複合キー 83
フッタ 127
ブートストラップ 193
プラグイン 192, 337
プレースホルダ 257
プロパティ 55
ヘッダ 127
ヘルパー 40, 134, 162
　～の自作 162
ヘルプ
　整形された～文字列 208
　～を表示する 207
ボトルネック 300, 306

ま行

マイグレーションファイル 196
マジックfind 94
マルウェア 252
命名規約 41
迷惑メール対策 190
メソッド
　～の役割 347
メソッドチェイン 185
メタ文字 259
メールの送信形式 188
文字コード 188
モデル 9, 278
モンブランコード 346

や行

ユニットテスト 216

ら行

ライトニングトーク 14
リダイレクト 62
レイアウト 127
連想配列 17
ログ 35, 288

著者紹介

安藤 祐介(あんどう ゆうすけ)

下北沢オープンソースカフェの常連。
PHPなどのイベント運営や開発案件に多数参加。
Twitter @yando
blog 「candycane development blog」http://blog.candycane.jp/

岸田 健一郎(きしだ けんいちろう)

CakePHPをアジャイル開発の現場で活用するために日々奮闘中。
株式会社 永和システムマネジメント所属。
他著に『CakePHPによる実践Webアプリケーション開発』、
『Webアプリケーションテスト手法』(両書とも共著、マイナビより発行)などがある。
Twitter @sizuhiko

新原 雅司(しんばら まさし)

大阪でPHPを駆使してWebシステムの開発を行う日々。
MotoGPをこよなく愛す。愛車はPCX。
Twitter @shin1x1
blog 「Shin x blog」http://www.1x1.jp/blog/

市川 快(いちかわ やすし)

2008年にCakePHPと出会い、勉強会での発表や運営に熱中。
CakePlusやCakePHP-MongoDBプラグインなどを開発。
CakePHPとコミュニティとクラフトビールが大好き！
Twitter @cakephper
GitHub ichikaway

渡辺 一宏(わたなべ かずひろ)

渋谷PoRTALの住人。PHPを使ったWebシステム開発や
iPhoneアプリ開発などを手がけている。
伝説のCandyCane開発合宿でCakePHPに初めて触れCakePHPユーザに。
Twitter @kaz_29
GitHub kaz29

鈴木 則夫(すずき のりお)

どういうわけかメール方面のうんちくが多め。
CakePHP2では、CakeEmailクラスの問題修正をPull Requestしたりも。
ついうっかりTwitterで@suzukiというアカウントを取ってしまったため、
毎日のように某自動車メーカーの話題がmentionされてくる生活をしている。
Twitter @suzuki

●カバー・本文デザイン
西岡 裕二

●レイアウト
逸見 育子（技術評論社制作業務部）

●本文図版
加藤 久（技術評論社制作業務部）

●編集アシスタント
佐藤 ひとみ（WEB+DB PRESS編集部）

●編集
池田 大樹（WEB+DB PRESS編集部）

WEB+DB PRESS plusシリーズ
CakePHP2実践入門
2012年11月1日 初版 第1刷発行

著 者	安藤 祐介、岸田 健一郎、新原 雅司、 市川 快、渡辺 一宏、鈴木 則夫
発行者	片岡 巌
発行所	株式会社技術評論社 東京都新宿区市谷左内町21-13 電話　03-3513-6150　販売促進部 　　　03-3513-6175　雑誌編集部
印刷／製本	日経印刷株式会社

定価はカバーに表示してあります。

本書の一部または全部を著作権法の定める範囲を超え、無断で複写、複製、転載、あるいはファイルに落とすことを禁じます。

©2012 安藤 祐介、岸田 健一郎、新原 雅司、
　　　市川 快、渡辺 一宏、鈴木 則夫

造本には細心の注意を払っておりますが、万一、乱丁（ページの乱れ）や落丁（ページの抜け）がございましたら、小社販売促進部までお送りください。送料小社負担にてお取り替えいたします。

ISBN 978-4-7741-5324-7 C3055
Printed in Japan

本書に関するご質問は記載内容についてのみとさせていただきます。本書の内容以外のご質問には一切応じられませんので、あらかじめご了承ください。
なお、お電話でのご質問は受け付けておりませんので、書面またはFAX、弊社Webサイトのお問い合わせフォームをご利用ください。

〒162-0846
東京都新宿区市谷左内町21-13
株式会社技術評論社
『CakePHP2実践入門』係
FAX 03-3513-6173
URL http://gihyo.jp/
　　（技術評論社Webサイト）

ご質問の際に記載いただいた個人情報は回答以外の目的に使用することはありません。使用後は速やかに個人情報を廃棄します。